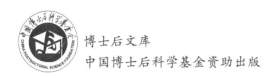

博士后文库
中国博士后科学基金资助出版

TiO_2 的表面改性及其光催化环境净化应用

李宇涵 著

科学出版社
北京

内容简介

本书包括 5 章内容,第 1 章为绪论部分;第 2 章全面概述了 TiO_2 光催化与氟修饰改性;第 3 章详细概述了 TiO_2 氟效应的应用及光催化活性增强机制;第 4 章总结了 TiO_2 的微纳结构调控及光催化作用机制;第 5 章描述了表面改性的 TiO_2 及相应的作用机理。全书以晶面工程为切入点,选取典型的 TiO_2 半导体光催化材料为研究对象,从分子和原子层面探究了晶面效应、形貌调控、异质结构建与催化性能之间的构效关系。特别针对影响光催化效率的三个重要因素(光吸收效率、载流子分离效率和表面反应效率)做了详细案例解析,为光催化体系的构建、优化等基础研究和应用催化技术迭代提供理论支撑和科学参考。

本书涵盖材料物理、光化学等多学科,可供从事环境工程、能源材料、化学反应工程等有关专业的高等院校师生、科研院所的科研及工程设计人员参考使用。

图书在版编目(CIP)数据

TiO_2 的表面改性及其光催化环境净化应用 / 李宇涵著. —北京:科学出版社,2024.3(2025.1 重印)
(博士后文库)
ISBN 978-7-03-078277-9

Ⅰ.①T… Ⅱ.①李… Ⅲ.①二氧化钛-表面改性-研究②二氧化钛-光催化-环境自净-研究 Ⅳ.①O643.36

中国国家版本馆 CIP 数据核字(2024)第 060848 号

责任编辑:刘 琳 / 责任校对:彭 映
责任印制:罗 科 / 封面设计:墨创文化

科学出版社 出版
北京东黄城根北街 16 号
邮政编码:100717
http://www.sciencep.com

四川青于蓝文化传播有限责任公司印刷
科学出版社发行 各地新华书店经销

*

2024 年 3 月第 一 版 开本:B5 (720×1000)
2025 年 1 月第二次印刷 印张:16 1/4
字数:330 000
定价:168.00 元
(如有印装质量问题,我社负责调换)

"博士后文库"编委会

主　任　李静海

副主任　侯建国　李培林　夏文峰

秘书长　邱春雷

编　委（按姓氏笔划排序）

　　　　　王明政　王复明　王恩东　池　建
　　　　　吴　军　何基报　何雅玲　沈大立
　　　　　沈建忠　张　学　张建云　邵　峰
　　　　　罗文光　房建成　袁亚湘　聂建国
　　　　　高会军　龚旗煌　谢建新　魏后凯

"博士后文库"序言

1985年，在李政道先生的倡议和邓小平同志的亲自关怀下，我国建立了博士后制度，同时设立了博士后科学基金。30多年来，在党和国家的高度重视下，在社会各方面的关心和支持下，博士后制度为我国培养了一大批青年高层次创新人才。在这一过程中，博士后科学基金发挥了不可替代的独特作用。

博士后科学基金是中国特色博士后制度的重要组成部分，专门用于资助博士后研究人员开展创新探索。博士后科学基金的资助，对正处于独立科研生涯起步阶段的博士后研究人员来说，适逢其时，有利于培养他们独立的科研人格、在选题方面的竞争意识以及负责的精神，是他们独立从事科研工作的"第一桶金"。尽管博士后科学基金资助金额不大，但对博士后青年创新人才的培养和激励作用不可估量。四两拨千斤，博士后科学基金有效地推动了博士后研究人员迅速成长为高水平的研究人才，"小基金发挥了大作用"。

在博士后科学基金的资助下，博士后研究人员的优秀学术成果不断涌现。2013年，为提高博士后科学基金的资助效益，中国博士后科学基金会联合科学出版社开展了博士后优秀学术专著出版资助工作，通过专家评审遴选出优秀的博士后学术著作，收入"博士后文库"，由博士后科学基金资助、科学出版社出版。我们希望，借此打造专属于博士后学术创新的旗舰图书品牌，激励博士后研究人员潜心科研，扎实治学，提升博士后优秀学术成果的社会影响力。

2015年，国务院办公厅印发了《关于改革完善博士后制度的意见》（国办发〔2015〕87号），将"实施自然科学、人文社会科学优秀博士后论著出版支持计划"作为"十三五"期间博士后工作的重要内容和提升博士后研究人员培养质量的重要手段，这更加凸显了出版资助工作的意义。我相信，我们提供的这个出版资助平台将对博士后研究人员激发创新智慧、凝聚创新力量发挥独特的作用，促使博士后研究人员的创新成果更好地服务于创新驱动发展战略和创新型国家的建设。

祝愿广大博士后研究人员在博士后科学基金的资助下早日成长为栋梁之才，为实现中华民族伟大复兴的中国梦做出更大的贡献。

中国博士后科学基金会理事长

前　　言

随着社会工业的蓬勃发展，能源、环境等问题日益突出。地球是人类唯一赖以生存的家园，珍爱和呵护地球是人类的唯一选择。在人类历史发展进程中，人们越来越清晰地认识到，经济社会快速发展决不能以环境的破坏、资源的浪费为代价。生态兴则文明兴，生态衰则文明衰。"稻花香里说丰年，听取蛙声一片"寥寥两句诗，一片人与自然和谐共生的景象浮现脑海。生态环境保护是功在当代、利在千秋的事业。"我们既要绿水青山，也要金山银山。宁要绿水青山，不要金山银山，而且绿水青山就是金山银山"。2013 年 9 月，习近平在哈萨克斯坦纳扎尔巴耶夫大学发表演讲，向世界传达了中国绿色发展的理念。2021 年 3 月 5 日，我国在全国两会上首次将"双碳"写入国务院政府工作报告。

开发环境友好的可持续能源和环境净化技术，是解决化石能源经济发展伴随的环境和能源问题的重要途径。太阳能作为一种取之不尽、用之不竭的清洁能源，可驱动氧化还原反应高效去除大气污染物、水体污染物，以及实现制氢、固氮、二氧化碳还原制备高附加值的清洁能源等。因此，以太阳能辅助的半导体光催化技术，可作为缓解当前能源短缺与环境污染问题的一种有效、绿色及可持续发展的策略。在众多光催化材料中，二氧化钛（TiO_2）因为其具有成本低、无毒、稳定性好等优点，备受国内外科研工作者关注，已被广泛应用于空气净化、太阳能电池、生物传感等领域。但是，TiO_2 光催化依然存在量子效率不高的问题，难以实现该技术的大规模实际应用。本书围绕促进半导体催化剂光生载流子的分离与迁移这一关键科学问题，总结了高效 TiO_2 催化材料的改性策略及其性能，以期为该技术在环境污染治理和新能源开发方面的实际应用，提供理论参考与技术指导。

本书涵盖 5 章内容：第 1 章为绪论部分；第 2 章全面概述了 TiO_2 光催化与氟修饰改性；第 3 章详细概述了 TiO_2 氟效应及其光催化活性增强机制；第 4 章总结了 TiO_2 的微纳结构调控及光催化作用机制；第 5 章描述了 TiO_2 表面改性及光催化机制。上述内容，主要通过运用氟修饰以及微纳结构调控的改性策略，使得 TiO_2 在光催化治理环境污染以及开发新能源领域展现出优异的催化性能，既有望解决环境污染问题，又具有新能源开发的巨大潜力。因此，本书可供材料科学、环境工程、化学等相关领域的高年级本科生和研究生，以及相关领域的科研人员、工程技术人员和管理人员参考。

本书由李宇涵确定编写大纲并撰写完成。在本书的撰写过程中，硕士研究生何正江、陈邦富、陈金宝、康宁馨、祁正、任自藤、刘莉、张敏和周维创参与了文字和图片的整理工作。同时，中南民族大学资源与环境学院的吕康乐（教授），废油资源化技术与装备教育部工程研究中心的龚海峰（教授）和欧阳平（教授级高级工程师）研究人员，对本书的撰写提出了宝贵修改意见。我们对为本书顺利出版做出贡献的所有老师和研究生同学，表示由衷的感谢！

本书出版得到了国家自然科学基金项目（52370109、51808080、51672312、21372315 和 20977114）、教育部新世纪优秀人才支持计划（NCET-12-0668）、中国博士后创新人才支持计划（BX20180056）、中国博士后科学基金第 64 批面上资助（2018M643788XB）、中国博士后科学基金第 71 批面上资助"基于羟基缺陷构建锡酸盐及深度氧化苯系物 VOCs 的研究"（2022M710830）、重庆市基础研究与前沿探索项目（cstc2018jcyjAX0024）、重庆市留学人员回国创业创新支持计划启动项目（cx2018130）、重庆市留学人员回国创业创新支持计划重点项目"缺陷态 $ZnSn(OH)_6$ 浓度氧化 VOCs"（cx2022005）、重庆市教委青年项目"含缺陷 Zn_2SnO_4 对废油回收处理产生的废气可见光高效净化研究"（KJQN201800826）和重点项目"高结晶 $g-C_3N_4$ 基复合光催化材料的制备及高效光催化性能研究"（KJZD-K202100801）、校内高层次人才科研启动项目（1856039）、2021 年重庆市博士后出站来（留）渝资助项目、重庆市废油资源化研究生导师团队项目、重庆工商大学教育教学改革项目（212050）、重庆市高校创新研究群体项目（CXQT21023）、废油资源化技术与装备教育部工程研究中心的支持，在此致以诚挚的谢意。

由于著者学识水平有限，对于该领域的一些关键问题尚处于探索研究阶段，书中难免存在疏漏，恳请读者能通过如下电子邮件地址将意见反馈给我们，以此指导和促进我们后期的研究工作：lyhctbu@126.com，或请联系废油资源化技术与装备教育部工程研究中心（400067）李宇涵。

目 录

"博士后文库"序言
前言
第1章　绪论 ·· 1
  1.1　引言 ·· 1
    1.1.1　环境问题及治理现状 ·· 1
    1.1.2　能源问题及应对措施 ·· 3
  1.2　光催化技术 ·· 4
    1.2.1　光催化原理 ·· 4
    1.2.2　研究进展 ·· 6
    1.2.3　面临的问题 ·· 7
  1.3　TiO_2 半导体光催化剂的研究进展 ······································ 8
    1.3.1　TiO_2 的晶体结构和性质 ·· 8
    1.3.2　合成方法 ·· 9
    1.3.3　改性策略 ·· 10
    1.3.4　TiO_2 表面氟离子修饰 ·· 15
    1.3.5　氟离子化学诱导调控 TiO_2 形貌 ·································· 17
    1.3.6　氟离子诱导合成高能面 TiO_2 ······································ 21
    1.3.7　氟修饰 TiO_2 的研究价值 ·· 24
  1.4　TiO_2 的光催化应用 ·· 26
    1.4.1　TiO_2 光催化在环境治理方面的应用 ···························· 26
    1.4.2　TiO_2 光催化在能源开发方面的应用 ···························· 26
    1.4.3　TiO_2 光催化在医学方面的应用 ··································· 27
    1.4.4　TiO_2 光催化技术在其他方面的应用 ···························· 27
  参考文献 ·· 27
第2章　TiO_2 光催化与氟修饰改性 ·· 38
  2.1　引言 ·· 38
  2.2　TiO_2 光催化中的表面氟效应 ··· 39
    2.2.1　自由基的影响 ·· 41
    2.2.2　表面电子效应 ·· 43

    2.2.3 电子清除效应 45
  2.3 TiO₂光催化中的氟掺杂效应 46
    2.3.1 氟离子掺杂的TiO₂ 47
    2.3.2 TiO₂与氟、非金属元素共掺杂 48
    2.3.3 TiO₂与氟、金属元素共掺杂 49
    2.3.4 氟掺杂的TiO₂异质结 50
  2.4 氟离子介导TiO₂的形貌裁剪 50
    2.4.1 空心结构的TiO₂催化剂 51
    2.4.2 高能面TiO₂纳米晶 53
    2.4.3 TiO₂介晶 59
  2.5 氟在非TiO₂光催化中的作用 61
  2.6 氟效应的应用 62
    2.6.1 氟在光催化选择性氧化中的作用 62
    2.6.2 氟在光催化选择性降解中的作用 63
    2.6.3 光催化产氢过程中的氟效应 65
    2.6.4 氟在光催化CO₂还原中的作用 66
    2.6.5 氟对TiO₂热稳定性的影响 67
    2.6.6 小结 68
  参考文献 69

第3章 TiO₂氟效应及其光催化活性增强机制 79
  3.1 相结构对TiO₂表面氟效应的影响研究 79
    3.1.1 引言 79
    3.1.2 催化剂制备 81
    3.1.3 催化剂表征 81
    3.1.4 游离羟基自由基的测定 82
    3.1.5 结果与讨论 83
    3.1.6 小结 96
  3.2 空心结构与表面氟修饰对TiO₂光催化活性的协同作用 97
    3.2.1 引言 97
    3.2.2 催化剂制备 98
    3.2.3 表征测试 98
    3.2.4 结果与讨论 99
    3.2.5 小结 105
  3.3 氟诱导高能面TiO₂的晶面调控与光催化活性 105
    3.3.1 引言 105
    3.3.2 催化剂制备 106

      3.3.3 表征测试 ··· 106
      3.3.4 结果与讨论 ·· 107
      3.3.5 小结 ·· 118
   3.4 热处理对高能面氟掺杂 TiO_2 形貌和光催化活性的影响 ················ 118
      3.4.1 引言 ·· 118
      3.4.2 催化剂制备 ·· 119
      3.4.3 表征测试 ··· 119
      3.4.4 结果与讨论 ·· 120
      3.4.5 小结 ·· 128
   参考文献 ·· 130

第4章 TiO_2 的微纳结构调控及光催化作用机制 ································ 135
   4.1 多孔 TiO_2 纳米片降解 X-3B 及 NO 的性能增强机制 ···················· 135
      4.1.1 引言 ·· 135
      4.1.2 光催化剂的制备 ·· 136
      4.1.3 光催化活性评价装置 ·· 136
      4.1.4 结果与讨论 ·· 137
      4.1.5 小结 ·· 147
   4.2 暴露(001)面 TiO_2 纳米片对丙酮的高效光催化氧化 ······················· 147
      4.2.1 引言 ·· 147
      4.2.2 光催化剂制备 ·· 148
      4.2.3 光催化活性评价装置 ·· 149
      4.2.4 结果和讨论 ·· 149
      4.2.5 小结 ·· 160
   4.3 结合静电纺丝与水热法合成 TiO_2 纳米纤维 ······························· 160
      4.3.1 引言 ·· 160
      4.3.2 光催化剂的制备 ·· 161
      4.3.3 光电转换效率测试 ··· 163
      4.3.4 结果和讨论 ·· 163
      4.3.5 小结 ·· 172
   4.4 TiO_2 空心微球高光催化氧化丙酮性能增强机制 ··························· 172
      4.4.1 引言 ·· 172
      4.4.2 光催化剂的制备 ·· 174
      4.4.3 光催化活性评价装置 ·· 175
      4.4.4 结果与讨论 ·· 175
      4.4.5 小结 ·· 183
   4.5 暴露(001)晶面的锐钛矿相 TiO_2 空心纳米盒及性能增强机制 ··········· 183

  4.5.1 引言 ··· 183
  4.5.2 光催化剂的制备 ··· 185
  4.5.3 结果与讨论 ··· 186
  4.5.4 小结 ··· 198
 参考文献 ··· 198

第 5 章 TiO_2 表面改性及光催化机制 ··· 207
5.1 含氧空位 TiO_2 空心微球对 NO 的高效光催化氧化机制 ············ 207
  5.1.1 引言 ··· 207
  5.1.2 催化剂的制备 ··· 207
  5.1.3 结果与讨论 ··· 208
  5.1.4 小结 ··· 218
5.2 TiO_2 纳米棒组装的 rGO@TiO_2-NR 高效降解 X-3B ···················· 219
  5.2.1 引言 ··· 219
  5.2.2 光催化剂的制备 ··· 219
  5.2.3 结果与讨论 ··· 220
  5.2.4 小结 ··· 231
5.3 g-C_3N_4 修饰的 TiO_2 纳米空心盒高效降解 X-3B ························ 231
  5.3.1 引言 ··· 231
  5.3.2 光催化剂的制备 ··· 232
  5.3.3 结果与讨论 ··· 233
  5.3.4 小结 ··· 243
 参考文献 ··· 243

编后记 ··· 248

第1章 绪　　论

1.1 引　　言

近年来，全球清洁能源供应危机日益恶化，生态环境形势日趋严峻。开发各种有效的策略和解决方案来解决这些问题具有重要意义(Williams M A J et al., 2015; Swarbrick J C et al., 2009)。

2021年3月5日，2021年国务院政府工作报告中指出，扎实做好碳达峰、碳中和各项工作，优化产业结构和能源结构。我国的能源主要依赖于化石燃料，然而，化石燃料的大肆消耗一方面带来的是严重的环境污染，另一方面也将面临着能源枯竭的问题。以太阳能为代表的可再生能源正逐渐向主导能源转变，将成为资源分布最广、能源禀赋最可观的领域。太阳能光催化主要包括利用太阳光催化去除大气污染物、水体污染物来改善环境质量，以及制氢、固氮、二氧化碳(CO_2)还原为高附加值化学品以实现清洁能源制备及可持续发展。

1.1.1 环境问题及治理现状

我国面临的主要环境问题有：大气污染和水体污染等。其中，氮氧化物(NO_x)作为一类典型的空气污染物，研究表明当人体长期暴露在这类低浓度的气相污染物中时，极易产生恶心、头晕，造成上呼吸道感染等疾病，严重则致癌致死(Anenberg S C et al., 2017; Laughner J L and Cohen R C, 2019; Guarnieri M and Balmes J R, 2014)。国际能源署(International Energy Agency, IEA)发表的估算数据显示，全球范围内一年有650万人因NO_x及颗粒物等导致的大气污染而死亡(Anderson J O et al., 2012)。我国的能源消费以煤炭为主，导致NO_x排放总量巨大。2020年全国NO_x排放总量约为1019.7万吨，其中重庆市NO_x排放总量约为16.7万吨(Zhang Z et al., 2020)。此外，挥发性有机化合物(volatile organic compound, VOC)作为另外一类典型的空气污染物，当人体长时间处于该类环境中时，会损害人的神经，影响呼吸系统，降低人体免疫系统的抵抗能力，甚至致癌等。我国VOC排放总量巨大(位居全球第一)，2019年全国VOC排放总量约为2342万吨(Li M et al., 2017; 生态环境部, 2020)。VOC的治理刻不容缓，但其整体治理工艺难度大、效果差，这是因为：①VOC 来源广泛，凡是使用含有 VOC 物质的储存、运送、涂装及其他处理工序，均可能造成 VOC 的排放；②易挥发性导致 VOC 排放到大气中，在光照等条件下通过化学反应生成新的 VOC，造成二次污染。目前这类气体污染治理属于我国大气环境管理的短板，如何有效实现大气污染治理也已纳入了"十四五"的空气污染防治重点规划。因此，开展大气污染的高效控制新技术与机制研究，是我国空气污染控制领域的迫切需求。

目前，由于 NO_x 的排放来源和组分差异，其治理方法多种多样。常见的 NO_x 控制法分为气相反应法、液体吸收法、微生物法、光催化法等（Dou J et al., 2019; Yermakov A et al., 1995; Damma D et al., 2019）。其中，光催化法旨在利用太阳能和空气中的氧气将 NO_x 转化成植物可吸收的硝酸盐（NO_3^-），实现 $\mu g \cdot kg^{-1}$ 级超低排放（工业 NO_x 的排放要求 NO_x 含量<410$mg \cdot kg^{-1}$），是一种绿色高效的方法。而针对 VOC 的排放来源和组分差异，其治理方法多种多样。常见的 VOC 控制方法分为回收（吸收、吸附、冷凝、膜分离等）和销毁（焚烧、催化氧化、生物降解、低温等离子体治理、光催化等）两类（Liang Z S et al., 2020; He C et al., 2019; Fahri F et al., 2020）。其中，光催化法旨在利用太阳能将 VOC 转化成无毒无害的水和二氧化碳，是一种绿色高效的办法，近几十年来在城市低浓度（$mg \cdot kg^{-1}$ 级）苯系物 VOC 去除方面受到研究者的广泛关注（Sun M H et al., 2020; Li J Y et al., 2020）。但是，目前半导体光催化效率依然难以满足实际应用需求，且制备成本较高，也在一定程度上制约了光催化技术在环境领域的工业化应用。

针对水体污染问题，较为突出的是废水中的重金属离子以及印染废水的排放。铬（Cr）是木材防腐、皮革制革、金属整理和颜料等工业中应用最广泛的金属之一。Cr(III)虽然毒性低，且易于沉淀从水中去除，但强氧化剂 Cr(VI)具有毒性，对人体具有致畸和致癌作用（Long M et al., 2017; Gong Y et al., 2017）。目前，废水中 Cr(VI)的去除方法有吸附（Guo Z et al., 2017; Valle J P et al., 2017; Showkat A M et al., 2007; Gopakumar D A et al., 2017）、沉淀（Gong Y et al., 2017）、生物降解（Peng L et al., 2016; Chen H et al., 2017）、光化学还原（Xie B et al., 2017）、电化学还原（Wu J et al., 2016）以及这些方法的交叉结合等。然而，上面提到的这些方法都很复杂，既费时又费钱。半导体光催化也被用于有机污染物的氧化去除和金属离子的还原（Reddy K R et al., 2016; Reddy K R et al., 2011）。如王楠等（2015）报道了在可见光照射下，小分子量有机酸原位修饰 TiO_2 光催化还原 Cr(VI)。然而，由于改性 TiO_2 光催化剂（Wang N et al., 2010）的可见光捕获能力有限，其还原速率较慢。

我国是印染大国，随着染料与印染工业的发展，印染废水已成为当前主要的水体污染源之一。此外，我国染料工业具有小批量、多品种的特点，大多数为间歇作业模式，废水进行间断性排放，水质水量变化范围大。与此同时，染料生产流程长，废水浓度高、色度深，废水中的有机组分大多以芳烃及杂环化合物为母体,并带有显色基团(例如,—N═N—、—N═O)以及极性基团(例如,—OH、—NH₂、—SO₃Na)(王娟,2001)。印染废水中活性艳红(X-3B)常用于棉和黏胶纤维的浸渍、卷染和扎染,是印染工业中最为常见的一种染料。活性艳红主要来源于染料生产和纺织印染行业所产生的大量有色废水,它具有水量大、抗光解、抗生物氧化、有机污染物成分复杂且含量高、色度深且脱色困难、pH 及水质变化较大、难于处理等特征(刘畅等,2016)。因此,治理水体中活性艳红的污染问题刻不容缓。当前,国内外染料废水的治理方法有:①物理法,包括过滤法、沉淀法、气浮法、磁分离法等;②化学法,包括高级氧化技术、湿式空气氧化法、臭氧氧化、芬顿试剂法、光催化氧化等;③物理化学法,常用的有混凝沉淀法、吸附法、萃取法和膜分离法等;④生物化学法;⑤电化学法。印染废水的各种处理方法都有着不同程度的优缺点,针对低浓度的活性艳红,利用光催化氧化技术可作为一种行之有效的治理方法。

1.1.2 能源问题及应对措施

能源是人类社会可持续发展的基础(夏鹏飞,2019)。然而,伴随工业化的高速发展,全球能源的消耗急剧增加。现有的化石能源储量已经不能满足人们日益增长的能源需求。化石燃料的过度消耗和有毒废弃物的排放,使得能源短缺和生存环境恶化等问题日益突出。人类在消耗能源的同时也向生态环境排放了大量的废气、废水和废渣等污染物,导致严重的环境污染问题,如温室效应、水污染、空气污染和酸雨,这些问题都影响着全球的生态健康和人类社会的发展(杨成武,2019)。相比于非可再生能源,可再生能源具有绿色、清洁、无污染等优势,其主要包括太阳能、水能、风能、地热能、核能、生物质能等(贾凤伶和刘应宗,2012)。现如今,大力开发与利用清洁无污染、可持续且可再生能源是解决人类所面临的能源危机和环境污染,同时建立生态文明社会的必由之路。

然而由于风能、地热能和核能开发难度大、设备要求高以及安全因素等限制,难以取得突破性进展。地球每年接收到的太阳能总量相当于全世界总耗能的一万三千多倍(陶建格和薛惠锋,2008),我国陆地每年接收的太阳辐射总量也相当丰富,利用太阳能是我国实现绿色、低碳、环保、可持续发展的关键所在。太阳能作为一种最理想的清洁、环保、可再生能源,其存在广泛,能够源源不断地向地球提供能量,被认为是最具潜力替代现有能源格局的新能源(马永宁,2018),在可再生能源中脱颖而出。目前,太阳能转换主要有以下三种形式,即太阳能光化学转换、太阳能光热转换和太阳能光电转换(杨成武,2019)。然而受限于季节性变化和高额成本等因素,光热、光电转换效率较低且不易储存。因此,太阳能光化学转换在转换和储存太阳能方面具有光明的应用前景。

近些年来,基于太阳光为驱动力的半导体光催化技术被普遍视为太阳能光化学转换与存储的最理想途径,这是因为该技术能够将太阳能转换为人类可利用的化学燃料(洪远志, 2018)。此外,光催化技术由于采用了取之不尽用之不竭的太阳能来提供能源,一方面,可实现太阳能—化学能之间的转换,如将太阳能转化为氢能,缓解社会所面临的能源匮乏问题(刘亚男, 2018);另一方面,利用太阳能可有效地去除环境中难以降解的有机污染物,以解决环境面临的水污染等问题,达到净化环境的目的(洪远志, 2018)。

1.2 光催化技术

传统化石能源的过度消耗,引起温室气体 CO_2 以及有毒气体(如 NO_x)的大量排放,导致能源危机和环境污染问题日益严峻。因此,开发高效、经济、环境友好的技术解决这些问题尤为重要。半导体光催化因为可以利用太阳能驱动有毒污染物的氧化/还原去除,而得到广泛重视。

光催化技术能够以光能为驱动力,通过光催化剂将 CO_2 转换为高附加值的碳氢燃料(如甲烷、一氧化碳、甲醇等),从而缓解能源危机和温室效应。此外,光催化技术也能够氧化去除 NO_x,从而解决 NO_x 带来的环境问题。由于光催化技术具有经济、环保、安全等优点,它的应用已经拓展到新能源生产(贾凤伶和刘应宗,2012)、空气净化(Li J Y et al., 2020)、水体修复(Wu J et al., 2016)、有机合成(Hao C H et al., 2016)等领域。当然,光催化技术发展离不开新型光催化剂的开发。在过去的几十年里,科研人员已开发出多种半导体光催化剂,包括金属氧化物(Reddy K R et al., 2011)、石墨相氮化碳(夏鹏飞, 2019)、金属硫化物(Gong Y et al., 2017)等。但是,大多数催化剂光吸收性能有限、载流子易复合、稳定性较低,严重影响其进一步应用。因此,开发新型高效的半导体光催化剂并深入探究其催化机理,对于实现光催化技术的规模化应用具有重要的现实意义和研究价值。

1.2.1 光催化原理

根据半导体能带理论,半导体价带(valence band,VB)和导带(conduction band,CB)之间的间隙称为禁带,禁带宽度(带隙)用 E_g 表示,它代表价带到导带之间的能量差。当半导体接收到的光子能量大于或等于禁带宽度时,半导体价带上的电子(e^-)会被激发跃迁至导带,而价带上会留下空穴(h^+)。然而,部分电子和空穴会在体相或者表面发生复合,并释放能量,这部分载流子的复合称为湮灭过程。没有复合的光生电子和空穴则转移到半导体催化剂的表面,最后与反应物分子发生氧化或还原反应,整个过程称为光催化。如图 1-1 所示,光催化主要涉及以下 5 个基本过程(Hoffmann M R et al., 1995)：①产生电子-空穴对，电子空穴分离；②一部分载流子在体相复合；③一部分载流子在表面复合；④没有复合的电子转移到表面发生还原反应；⑤未发生复合的空穴转移到表面发生氧化反应。

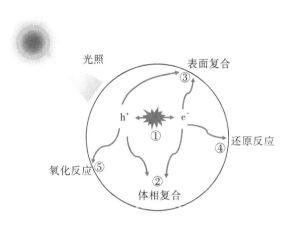

图 1-1　半导体光催化原理示意图

光催化 CO_2 转换产碳氢化合物是一个典型的光电子光催化还原反应。当光生电子迁移至催化剂表面，可以将吸附在催化剂表面的 CO_2 还原为高附加值的碳氢化合物，如甲烷(CH_4)、甲醇(CH_3OH)、甲醛(HCHO)和甲酸(HCOOH)等。值得注意的是，光生电子的还原能力很大程度上取决于导带的位置。如图 1-2 所示，不同的还原产物对应不同的还原电势，只有当催化剂的导带底高于对应碳氢化合物的还原电势时，才有可能实现对应的催化反应(Ran J R et al., 2018)。然而，由于 C=O 键的离解能高达 750 kJ·mol^{-1}，光催化还原 CO_2 的过程其实是比较困难且复杂的(韩成，2019)。光催化 CO_2 还原的过程涉及多质子和电子的转移，因此产物可能有很多种，如前文所提到的 CH_4、CH_3OH、CO 等。CO_2 光还原产物的确定应该从热力学和动力学两方面考虑。以 CH_4 和 CO 为例，从热力学的角度看，CH_4 比 CO 更容易产生，因为它对应的还原电势更低(图 1-2)。然而从动力学的角度看，如式(1-1)和式(1-2)所示，CO_2 还原产 CH_4 需要 8 个电子，而产 CO 仅需 2 个电子(Li K et al., 2014)。因此，在同等条件下产 CH_4 要比产 CO 更困难。目前，设计高效的光催化系统催化还原 CO_2 选择性产 CH_4 仍是一个重要的科学挑战。

$$CO_2 + 8H^+ + 8e^- \longrightarrow CH_4 + 2H_2O \qquad (1-1)$$

$$CO_2 + 2H^+ + 2e^- \longrightarrow CO + H_2O \qquad (1-2)$$

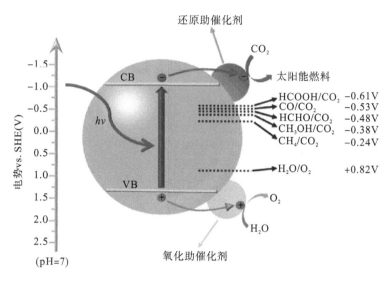

图 1-2　光催化 CO_2 还原为不同产物的还原电势（Ran J R et al., 2018）

SHE 指标准氢电极（standard hydrogen electrode）

光催化 NO_x 氧化去除是一个光催化氧化反应。首先，NO_x 分子被吸附在半导体光催化剂的表面。在光照下，当半导体吸收的光能大于其禁带宽度，半导体内产生电子-空穴对。没有复合的电子转移到催化剂表面，结合空气中的氧气生成超氧自由基（$\cdot O_2^-$），超氧自由基具有较强的氧化能力，能够将 NO_x 氧化为亚硝酸根（NO_2^-）或者硝酸根（NO_3^-）等物质，降低 NO_x 对环境的影响。另外，价带上的空穴也是一种很好的氧化剂，能够协同 $\cdot O_2^-$ 进一步将 NO_x 氧化。

1.2.2　研究进展

光催化技术在处理各种污染物和开发可再生能源方面具有巨大潜力，并且成本低廉，因此被视为解决环境和能源问题的最佳方案之一。光催化技术广泛应用于对污染物的去除，已取得一定的研究进展。目前主要利用 TiO_2、ZnO 和 CdS 等半导体材料降解水体中的有机污染物、还原重金属离子以及气相体系中的有机、无机气体污染物等（Zhao Y et al., 2014）。例如，Li B 等（2019）构筑了黑磷纳米片（black phosphorus nanosheets, BPNs）与 ZnO 的纳米复合物。一方面 BPNs 的引入增加了光吸收能力；另一方面，异质结的构建使得纳米复合材料具有合适的带隙结构、较大的比表面积，极大地提高了对亚甲基蓝（methylene blue, MB）和环丙沙星的光催化降解活性。自从 Fujishima 和 Honda（1972）报道了在半导体 TiO_2 电极上光诱导分解水为氢和氧，将光催化技术应用于解决能源短缺就成了科研人员的研究焦点。例如，Lin Z 等（2020）利用石墨相氮化碳（g-C_3N_4）

纳米片制得氮化碳纳米管(C_3N_4Ts)，通过引入明显的电势差促成层间电子分离。此外，将Ni_2P纳米粒子作为电子受体耦合在C_3N_4Ts上(Ni_2P/C_3N_4Ts)，以实现高效且稳定地产氢。该研究通过构建电势差使得光生电荷能够定向迁移，为实现高效的太阳能转换提供了一种新的策略(邱娅璐, 2021)。

然而，光催化过程中经常存在催化剂投加量大、回收困难、光生电子-空穴对无效复合率高等问题，因此，目前光催化基协同技术应运而生，如光催化-膜分离耦合技术、光催化-电化学耦合技术、芬顿光催化氧化、臭氧光催化氧化等。比如，李启龙(2020)利用二氧化钛(TiO_2)及改性TiO_2催化剂，将光催化技术与光芬顿技术耦合，设计出新型光催化氧化陶瓷膜反应器，不仅提升了光催化技术对抗生素类污染物的降解效率，而且实现了废水与催化剂的有效分离，在保证光催化效率的同时提高了催化剂的回收率。因此，目前的光催化技术正逐渐向寻找更好的半导体光催化材料、多方法联用等方向发展。

1.2.3 面临的问题

目前用作光催化的半导体大多为金属氧化物和硫化物，如TiO_2(Ozawa T et al., 2005; Xu Y M and Langford C H, 2001; Li W et al., 2009; Lim M et al., 2009)、ZnO(Deng Z W et al., 2008; Colon G et al., 2008; Yu J G et al., 2008; McLaren A et al., 2009)、Fe_2O_3(Du W P et al., 2008; Yu J G et al., 2009; Niu M T et al., 2010)、CdS(Li X P et al., 2010; Zhai T Y et al., 2010)、WO_3(Yu J G et al., 2008; Purwanto A et al., 2011)、ZnS(Chen D G et al., 2010; Wang C et al., 2010)、SnO_2(Niu M T et al., 2010; Chu D R et al., 2011; Malpass G R P et al., 2010)等，这些半导体都具有一定的光催化活性。但是，除TiO_2之外的其他半导体或由于活性低，或易发生化学或光化学腐蚀，不适合作为实用光催化剂。相比之下，半导体TiO_2不仅具有较高的光催化活性，而且它还具有耐酸碱和光化学腐蚀、成本较低、本身无毒等特点，这使TiO_2成为当前最具有应用前景的一种光催化剂(Lv K L et al., 2010)。

大量的研究结果表明，有机污染物在TiO_2表面的光催化降解速率，是关于催化剂物理参数如晶型、晶化程度、颗粒尺寸、比表面积和表面化学状态等的函数(Lv K L et al., 2010; Zhang J et al., 2008; Sun Q and Xu Y M, 2010)。其中，晶型是影响TiO_2光活性最主要的因素。常见的运用于光催化应用的TiO_2有两种晶型结构：锐钛矿相(anatase)和金红石相(rutile)(Sun Q and Xu Y M, 2010; Yan M C et al., 2005)。锐钛矿相和金红石相两种晶型都是由相互连接的TiO_6八面体组成的，其差别就在于八面体的畸变程度和相互连接的方式不同。结构上的差别导致了两种晶型有不同的密度和电子能带结构。锐钛矿相TiO_2的带隙(E_g)为3.2eV，金红石相TiO_2的E_g为3.0eV(Sun Q and Xu Y M, 2010; Li J G et al., 2007)。锐钛矿相TiO_2通常显示出比金红石相TiO_2更强的光催化活性，这可能与锐钛矿相TiO_2对氧气和有机污染物有着更强的吸附性能有关。

然而，从实际应用和商业化方面考虑，TiO$_2$ 光催化材料面临两大关键科学问题需要认真解决：一是光催化材料的光催化活性或量子效率不高；二是光催化材料不能被可见光激活。解决这两大关键科学问题，是发展高效光催化材料的根本。这方面的研究工作当前国内外主要集中在以下几个方面：①通过两种不同带隙半导体的耦合(Zhang J et al., 2008; Yang L X et al., 2010; Arai T et al., 2007)或在 TiO$_2$ 颗粒表面沉积贵金属纳米粒子(Liu Y et al., 2010; Sun B et al., 2003)以提高系统的电荷分离效果；②在 TiO$_2$ 中掺入少量过渡金属离子以降低光生电子-空穴对的复合(Zuo H S et al., 2007; Devi L G et al., 2009; Liu S W et al., 2009)；③采用不同制备或处理方法，以制备更高活性的氧化物、非氧化物或复合氧化物新型光催化材料(Zhou L et al., 2010; Amano F et al., 2009)；④在 TiO$_2$ 中掺入少量的阴离子，降低禁带宽度，扩展 TiO$_2$ 对可见光的响应范围(Asahi F et al., 2001; Naik B et al., 2010; Periyat P et al., 2009)。这些方面的研究工作最近几年已经取得了较大的成效或进展，半导体光催化材料的光催化活性得到了很大提高和改进，从而使光催化材料在环境污染治理方面的应用得到增强，商业化的光催化产品也越来越多，但离大规模的实际应用还存在一定的差距。高活性光催化材料的制备一直是该领域的关键科学问题之一，因此对其进行深入研究将对材料、化学、物理、环境等学科的发展具有非常重要的科学意义。

1.3　TiO$_2$ 半导体光催化剂的研究进展

1.3.1　TiO$_2$ 的晶体结构和性质

20 世纪 70 年代初，日本的研究人员(Fujishima A and Honda K, 1972)首次报道 TiO$_2$ 光电极可裂解水产氢气和氧气，自此关于半导体光催化技术的研究受到了广泛的关注。在众多光催化剂中，TiO$_2$ 无疑是被研究得最多的，因为它具有成本低、无毒、稳定性好等优点，被广泛应用于空气净化、太阳能电池、生物传感等领域。TiO$_2$ 主要分为 3 种晶相，分别是金红石相(rutile)、锐钛矿相(anatase)、板钛矿相(brookite)(Cai J et al., 2018)。图 1-3 为 Ti-O 八面体构建的 TiO$_2$ 的三种不同的晶相结构。其中，金红石相[图 1-3(a)]与锐钛矿相[图 1-3(b)]都属于四方晶系，而板钛矿相[图 1-3(c)]属于正交(斜方)晶系。金红石相 TiO$_2$ 的热力学稳定性最好，经过高温处理的锐钛矿相和板钛矿相的 TiO$_2$ 都可以转变为金红石相 TiO$_2$。相比于其他两种晶相的 TiO$_2$，锐钛矿相的 TiO$_2$ 具有更强的光催化活性，被广泛应用于光催化和光伏器件中，其带隙为 3.2eV，可以吸收利用紫外光。板钛矿相的 TiO_2 在自然界中含量较低，相较而言也更难制备，因此很少用于光催化应用。

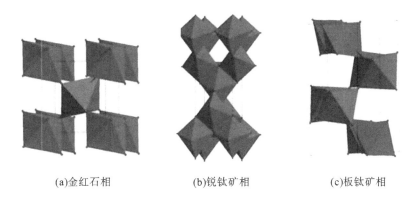

(a)金红石相　　　　(b)锐钛矿相　　　　(c)板钛矿相

图 1-3　TiO_2 的三种晶相结构(Cai J et al., 2018)

1.3.2　合成方法

经过多年的发展，科研人员已经开发出多种 TiO_2 的制备方法，其中最常用的方法有以下三种：溶剂热法、溶胶-凝胶法、静电纺丝法。

溶剂热法是无机材料合成中的常用方法，通常是以有机溶剂(或水)为反应介质，在高温高压条件下，于密封钢制反应釜中进行纳米材料的制备。通常，TiO_2 的前驱体在高温高压下会溶解，然后经历晶体成核和生长两个阶段，最终成为 TiO_2 纳米材料。溶剂热法的优势在于操作简单，并且能够制备均匀分散的 TiO_2 纳米颗粒。该方法的不足之处在于反应条件苛刻，且能耗较高。

溶胶-凝胶法是指将反应物经过溶胶、凝胶两个状态，最后经过热处理成为纳米材料粉体的方法。该方法通常要经过四个反应步骤，分别是水解反应、缩聚反应、干燥以及热分解。例如，Dastan D (2017)以钛酸异丙酯为钛源，乙醇为溶剂(含醋酸)，经过搅拌形成溶胶-凝胶，再经过干燥和进一步的煅烧处理即可得到 TiO_2 纳米颗粒。溶胶-凝胶法是合成 TiO_2 最普遍的方法，该方法工艺简单，不需要复杂的实验装置设备。

静电纺丝法是一种以聚合物溶液作为纺丝液，给纺丝液施加高压电场，进而制备一维纳米材料的技术。具体的如，当装有 TiO_2 前驱体纺丝液的注射器以一定速度喷射时，针头与对向的接收板之间存在高压静电场，可以将纺丝液拉挤成丝，使纤维沉积在接收板上。最后，经过煅烧处理，即可得到 TiO_2 纳米纤维(Lu Y C et al., 2020；Duan Y Y et al., 2018)。该方法制备的纳米纤维连续性好、比表面积大、易成膜。但是该法需在高电压条件下操作，具有一定的危险性。

1.3.3 改性策略

半导体 TiO_2 具有低成本、无毒、高化学稳定性等优点,因此在光催化能源转换、污染物降解领域具有巨大的应用潜力。然而,普通的 TiO_2 仍存在几个不足之处:①禁带宽度较大,仅能吸收和利用短波长的紫外光($\lambda \leqslant 390nm$)(Ismael M, 2020)。众所周知,紫外光仅占太阳光的 4%,而可见光约占太阳光的 50%。光吸收性能的不足使 TiO_2 的进一步应用受到限制。②光生电子-空穴对复合率较高,导致实际参与光催化的载流子数量少,严重影响其光催化活性。③比表面积较小,影响对反应物的吸附和活化。因此,有针对性地对 TiO_2 进行改性,有望高效地解决上述问题。常用的 TiO_2 改性方式有沉积贵金属、缺陷工程与单原子修饰、形貌调控、构建异质结、元素掺杂等。

1.3.3.1 沉积贵金属

在 TiO_2 表面沉积贵金属是一种提升载流子分离效率的有效策略。沉积贵金属的改性原理可以认为是贵金属充当 TiO_2 光生电子的捕获剂,从而促进 TiO_2 界面电荷转移的过程。铂(Pt)、金(Au)、钯(Pd)和银(Ag)等贵金属的沉积对促进半导体的光生载流子分离、提升其光催化活性有积极的作用(Nalbandian M J et al., 2015;Melvin A A et al., 2015;Manovah D T et al., 2018),因为贵金属的费米能级 E_F 比 TiO_2 的费米能级低,为了实现二者费米能级的平衡,TiO_2 上的电子会流向贵金属。电子的捕获能力通常取决于贵金属的功函数。在众多贵金属当中,Pt 被认为是最高效的电子捕获助催化剂(Wang F et al., 2015;Meng A et al., 2019),因为其具有较大的功函数和较低的过电势(图 1-4)。

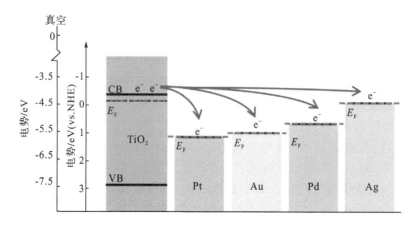

图 1-4　TiO_2 的导带位置和接触前 Pt、Au、Pd 和 Ag 的费米能级位置(Meng A et al., 2019)

此外，一些等离子体金属，例如 Au 和 Ag 可以通过表面等离子体效应增强催化剂的光吸收能力(Wang Y et al., 2014；Zhang Z et al., 2014；Zhou X et al., 2012)。为了直接探究 Au 纳米颗粒引起的等离子体效应增强 TiO_2 纳米纤维的光催化产氢性能，Zhang Z 等(2014)合成了 Au/Pt 修饰的 TiO_2 纳米纤维，并在 420nm 和 55nm 的双光束照射下，考察了其光催化产氢活性。结果表明，Au 引起的等离子体共振效应对于产氢性能的提升有重要贡献。

总体而言，贵金属沉积可以有效改善 TiO_2 光生载流子易复合和可见光响应差等问题，并由此增强 TiO_2 的光催化性能。虽然贵金属在修饰改性 TiO_2 机理研究方面取得了较大进展，但是贵金属的储量低、价格高昂等问题很大程度上限制了它们在光催化领域的应用。

1.3.3.2 缺陷工程与单原子修饰

氧空位缺陷是金属氧化物半导体的一种重要缺陷，它会直接影响金属氧化物的表面性质。利用缺陷工程对 TiO_2 材料进行改性以缩小其禁带宽度，是增强 TiO_2 光吸收性能的重要策略之一。这是因为引入缺陷以后，会在 TiO_2 的带隙之间产生一个新的缺陷能级，该能级缩小了 TiO_2 的带隙，从而拓展了 TiO_2 的光响应范围(Chen Y et al., 2013；Liu X and Bi Y, 2017)。

Chen X 等(2011)报道，在氢气氛围下，高温处理锐钛矿相 TiO_2 可以使其转变为黑色的缺陷态 TiO_2。图 1-5(a)是氢化处理前后的 TiO_2 照片和紫外-可见漫反射光谱(diffuse reflection spectrum, DRS)。通过对比发现，经过氢化处理后的 TiO_2 颜色变深，对应的可见光的吸收能力也增强。相比于本底 TiO_2，通过该法制备的缺陷态 TiO_2 有更好的光催化产氢性能。但是，该制备方法的反应条件较为苛刻，而且在高温高压条件下使用氢气为还原气氛，实验操作具有一定的危险性。于是，Hu Z 等(2019)创新性地使用钛酸盐与尿素混合煅烧的方式，制备了具有氧空位的 TiO_2 空心球，并将其用于光催化氧化 NO。经过优化的含氧空位的 TiO_2 样品光催化 NO 去除率为 53.2%，明显高于本底 TiO_2 样品(37.5%)。含氧空位的 TiO_2 样品具有更窄的禁带宽度，因此它展现出更好的光吸收性能。另外，该工作还结合了原位红外光谱和密度泛函理论(density functional theory, DFT)模拟计算结果，揭示了氧空位缺陷对 NO 的吸附和活化机制。与此同时，Li Y H 等(2020)采用一步简单燃烧法制备得到含有大量表面氧空位的 TiO_2 纳米颗粒。通过对比引入氧空位前后样品的态密度图[图 1-5(b)]可以发现，由于缺陷能级的引入，禁带缩小，从而提高了对光的利用率；此外，氧空位的存在还可以充当光生电子捕获中心，从而高效地抑制光生载流子的复合。结合原位红外光谱与 DFT 计算，发现 TiO_2 表面的氧空位可以有效地增强甲醛分子的吸附活化，存在的大量离域电子可以注入甲醛分子的 C=O 键中并使其活化断裂，从而有效地减少甲醛氧化过程中甲酸的积累，加快甲醛的高效氧化去除。

单原子催化剂因为其出色的催化性质，迅速成为研究热点。但是，单原子的表面能较高、流动性大，在合成和催化的过程中容易团聚。因此，制备具有独立单原子位点的催化剂仍是一个挑战。TiO_2上的缺陷，除了可以改善电子能带结构以外，还可以作为锚定单原子的位点，进一步提升TiO_2的光电化学性能(Wan J et al., 2018)。Hu Z(2020)利用TiO_2的表面氧缺陷锚定了单原子Au，此结构的催化剂展现了优异的光催化降解丙酮活性。研究结果表明，电子能够通过Ti—Au—Ti键从Ti原子转移到Au原子，进而实现光生载流子的高效分离。在另一项研究中(Chen Y et al., 2020)，单原子Pt与缺陷TiO_2结合形成$Pt-O-Ti^{3+}$原子界面。光生电荷可以通过这个原子界面，从Ti^{3+}的缺陷位点转移至单原子Pt，从而在Pt位点上实现高效光催化产氢。值得说明的是，这项工作中最优的样品产氢周转频率(turnover frequency，TOF)高达$51423h^{-1}$，高于绝大多数的催化剂。

综上所述，缺陷工程不仅可以优化TiO_2的能带结构，提高其光吸收性能，也能够作为单原子的固定位点。缺陷工程结合单原子修饰能够进一步促进光生载流子的转移，从而增强TiO_2的光催化性能。

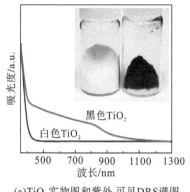 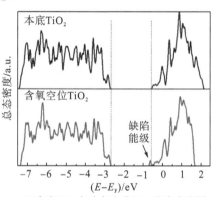

(a)TiO_2实物图和紫外-可见DRS谱图　　　　(b)本底TiO_2与含氧空位TiO_2的态密度图

图1-5　氢化处理前后的TiO_2实物图、紫外-可见DRS谱图(Chen X et al., 2011)
和态密度图(Li Y H et al., 2020)

1.3.3.3　形貌调控

通过形貌调控制备大比表面的TiO_2纳米材料，有助于改良其构效关系，提升其光催化性能。目前，科学家已制备出多种维度的TiO_2纳米材料，例如，零维的量子点(Danish R et al., 2014；Pan L et al., 2013)、一维的纳米纤维结构(Wang T et al., 2019；Wu J et al., 2020；Li Y et al., 2020)、二维的纳米片结构(Li X et al., 2020；Liu S et al., 2019；Sui Y et al., 2019)以及三维的球状结构(Scarisoreanu M et al., 2020；Cao J et al., 2018；Liu G et al., 2013)。

虽然零维的TiO_2有比较大的比表面积，通常表现出比较高的光催化活性，但是难以收集和利用，所以更多的关注还是放在更高维度的TiO_2材料上(Duan Y Y et al.,2018)。TiO_2 纳米纤维的长径比大,有利于电子-空穴可以沿着不同方向迁移,延缓光生载流子的复合。静电纺丝是一种常用于制备纳米纤维的技术,Lu Y C 等(2020)通过该技术,将分散的零维 TiO_2 纳米颗粒制备成 TiO_2 纳米纤维。通过进一步的碱热处理,可以增加 TiO_2 纳米纤维的比表面积和孔容,有利于材料吸附气体反应物分子,提升催化效率。类似地,Li Y H 等(2022)采用静电纺丝技术也制备得到 TiO_2 纳米纤维(图 1-6)。纳米纤维的成功制备,使得 TiO_2 的表面性质得以优化,一方面促进了目标分子的吸附,另一方面也促进了其光催化分子的活化。

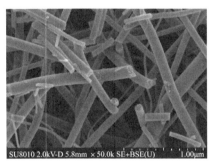 

(a)SEM图　　　　　　　　　(b)局部放大图

图 1-6　TiO_2 纳米纤维扫描电镜图(Li Y H et al., 2022)

Lv K L 等(2011)以钛酸四丁酯为钛源,氢氟酸为形貌控制剂,通过水热法合成了(001)面暴露的 TiO_2 纳米片[图 1-7(a)]。在合成的样品中,暴露 88%(001)面的 TiO_2 纳米片展现出优异的热稳定性和光催化氧化丙酮活性。在另一项工作中,Yu J G 等(2014)阐明了 TiO_2 中表面异质结的电荷转移方向。同时研究发现,当(001)面和(101)面的暴露比为 55∶45 时,TiO_2 样品的活性最好。该工作对 TiO_2 纳米片的晶面调控和设计提供了新的见解。

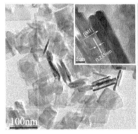  

(a)TiO_2纳米片的TEM图　　(b)TiO_2纳米花球的TEM图　　(c)TiO_2纳米花球的SEM图

图 1-7　TiO_2 纳米片和纳米花球的 TEM[1]图(Lv K L et al., 2011),以及 TiO_2 纳米花球的 SEM[2]图(Liao J Y et al., 2011)

---

[1] TEM 为 transmission electron microscope,透射电子显微镜。
[2] SEM 为 scanning electron microscope,扫描电子显微镜。

Liao J Y 等(2011)报道了一种以钛酸四丁酯为钛源,加入醋酸溶液,经过水热、煅烧合成 TiO_2 纳米花球[图 1-7(b)、(c)]的路线。通过该方法制备的 TiO_2 纳米花球,克服了低维度 TiO_2 材料比表面积小、光散射能力有限等缺点。因此,在太阳能染料敏化电池的应用当中,展现了优异的光电转换性能。

1.3.3.4 构建异质结

构建异质结是指将 TiO_2 与其他具有不同能级的半导体光催化剂进行复合,复合后利用不同半导体之间的能级差来有效分离光生载流子。这种载流子从一种半导体跃迁到另一种半导体的能级上,从而有效地分离光生电子和空穴,将 TiO_2 光学响应范围从紫外光区扩展到可见光区,并提高光催化活性。异质结的构建使得两种或多种半导体的导带和价带之间能够匹配,实现电荷载流子的有效分离,从而提高电荷分离效率,延长分离电荷的寿命和增强可见光响应范围,达到提升 TiO_2 光催化效率的效果。目前大多数改性合成方法通过构建 I 型、II 型乃至 Z 型异质结这种策略调控能带结构,提高载流子的迁移和分离效率,优化 TiO_2 载流子传输动力的问题,使其展现出优异的光催化性能。然而,在实际光催化反应中,光生载流子分离效率和传输距离非常有限,导致活性提升不明显。按照传统的方法将两种甚至多种材料直接构建异质结往往难以实现复合基元的性能叠加,需要涉及多方面的问题:两者之间的能带结构是否匹配?两者之间的有效接触面积如何调控?在构建异质结之后是否能实现有效的电荷定向传输?因此,基于异质结构建的改性策略需要充分考虑上述问题,以设计高效的 TiO_2 基光催化材料。

1.3.3.5 元素掺杂

元素掺杂包括金属元素和非金属元素掺杂。金属元素掺杂主要包括过渡金属或稀土元素掺杂,通过在半导体光催化剂的价带上方构建施主能级,或是在导带下方构建受主能级,形成新的杂质能级,从而改变半导体光催化剂的禁带宽度。掺杂金属在 TiO_2 中的位置与金属离子半径密切相关,当掺杂金属离子半径与 TiO_2 中的 Ti^{4+} 离子半径相近时,则掺杂金属离子取代 TiO_2 中的 Ti^{4+} 离子;当掺杂金属离子半径小于 TiO_2 中的 Ti^{4+} 离子半径时,掺杂金属离子可能进入间隙位置。非金属元素掺杂是指将碳(C)、氮(N)、硫(S)、氟(F)、氯(Cl)等掺入半导体中,产生杂质能级,减小禁带宽度,拓展半导体的吸光范围,进而提高光的利用率。非金属元素掺入 TiO_2 晶体内部通常有两种方式,一种是取代晶格氧,而另一种则是占据晶体结构不同层之间的间隙位置。

有研究表明(Minero C et al., 2000a、b; Yu J G et al., 2009; Minella M et al., 2010):氟掺杂会影响 TiO_2 的结构(包括体相和表面结构),进而对 TiO_2 的光催化活性有重要影响。

1.3.4 TiO$_2$表面氟离子修饰

在所有研究到的无机阴离子中,氟离子对 TiO$_2$ 光催化的影响最让人兴奋。氟离子有两个非常重要的特点:①在 TiO$_2$ 上的吸附较强;②自身非常稳定。氟离子的单电子氧化电势高达+3.6V,因此,它不会被空穴所氧化(Minero C et al., 2000a; Yu J G et al., 2009)。

在水溶液中,TiO$_2$ 表面的 Ti 原子由于配位不饱和,会解离表面的吸附水,生成羟基化的钛物种(氢氧化钛):

$$\equiv Ti^+ + H_2O \longrightarrow \equiv Ti{-}OH + H^+ \tag{1-3}$$

在酸性溶液中,水解生成的氢氧化钛结合一个质子,生成带有正电荷的 $\equiv Ti{-}OH_2^+$;而在碱性溶液中,会失掉一个质子,生成带负电荷的 $\equiv Ti{-}O^-$。

$$\equiv Ti{-}OH + H^+ \longrightarrow \equiv Ti{-}OH_2^+ + H_2O \quad pK_a=3.9 \tag{1-4}$$

$$\equiv Ti{-}OH \longrightarrow \equiv Ti{-}O^- + H^+ \quad pK_a=8.7 \tag{1-5}$$

氟离子与表面氢氧化钛有很强的配位能力,会取代表面的氢氧根,生成 $\equiv Ti{-}F$。

$$\equiv Ti{-}OH + F^- \longrightarrow \equiv Ti{-}F + OH^- \quad pK_a=6.2 \tag{1-6}$$

因此,TiO$_2$ 表面氟离子修饰后,表面钛有四种存在形式,分别为 $\equiv Ti{-}OH_2^+$、$\equiv Ti{-}OH$、$\equiv Ti{-}O^-$ 和 $\equiv Ti{-}F$。Minero C 等(2000a)通过计算机模拟,计算了不同氟离子浓度和 pH 下,TiO$_2$ 表面各种钛物种相对浓度的分布情况。在酸性溶液中(特别是 pH 在 2~5 范围内),钛氟物种以绝对优势存在。实验结果表明,氟离子在 TiO$_2$ 表面的吸附遵循朗缪尔(Langmuir)等温吸附模型,它在 P25(商用光催化剂)TiO$_2$ 上的饱和吸附量为 0.25mmol/g(pH=4.0)和 0.27mmol/g(pH=4.7)。当溶液的 pH 为 3.6 时,TiO$_2$ 表面的钛氟物种所占比例最大。

Minero C 等(2000b)考察了氟离子对 TiO$_2$ 光催化降解苯酚的影响。结果发现,氟离子能显著加快苯酚的降解。pH 在 2 到 6 的范围内,0.01 mol/L 的 NaF(TiO$_2$ 浓度 0.10g/L)就可以使苯酚的光催化降解速率增加 3 倍以上。苯酚降解速率增加的倍数与溶液 pH 之间呈现钟形曲线关系(最大值出现在 pH=4.4 左右)。而钛氟物种在 TiO$_2$ 表面的摩尔分数与 pH 间也存在这种钟形关系(最大值出现在 pH=3.6 左右)。两个曲线的相似性,说明氟离子对苯酚降解的促进作用与 TiO$_2$ 表面的钛氟物种的浓度之间存在着密切的联系。

醇的羟基淬灭实验结果表明,氟离子的表面修饰显著提高了体系羟基自由基(•OH)的浓度,且•OH 浓度随着氟离子浓度的升高而升高(Minero C et al., 2000b)。由于氟离子的引入降低了催化剂表面的 $\equiv Ti{-}OH$ 浓度,不利于吸附态羟基自由基(•OH$_{吸附}$)的形成。这说明,TiO$_2$ 经氟离子修饰后,体系中增加的 •OH 应当是游离态的。因此,Minero C 等(2006b)认为,氟修饰导致体系活性物种由吸附态的羟基自由基(•OH$_{吸附}$),向更加活泼的游离态羟基自由基(•OH$_{游离}$)转变,因而体系活性显著增加[式(1-5)和式(1-6)]；同时，氟修饰抑制了降解中间产物在 TiO$_2$ 表面的吸附，催化剂不容易中毒而大大提高了 TiO$_2$ 的稳定性。

$$\equiv\text{Ti—OH} + h^+_{VB} \longrightarrow \equiv\text{Ti—O} \cdot (\cdot\text{OH}_{吸附}) + H^+ \qquad (1\text{-}7)$$

$$\equiv\text{Ti—F} + h^+_{VB} + H_2O \longrightarrow \equiv\text{Ti—F} + \cdot\text{OH}_{游离} + H^+ \qquad (1\text{-}8)$$

$$\equiv\text{Ti—F} + h\nu + {}^3O_2 \longrightarrow \equiv\text{Ti—F} + {}^1O_2 \qquad (1\text{-}9)$$

Park J S 等(2004)和 Kim H 等(2007)首先开展了氟修饰 TiO$_2$ 的气相光催化研究，发现氟离子修饰产生的 ·OH$_{游离}$ 在空气中的寿命长达 0.5s，扩散路程可以远达 500μm，因此认为氟离子修饰的 TiO$_2$ 粉末具有远程光催化降解污染物的能力。还有研究发现(Janczyk A et al., 2006)，氟离子修饰也会导致 TiO$_2$ 体系新的活性物种——单线态氧($^1O_2$)的产生，这也是氟离子修饰增强 TiO$_2$ 光催化活性的另外一条途径[式(1-9)]。

虽然后续许多研究都证实了锐钛矿相 TiO$_2$ 的氟修饰正效应，但是对于氟修饰的作用机理，仍然处于激烈的争论当中。Park H 和 Choi W(2004)的研究发现，表面氟化导致 TiO$_2$/Ti 薄膜的光电流密度减小(图 1-8)。因此，他们把氟效应归因于 TiO$_2$ 表面吸附氟的拉电子效应(氟具有很强的电负性而稳定了光生电子)。表面吸附的氟离子通过抑制载流子的复合，来增加体系的光催化活性。

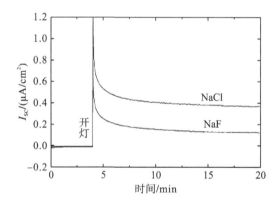

图 1-8　氟离子修饰前(NaCl)后(NaF)，TiO$_2$/Ti 薄膜光电流密度对比(Park H and Choi W, 2004)

然而，与 Park H 和 Choi W(2004)的结果相反，Cheng X F 等(2008)发现 TiO$_2$/Ti 薄膜的光电流密度在氟化后增强，从而否定了氟的拉电子效应。他们认为，表面氟化引起 TiO$_2$ 导带负移，促进了光生电子与氧气之间的电子转移，是 TiO$_2$ 氟修饰效应的主要体现(图 1-9)。

Xu Y M 等(2007)的研究发现，氟离子产生的正效应与它的表面吸附量并不存在因果关系(即使氟离子的吸附量几乎为零，氟效应仍然非常显著)。通过大量的实验和文献数据分析，Xu Y M 等(2007)用双电层模型解释了氟效应，他们认为，溶液中的氟离子通过氟氢键而使·OH$_{吸附}$向·OH$_{游离}$转化，从而使体系光催化活性增强。

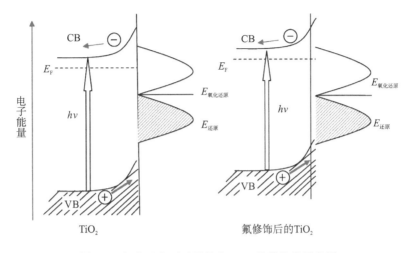

图 1-9 氟离子表面吸附导致 TiO$_2$ 导带负移示意图

其实，表面氟效应不仅仅局限于 TiO$_2$。后来文献陆续报道，在其他半导体如 Fe$_2$O$_3$（Du W P et al., 2008）和 In(OH)$_x$S$_y$（Hu S W et al., 2011）等表面，也存在类似于 TiO$_2$ 的表面氟修饰效应。

1.3.5 氟离子化学诱导调控 TiO$_2$ 形貌

近来，具有空心微球结构的催化剂因为其高活性、低密度（高比表面）、易回收和流动性好而引起了材料学研究人员的广泛关注和浓厚兴趣（Wu C Z et al., 2009; Yu J G et al., 2008; Lou X W et al., 2008; Li H X et al., 2007; Li X X et al., 2006; Xiang Q J et al., 2010）。目前，氧化物空心微球的制备大多采用模板法。但是模板法会在合成过程中添加其他溶剂，后续需要采用熔解或高温煅烧的方法来除去模板粒子，以获得空心结构微球。因此，模板法不仅工艺复杂、污染环境、产率低，而且不易大规模工业化生产（Wu C Z et al., 2009; Yu J G et al., 2008）。而近几年发展起来的非模板方法如柯肯德尔效应（Kirkendall effect）、奥斯特瓦尔德（Ostwald）熟化和自组装技术是易于大规模制备空心微球的方法（Lou X W et al., 2008; Xiang Q J et al., 2010; Wang Z Y et al., 2010a）。在这些非模板方法中，基于原位（in situ）内外（inside-out）溶解-重结晶的 Ostwald 熟化方法有制备工艺简单和环境友好的特点（Wu C Z et al., 2009; Lou X W et al., 2008; Xiang Q J et al., 2010），因此得到广泛关注。Ostwald 熟化制备空心微球的原理见图 1-10。

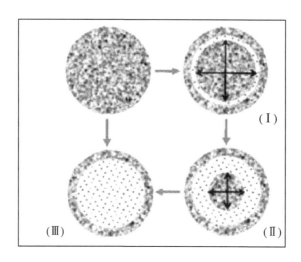

图 1-10　Ostwald 熟化法空心微球形成机理(Lou X W et al., 2008)：前驱体水解形成无定形实心球→(Ⅰ)与水溶液接触的表层先晶化→(Ⅱ)内层溶解扩散到溶液→(Ⅲ)晶化完成，形成空心结构材料

Yu J G 等(2008)和 Xiang Q J 等(2010)的研究发现，添加剂可以影响粒子的溶解-重结晶行为，进而从动力学上影响 Ostwald 熟化过程，并把这种方法称为化学诱导自转变法。目前，$CaCO_3$(Yu J G et al., 2006)、$SrWO_4$(Yu J G et al., 2006)、Al_2O_3(Cai W Q et al., 2009)、SnO_2(Yu J G et al., 2006)、WO_3(Yu J G et al., 2008)和 TiO_2(Yu J G et al., 2010, 2007, 2006)等空心微球都已经通过水热的化学诱导自转变法成功制备。也有文献报道(Xiang Q J et al., 2010)基于微波的氟离子化学诱导自转变法制备 TiO_2 空心微球(图 1-11)。氟离子化学诱导自转变法制备 TiO_2 空心微球的机理，被认为是氟离子与溶液中的钛配位，而影响了 TiO_2 颗粒的溶解(无定形)-重结晶(锐钛矿相)过程[式(1-8)和式(1-9)](Wang Z Y et al., 2010b)：

$$4H^+ + TiO_2(无序) + 6F^- \longrightarrow TiF_6^{2-} + 2H_2O \quad (溶解) \quad (1-10)$$

$$TiF_6^{2-} + 2H_2O \longrightarrow 4H^+ + TiO_2(锐钛矿相) + 6F^- \quad (重结晶) \quad (1-11)$$

Pan J H 等(2008)用 TiF_4 和 H_2SO_4 为主要原料，合成了由类似纳米管晶粒组装而成的介孔 TiO_2 空心微球(图 1-12)。这里 H_2SO_4 作为酸度调节剂，可调控氟离子对 TiO_2 的刻蚀程度，进而对微球的形貌产生重要影响。实验结果显示，该具有介孔结构的 TiO_2 空心微球，不仅具有很好的降解 TOC(total organic carbon，总有机碳)的能力，而且具有很好的通透性能，易于过滤和分离(图 1-13)。因而，该 TiO_2 空心微球有望应用于实际废水的处理。

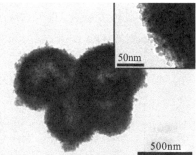

(a)TiO$_2$空心微球扫描电镜图　　　　(b)透射电镜图

图 1-11　以 TiOSO$_4$ 和 NH$_4$F 为原料制备的 TiO$_2$ 空心微球电镜图(Xiang Q J et al., 2010)

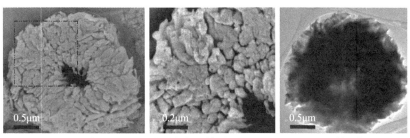

(a)、(b)介孔TiO$_2$空心微球扫描电镜图　　　　(c)透射电镜图

图 1-12　以 TiF$_4$ 和 H$_2$SO$_4$ 为原料,合成的介孔 TiO$_2$ 空心微球扫描电镜图和透射电镜图(Pan J H et al., 2008)

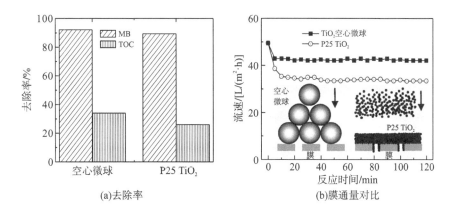

(a)去除率　　　　(b)膜通量对比

图 1-13　MB 和 TOC 在 TiO$_2$ 空心微球及 P25 TiO$_2$ 中的活性以及膜通量(Pan J H et al., 2008)

MB：亚甲基蓝(methylene blue)

Liu S W 等(2010)的研究表明,溶剂对 TiO_2 空心微球的形貌有重要影响。在氟离子化学诱导自转变制备 TiO_2 空心微球体系中,用乙醇和水的混合溶液为溶剂,可以得到高能面 TiO_2 纳米晶组装起来的空心微球,且这些空心微球的单分散性良好(图 1-14)。他们进一步的研究发现,表面吸附的氟离子对有机物的降解产生选择性。即去氟前,阳离子染料甲基橙(methyl orange,MO)被优先降解,而表面去氟后亚甲基蓝被优先降解(图 1-15)。

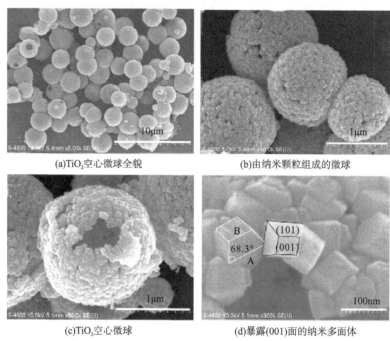

(a)TiO_2 空心微球全貌　　(b)由纳米颗粒组成的微球
(c)TiO_2 空心微球　　(d)暴露(001)面的纳米多面体

图 1-14　乙醇和水的混合溶液为溶剂,氟离子化学诱导法制备得到的高能面 TiO_2 纳米晶组装的空心微球(Liu S W et al., 2010)

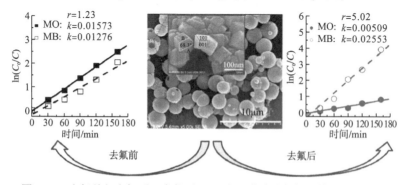

图 1-15　去氟前与去氟后,高能面 TiO_2 空心微球选择性光催化分解染料 MO 和 MB 的速率常数对比(Liu S W et al., 2010)

注:C_0 和 C 分别代表反应物的初始浓度和反应时刻 t 时的浓度。

1.3.6 氟离子诱导合成高能面 TiO$_2$

随着材料制备技术的发展，越来越多的强极性高能面的金属氧化物，如 MgO(111)(Zhu K et al., 2006)、NiO(111)(Hu J et al., 2008)和 CeO$_2$(200)(Yang S and Gao L, 2006)等得以成功制备。高能面金属氧化物因为具有强吸附性和高催化活性的特点而显示出广阔的应用前景，因此引起了材料学研究人员的极大兴趣。

对于锐钛矿相单晶 TiO$_2$ 纳米晶，其表面能大小次序为：(001)面 (0.90J/m^2)>(100)面(0.53J/m^2)>(101)面(0.44J/m^2)(Han X G et al., 2009; Pan J et al., 2011)。虽然锐钛矿相 TiO$_2$ 的(001)面的活性高，但是一般情况下制备得到的 TiO$_2$ 却是稳定低能的(101)面，很少得到(100)面暴露的锐钛矿相 TiO$_2$ 纳米晶 (Wang D H et al., 2006; Yang H G et al., 2008)。因此，通过常规的合成方法制备高能面 TiO$_2$ 成为材料学研究人员努力的方向之一。

1.3.6.1 高能面 TiO$_2$ 的制备

Yang H G 等(2008)在制备技术方面取得了重大突破，他们用水热合成法成功制备得到了高能(001)面暴露的锐钛矿相 TiO$_2$，通过结构导向剂氟离子的氟化作用，颠倒了(101)和(001)晶面的相对热稳定性，从而合成了有 47%高能(001)面暴露的 TiO$_2$ 微晶(图 1-16)。在该工作的指引下，以氢氟酸(HF)为结构导向剂，钛酸四丁酯为钛源，Han X G 等(2009)合成了高能(001)面暴露比率为 89%的高能面片状 TiO$_2$ 纳米晶。该纳米片呈矩形，边长约 40nm，厚度约 6nm(图 1-17)。

图 1-16 水热合成的 47%高能(001)面暴露的 TiO$_2$ 微晶(Yang H G et al., 2008)

Liu M 等(2010)以钛粉和 HF 为主要原料，用双氧水(H$_2$O$_2$)调节的方式，水热合成了高能(100)和(110)面暴露 TiO$_2$ 微晶[图 1-18(a)]。他们认为，H$_2$O$_2$ 通过与表面钛原子配位，抑制了其水解反应，是造成(110)面暴露的主要原因。亚甲基蓝的光催化降解实验表明，(110)面的暴露对催化剂的光催化活性有显著的促进作用。虽然该 TiO_2 暴露的(110)面比例不高，但是这为材料学研究人员下一步的工作指引了方向。

(a)高倍透射电镜图（插图为SAED模式）　　(b)高倍透射电镜图

图 1-17　高能(001)面 TiO_2 纳米片的透射电镜图像(Han X G et al., 2009)

SAED 指选定区域电子衍射(selected area electron diffraction)

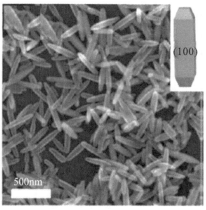

(a)暴露(110)面扫描电镜图（插图为暴露晶面）　　(b)暴露(100)面扫描电镜图

图 1-18　不同暴露面的 TiO_2 扫描电镜图像(Liu M et al., 2010)

虽然理论计算预测，TiO_2 的(100)面活性要比(001)和(101)面更高。但是，高能(100)面 TiO_2 一直没有被成功制备。通过理论计算，表明氢氧根的吸附能显著降低 TiO_2(100)面的表面能。Li J M 等(2010)在碱性环境中(pH=10.1)，通过水热钠型钛酸盐(P25 碱性水热得到)，成功制备了(100)面暴露的纳米棒[图 1-18(b)]。该纳米棒显示出比 P25 TiO_2 更强的光催化活性。

氟离子吸附可以使 TiO_2(001)面的表面能显著减小，从而使该晶面得以稳定和暴露。但是，Wang Y 等(2011)结合理论和实验结果发现，高浓度的氟离子却优先腐蚀高能(001)面(图 1-19)。

(a)含5.2mmol/L TiF$_4$的水溶液　　(b)含8.3mmol/L TiF$_4$的水溶液　　(c)含10.6mmol/L TiF$_4$的水溶液

图 1-19　高浓度的氟离子引起 TiO$_2$ 高能(001)面的腐蚀扫描电镜图(Wang Y et al., 2011)

Zhang D Q 等(2009)以 TiF$_4$ 为原料，在离子液中微波快速合成了高能(001)面暴露率为 80%的 TiO$_2$。微波法具有加热快的优点，因此可以大大缩短反应时间。为了充分利用太阳能，具有可见光活性的 C(Yu J G et al., 2011)、N(Liu G et al., 2009)掺杂高能面 TiO$_2$ 也得以成功制备。

1.3.6.2　高能面 TiO$_2$ 的分级结构

高能面 TiO$_2$ 纳米晶虽然活性比较高，但是同样存在溶液中纳米粉体回收难的问题。因此，以这些纳米晶为基本单元组装的分级结构微球，不仅能够保持纳米晶本身的高活性，同时有望克服回收难的问题。图 1-20 列出了部分高能面 TiO$_2$ 分级结构的扫描电镜图(Zheng Z K et al., 2009; Fang W Q et al., 2011; Zhang H M et al., 2010; Yu J G et al., 2010; Hu X Y et al., 2009)。

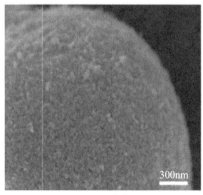 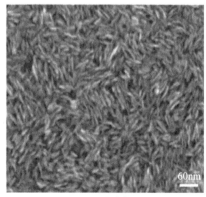

(a)TiO$_2$微球　　　　　　　　　　(b)TiO$_2$微球表面

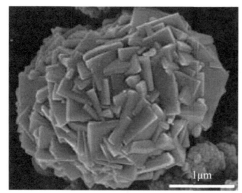

图 1-20　几种高能面 TiO_2 的分级结构

1.3.7　氟修饰 TiO_2 的研究价值

氟离子作为结构导向剂和表面改性剂，可用于 TiO_2 的结构调控和表面改性，以进一步提高其光催化性能。氟离子修饰 TiO_2 展现出了其独特和优越的性能，因而值得对其进行深层次的研究与探索。氟离子无论作为结构导向剂还是表面改性剂，都需以氟离子在 TiO_2 表面的吸附为前提。

自 Minero C 等(2000b)首次报道 TiO_2 表面经氟离子修饰后可以大幅加快苯酚的光催化降解以来，氟修饰的工作很快引起了国内外学者的浓厚兴趣与广泛关注。虽然后续许多研究都证实了锐钛矿相 TiO_2 的氟修饰对活性提升具有积极的贡献，但是对于氟修饰的作用机理，仍然处于激烈的争论当中。目前 TiO_2 表面氟修饰机理方面取得了一些进展，但是还有许多问题有待我们做更为深入的研究。对该机理的正确认识，对于指导开发高效 TiO_2 光催化体系、解决环境问题，具有非常重要的现实意义。

由于在不同晶面上原子的排列不同，这些晶面具有不同的价带和导带能级。因此，受光激发以后，光生电子和空穴将向不同的晶面迁移。Ohno T 等(2002)和 Murakami N 等(2009)的研究发现，锐钛矿相单晶 TiO_2 纳米晶受光激发后，空穴和电子分别向(001)面(氧化)和(101)面(还原)迁移(图 1-21)。这种类似于半导体异质结效应的电子和空穴向不同晶面迁移的行为，有利于抑制载流子在空间上的复合，因而使得 TiO_2 具有更高的光催化效率(Murakami N et al., 2009)。因此，通过晶面调控，有望实现 TiO_2 光催化活性的优化。但是，在晶面的选择性合成方面，依然面临着巨大的挑战。

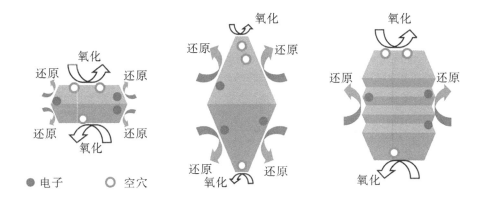

图 1-21　锐钛矿相单晶 TiO_2 的(001)和(101)面及催化剂表面的氧化位和还原位分布(Ohno T et al., 2002; Murakami N et al., 2009)

现在，市场迫切需要开发具有较高热稳定性的商用 TiO_2，使它们可以应用于高热环境中。然而，普通的 TiO_2 其热稳定性较差。通常在 600℃下即发生热相变，转化为活性较差的金红石相，失去应用价值(Lv K L et al., 2011)。因此，开发具有高热稳定性的高活性的锐钛矿相 TiO_2 显得尤为重要。据文献报道，氟元素能有效提高锐钛矿相 TiO_2 的热稳定性(Yu J G et al., 2002; Lokshin E P et al., 2006)。考虑到用氢氟酸为结构导向剂制备得到的高能面 TiO_2 纳米片，其表面有吸附的氟离子，因此，该催化剂应该具有比较高的热稳定性。所以有必要对高能面 TiO_2 的热稳定性进行考察，以开发特定用途的商用 TiO_2。

1.4 TiO$_2$ 的光催化应用

1.4.1 TiO$_2$ 光催化在环境治理方面的应用

光催化在环境治理方面的应用主要是依靠光激发半导体产生强氧化性的光生空穴和还原性的电子，用以矿化污染物达到实现环境净化的目的（陆景鹏，2016）。其应用领域主要包括以下方面。

①空气污染治理：将纳米 TiO$_2$ 光催化材料涂布在道路基面上，一方面可将汽车燃料或工业废气产生的 NO$_x$ 和二氧化硫（SO$_2$）分别氧化成硝酸和硫酸而去除（曹俊凯，2018），另一方面也可在一定程度上改善沥青路面的力学性能和耐久性（王洋，2015）；而针对密闭场所，可使用光催化空气净化器高效去除室内气相污染物，如挥发性有机化合物（VOC），达到净化空气的目的。②废水处理：凭借光催化材料的强氧化性能够实现对印染废水、农药废水、抗生素废水、城市生活污水、水产养殖废水、畜牧养殖废水的高效治理（曹俊凯，2018），使得这类废水达到安全排放标准。③抗菌：比如纳米 TiO$_2$ 光催化材料，在光照条件下，能够实现对不同场所的除臭、消毒、防霉以及微生物抑制和灭活（曹俊凯，2018）的高效应用，该方法杀菌时间短、效果持久、对人体和环境无副作用，已在多个场所进行实际应用（Ma J et al.，2014；Obee T N et al.，1995）。④自清洁：因自清洁材料本身具有抗菌除臭、防霉防污等功效，能在自然条件下保持洁净，在建材、玻璃、皮革、陶瓷、纺织品等产品中广泛应用。例如，自清洁玻璃就是在表面镀上一层光催化膜，在太阳光的作用下，利用其独特的强氧化能力，玻璃表面的有机污染物可被完全氧化并降解为相应的无害化合物，既不会对环境造成不良影响，还可达到净化玻璃的效果（曹俊凯，2018）。⑤土壤修复：将纳米 TiO$_2$ 光催化材料添加于受污染的土壤中，可实现对污染物的强吸附，在光的照射下，对其进行进一步的去除。

1.4.2 TiO$_2$ 光催化在能源开发方面的应用

TiO$_2$ 作为一种廉价易得的绿色光催化材料，其应用范围广泛：①用于光催化分解水制氢。氢气是一种清洁无污染的能源，TiO$_2$ 在光解水产氢方面具有很大的应用潜力。水分子中，氢氧键的键能较大，分解水时需要较大的能量，而 TiO$_2$ 可通过降低水分解时的活化能，使得该催化还原反应易于发生。②用于染料敏化太阳能电池（dye-sensitized solar cell，DSSC）。DSSC 是一种可持续发展的绿色能源，其成本低，简单易得，无毒无害无污染，有着良好的开发前景。③用于光催

化还原 CO_2 制碳氢燃料。一方面减少大气中的 CO_2 含量，另一方面提供可持续能源，该应用可谓一举两得。

1.4.3 TiO_2 光催化在医学方面的应用

光催化材料对各种有害微生物的防治效果显著，因此在医学上也有较广泛的应用。王浩等(1999)在 TiO_2 光催化杀灭肿瘤细胞的研究中发现，TiO_2 在光照下对宫颈癌细胞杀灭效果明显。光催化技术还可以应用到临床上治疗呼吸系统的咽喉、气管肿瘤，消化系统的肠肿瘤，泌尿系统的膀胱、尿道肿瘤以及皮肤癌等(秦艳丽，2010)。光催化材料可在紫外光的照射下产生自由基以治疗皮肤病。此外，在医院手术室等场所涂刷光催化 TiO_2 涂层(高春华和黄新友，2003)，在阳光或室内光线照射下，就能大大降低室内或空气中的细菌存活率，经水冲刷就能轻易将产生的污染物去除。而患者使用的床单、绷带等(李娟等，2019)纺织品，也常常通过添加纳米 TiO_2 抗菌纤维达到消臭杀菌的效果。

1.4.4 TiO_2 光催化技术在其他方面的应用

光催化技术除可以在以上几个方面应用外，在日常生活中也有许多用途。比如，农业上利用纳米 TiO_2 去除农药残余而不会产生毒性更高的中间产物(秦艳丽，2010)；光催化可利用物理造影，通过荧光作用达到显像的目的，也可以作为 UV(ultraviolet ray, 紫外线)探测器；还可制作太阳能电池使光能转化率大大提高(李娟等，2019)。光催化材料还可用于化妆品(徐存英和段云彪，2004)、涂料、防晒霜等。

参 考 文 献

曹俊凯, 2018. 二氧化钛纳米材料在光催化和肿瘤治疗中的应用. 大连: 大连理工大学.

高春华, 黄新友, 2003. 纳米 TiO_2 光催化在医学上的应用. 新材料产业, (7): 68-71.

韩成, 2019. 碳化硅纳米片的组成结构调控及其光催化还原二氧化碳性能研究. 长沙: 国防科技大学.

洪远志, 2018. 氮化碳基半导体材料的制备及其光催化分解水和降解污染物性能研究. 镇江: 江苏大学.

贾凤伶, 刘应宗, 2012. 低碳经济下可再生能源利用模式研究. 中国农机化, (1): 75-79.

李娟, 吴梁鹏, 王楠, 等, 2019.光催化应用于环境治理和光化学合成的研究进展. 新能源进展, 7(1): 32-39.

李启龙, 2020. TiO_2 基改性光催化剂耦合陶瓷膜反应器处理含抗生素类废水的研究. 上海: 上海交通大学.

刘畅, 李一, 楼志献, 等, 2016. 绍兴纺织印染业废水治理现状问题及对策. 丝绸, 53(8): 45-51.

刘亚男, 2018. g-C_3N_4 基复合催化剂的设计制备及其光催化性能研究. 合肥: 中国科学技术大学.

陆景鹏, 2016. 光催化技术在清洁有机合成中应用的研究. 上海：上海师范大学.

马永宁, 2018. g-C_3N_4的改性、结构调控及光催化性能研究. 西安：西北大学.

秦艳丽, 2010. 金属氧化物半导体纳米材料及其光催化性能研究进展. 长春：东北师范大学.

邱娅璐, 2021. 多金属氧酸盐基复合光催化剂的制备及性能研究. 哈尔滨：黑龙江大学.

生态环境部, 2020. 2019年中国生态环境状况公报. 中国能源, 42(7): 1.

陶建格, 薛惠锋, 2008. 能源约束与中国可再生能源开发利用对策. 资源科学, 30(2): 199-205.

王浩, 赵文宽, 方佑龄, 等, 1999. 二氧化钛光催化杀灭肿瘤细胞的研究. 催化学报, 20(3): 373-374.

王娟, 2001. 活性艳红X-3B生产废水的治理研究. 济南：山东大学.

王洋, 2015. TiO_2光催化活性及其应用的研究. 北京：北京交通大学.

王楠, 唐和清, 王明琼, 等, 2015. TiO_2可见光降解无色有机污染物和还原Cr(VI). 有毒化学污染物减排与监测及风险控制新技术研讨会.

夏鹏飞, 2019. 石墨相氮化碳(g-C_3N_4)及其复合材料的光催化性能研究. 武汉：武汉理工大学.

徐存英, 段云彪, 2004. 纳米二氧化钛在防晒化妆品中的应用. 云南化工, 31(3): 36-38.

杨成武, 2019. g-C_3N_4基光催化剂材料的异质结构建与结构缺陷调控. 秦皇岛：燕山大学.

Amano F, Nogami K, Ohtani B, 2009. Visible light-responsive bismuth tungstate photocatalysts: effects of hierarchical architecture on photocatalytic activity. J. Phys. Chem. C, 113(4): 1536-1542.

Anderson J O, Thundiyil J G, Stolbach A, 2012. Clearing the air: A review of the effects of particulate matter air pollution on human health. J. Med. Toxicol., 8(2): 166-175.

Anenberg S C, Miller J, Minjares R, et al., 2017. Impacts and mitigation of excess diesel-related NO_x emissions in 11 major vehicle markets. Nature, 545: 467-471.

Arai T, Yanagida M, Konishi Y, et al., 2007. Efficient complete oxidation of acetaldehyde into CO_2 over $CuBi_2O_4$/WO_3 composite photocatalyst under visible and UV light irradiation. J. Phys. Chem. C, 111(21): 7574-7577.

Asahi F, Morikawa T, Ohwaki T, et al., 2001. Visible-light photocatalysis in nitrogen-doped titanium oxides. Science, 293(5528): 269-271.

Cai J, Shen J, Zhang X, et al., 2018. Light-driven sustainable hydrogen production utilizing TiO_2 nanostructures: A review. Small Methods, 3(1): 1800184.

Cai W Q, Yu J G, Cheng B, et al., 2009. Synthesis of boehmite hollow core/shell and hollow microspheres via sodium tartrate-mediated phase transformation and their enhanced adsorption performance in water treatment. J. Phys. Chem. C, 113(33): 14739-14746.

Cao J, Song X Z, Kang X, et al., 2018. One-pot synthesis of oleic acid modified monodispersed mesoporous TiO_2 nanospheres with enhanced visible light photocatalytic performance. Adv. Powder Technol., 29(8): 1925-1932.

Chen D G, Huang F, Ren G Q, et al., 2010. ZnS nano-architectures: Photocatalysis, deactivation and regeneration. Nanoscale, 2(10): 2062-2064.

Chen H X, Dou J F, Xu H B, 2017. Removal of Cr(VI) ions by sewage sludge compost biomass from aqueous solutions: reduction to Cr(III) and biosorption. Appl. Surf. Sci., 425: 728-735.

Chen X, Liu L, Yu P Y, et al., 2011. Increasing solar absorption for photocatalysis with black hydrogenated titanium dioxide nanocrystals. Science, 331 (6018): 746-750.

Chen Y, Cao X, Gao B, et al., 2013. A facile approach to synthesize N-doped and oxygen-deficient TiO$_2$ with high visible-light activity for benzene decomposition. Mater. Lett., 94: 154-157.

Chen Y, Ji S, Sun W, et al., 2020. Engineering the atomic interface with single platinum atoms for enhanced photocatalytic hydrogen production. Angew. Chem. Int. Ed., 59(3): 1295-1301.

Cheng X F, Leng W H, Liu D P, et al., 2008. Electrochemical preparation and characterization of surface-fluorinated TiO$_2$ nanoporous film and its enhanced photoelectrochemical and photocatalytic properties. J. Phys. Chem. C, 112(23): 8725-8734.

Chu D R, Mo J H, Peng Q, et al., 2011. Enhanced photocatalytic properties of SnO$_2$ nanocrystals with decreased size for ppb-level acetaldehyde decomposition. ChemCatChem, 3(2): 371-377.

Colon G, Hidalgo M C, Navio J A, et al., 2008. Highly photoactive ZnO by amine capping-assisted hydrothermal treatment. Appl. Catal. B, 83(1-2): 30-38.

Damma D, Ettireddy P R, Reddy B M, et al., 2019. A review of low temperature NH$_3$-SCR for removal of NO$_x$. Catalysts, 9(4): 349.

Danish R, Ahmed F, Koo B H, 2014. Rapid synthesis of high surface area anatase titanium oxide quantum dots. Ceram. Int., 40(8): 12675-12680.

Dastan D, 2017. Effect of preparation methods on the properties of titania nanoparticles: Solvothermal versus sol-gel. Appl. Phys. A, 123(11): 699.

Deng Z W, Chen M, Gu G X, et al., 2008. A facile method to fabricate ZnO hollow spheres and their photocatalytic property. J. Phys. Chem. B, 112(1): 16-22.

Devi L G, Kottam N, Kumar S G, 2009. Preparation and characterization of Mn-doped titanates with a bicrystalline framework: correlation of the crystallite size with the synergistic effect on the photocatalytic activity. J. Phys. Chem. C, 113(35): 15593-15601.

Dong F, Xiong T, Sun Y, et al., 2017. Exploring the photocatalysis mechanism on insulators. Appl. Catal. B, 219: 450-458.

Dou J, Zhao Y, Yin F, et al., 2019. Mechanistic study of selective absorption of NO in flue gas using EG-TBAB deep eutectic solvents. Environ. Sci. Technol., 53(2): 1031-1038.

Du W P, Xu Y M, Wang Y S, 2008. Photoinduced degradation of orange II on different iron (hydr)oxides in aqueous suspension: Rate enhancement on addition of hydrogen peroxide, silver nitrate, and sodium fluoride. Langmuir, 24(1): 175-181.

Duan Y Y, Liang L, Lv K, et al., 2018. TiO$_2$ faceted nanocrystals on the nanofibers: Homojunction TiO$_2$ based Z-scheme photocatalyst for air purification. Appl. Surf. Sci., 456: 817-826.

Fahri F, Bacha K, Chiki F F, et al., 2020. Air pollution: New bio-based ionic liquids absorb both hydrophobic and hydrophilic volatile organic compounds with high efficiency. Environ. Chem. Lett., 18(4): 1403-1411.

Fang W Q, Zhou J Z, Liu J, et al., 2011. Hierarchical structures of single-crystalline anatase TiO$_2$ nanosheets dominated by {001} facet. Chem. Eur. J., 17(5): 1423-1427.

Fujishima A, Honda K, 1972. Photolysis-decomposition of water at the surface of an irradiated semiconductor. Nature, 238(5358): 37-38.

Gong Y, Gai L, Tang J, et al., 2017. Reduction of Cr(VI) in simulated groundwater by FeS-coated iron magnetic nanoparticles. Sci. Total. Environ., 595: 743-751.

Gopakumar D A, Pasquini D, Henrique M A, et al., 2017. Meldrum's acid modified cellulose nanofiber-based polyvinylidene fluoride microfiltration membrane for dye water treatment and nanoparticle removal. ACS Sust. Chem. Eng., 5(2): 2026-2033.

Guarnieri M, Balmes J R, 2014. Outdoor air pollution and asthma. Lancet, 383(9928): 1581-1592.

Guo Z, Zhang J, Liu H, et al., 2017. Development of a nitrogen-functionalized carbon adsorbent derived from biomass waste by diammonium hydrogen phosphate activation for Cr(VI) removal. Powder Technol., 318: 459-464.

Han X G, Kuang Q, Jin M S, et al., 2009. Synthesis of titania nanosheets with a high percentage of exposed (001) facets and related photocatalytic properties. J. Am. Chem. Soc., 131(9): 3152-3153.

Hao C H, Guo X N, Pan Y T, et al., 2016. Visible-light-driven selective photocatalytic hydrogenation of cinnamaldehyde over Au/SiC catalysts. J. Am. Chem. Soc., 138(30): 9361-9364.

He C, Cheng J, Zhang X, et al., 2019. Recent advances in the catalytic oxidation of volatile organic compounds: A review based on pollutant sorts and sources. Chem. Rev., 119(7): 4471-4568.

Hoffmann M R, Martin S T, Choi W, et al., 1995. Environmental applications of semiconductor photocatalysis. Chem. Rev., 95(1): 69-96.

Hu J, Zhu K, Chen L, et al., 2008. Preparation and surface activity of single-crystalline NiO(111) nanosheets with hexagonal holes: A semiconductor nanospanner. Adv. Mater., 20(2): 267-271.

Hu S W, Zhu J, Wu L, et al., 2011. Effect of fluorination on photocatalytic degradation of Rhodamine B over $In(OH)_yS_z$: Promotion or suppression? J. Phys. Chem. C, 115(2): 460-467.

Hu X Y, Zhang T C, Jin Z, et al., 2009. Single-crystalline anatase TiO_2 dous assembled micro-sphere and their photocatalytic activity. Cryst. Growth Des., 9(5): 2324-2328.

Hu Z, Li K N, Wu X F, et al., 2019. Dramatic promotion of visible-light photoreactivity of TiO_2 hollow microspheres towards NO oxidation by introduction of oxygen vacancy. Appl. Catal. B, 256: 117860.

Hu Z, Yang C, Lv K L, et al., 2020. Single atomic Au induced dramatic promotion of the photocatalytic activity of TiO_2 hollow microspheres. Chem. Commun., 56(11): 1745.

Ismael M, 2020. A review and recent advances in solar-to-hydrogen energy conversion based on photocatalytic water splitting over doped-TiO_2 nanoparticles. Solar Energy, 211: 522-546.

Jańczyk A, Krakowska E, Stochel G, et al., 2006. Singlet oxygen photogeneration at surface modified titanium dioxide. J. Am. Chem. Soc., 128(49): 15574-15575.

Kim H, Choi W, 2007. Effects of surface fluorination of TiO_2 on photocatalytic oxidation of gaseous acetaldehyde. Appl. Catal. B, 69(3-4): 127-132.

Laughner J L, Cohen R C, 2019. Direct observation of changing NO_x lifetime in North American cities. Science, 366(6466): 723-727.

Li B, Lai C, Zeng G, et al., 2019. Black phosphorus, a rising star 2D nanomaterial in the post-graphene era: synthesis, properties, modifications, and photocatalysis applications. Small, 15(8): 1804565.

Li H X, Bian Z F, Zhu J, et al., 2007. Mesoporous titania spheres with tunable chamber stucture and enhanced photocatalytic activity. J. Am. Chem. Soc., 129(27): 8406-8407.

Li J G, Ishigaki T, Sun X D, 2007. Anatase, brookite, and rutile nanocrystals via redox reactions under mild hydrothermal conditions: Phase-selective synthesis and physicochemical properties. J. Phys. Chem. C, 111(13): 4969-4976.

Li J M, Xu D S, 2010. Tetragonal faceted-nanorods of anatase TiO_2 single crystals with a large percentage of active {100} facets. Chem. Commun., 46(13): 2301-2303.

Li J Y, Chen R M, Cui W, et al., 2020. Synergistic photocatalytic decomposition of a volatile organic compound mixture: high efficiency, reaction mechanism, and long-term stability. ACS Catal., 10(13): 7230-7239.

Li K, An X, Park K H, et al., 2014. A critical review of CO_2 photoconversion: Catalysts and reactors. Catal. Today, 224: 3-12.

Li M, Liu H, Geng G N, et al., 2017. Anthropogenic emission inventories in China: A review. Natl. Sci. Rev., 4(6): 834-866.

Li X, Yang H, Lv K, et al., 2020. Fabrication of porous TiO_2 nanosheets assembly for improved photoreactivity towards X-3B dye degradation and NO oxidation. Appl. Surf. Sci., 503: 144080.

Li X F, Lv K L, Deng K J, et al., 2009. Synthesis and characterization of ZnO and TiO_2 hollow spheres with enhanced photoreactivity. Mat. Sci. Eng. B-Adv., 158(1-3): 40-47.

Li X P, Gao Y N, Yu L, et al., 2010. Template-free synthesis of CdS hollow nanospheres based on anionic liquid assisted hydrothermal process and their application in photocatalysis. J. Solid State Chem., 183(6): 1423-1432.

Li X X, Xiong Y J, Li Z Q, et al., 2006. Large-scale fabrication of TiO_2 hierarchical hollow spheres. Inorg. Chem., 45(9): 3493-3495.

Li Y, Zhang P, Wan D, et al., 2020. Direct evidence of 2D/1D heterojunction enhancement on photocatalytic activity through assembling MoS_2 nanosheets onto super-long TiO_2 nanofibers. Appl. Surf. Sci., 504: 144361.

Li Y H, Zhang M, Gu M L, et al., 2020. Efficient formaldehyde photo-oxidation and reaction path study on oxygen vacancy engineered TiO_2. 65(8): 718-728.

Li Y H, Ren Z T, Gu M L, et al., 2022. Synergistic effect of interstitial C doping and oxygen vacancies on the photoreactivity of TiO_2 nanofibers towards CO_2 reduction. Appl. Catal. B, 262: 121773.

Li W, Bai Y, Liu C, et al., 2009. Highly thermal stable and highly crystalline anatase TiO_2 for photocatalysis. Environ. Sci. Technol., 2009, 43(14): 5423-5428.

Liang Z S, Wang J J, Zhang Y N, et al., 2020. Removal of volatile organic compounds (VOCs) emitted from a textile dyeing wastewater treatment plant and the attenuation of respiratory health risks using a pilot-scale biofilter. J. Clean. Prod., 253(Apra20): 120019.

Liao J Y, Lei B X, Kuang D B, et al., 2011. Tri-functional hierarchical TiO_2 spheres consisting of anatase nanorods and nanoparticles for high efficiency dye-sensitized solar cells. Energy Environ. Sci., 4(10): 4079-4085.

Lim M, Zhou Y, Wood B, et al., 2009. Highly thermostable anatase titania-pillared clay for the photocatalytic degradation of airborne styrene. Environ. Sci. Technol., 43(2): 538-543.

Lin Z, Zhao Y, Luo J, et al., 2020. Apparent potential difference boosting directional electron transfer for full solar spectrum-irradiated catalytic H_2 evolution. Adv. Funct. Mater., 30(9): 1908797.

Liu G, Yang H G, Wang X W, et al., 2009. Visible light responsive nitrogen doped anatase TiO_2 sheets with dominant {001} facets derived from TiN. J. Am. Chem. Soc., 131(36): 12868-12869.

Liu G, Liao J Y, Duan A S, et al., 2013. Graphene-wrapped hierarchical TiO_2 nanoflower composites with enhanced photocatalytic performance. J. Mater. Chem. A, 1(39): 12255-12262.

Liu M, Piao L Y, Zhao L, et al., 2010. Anatase TiO_2 single crystals with exposed {001} and {110} facets: facile synthesis and enhanced photocatalysis. Chem. Commun., 46(10): 1664-1666.

Liu S, Wang Y, Wang S, et al., 2019. Photocatalytic fixation of nitrogen to ammonia by single Ru atom decorated TiO_2 nanosheets. ACS Sustain. Chem. Eng., 7(7): 6813-6820.

Liu S W, Yu J G, Mann S, 2009. Synergetic codoping in fluorinated $Ti_{1-x}Zr_xO_2$ hollow microspheres. J. Phys. Chem. C, 113(24): 10712-10717.

Liu S W, Yu J G, Jaroniec M, 2010. Tunable photocatalytic selectivity of hollow TiO_2 microspheres composed of anatase polyhedra with exposed {001} facets. J. Am. Chem. Soc., 132(34): 11914-11916.

Liu X G, Bi Y P, 2017. In situ preparation of oxygen-deficient TiO_2 microspheres with modified {001} facets for enhanced photocatalytic activity. RSC Adv., 7(16): 9902.

Liu Y, Chen L F, Hu J C, et al., 2010. TiO_2 nanoflakes modified with gold nanoparticles as photocatalysts with high activity and durability under near UV irradiation. J. Phys. Chem. C, 114(3): 1641-1645.

Lokshin E P, Sedneva T A, 2006. On Stabilization of anatase with the fluoride ion. Russ. J. Appl. Chen., 79(8):1220-1224.

Long M, Zhou C, Xia S, et al., 2017. Concomitant Cr(VI) reduction and Cr(III) precipitation with nitrate in a methane/oxygen-based membrane biofilm reactor. Chem. Eng. J., 315: 58-66.

Lou X W, Archer L A, Yang Z C, 2008. Hollow micro-/nanostructures: synthesis and applications. Adv. Mater., 20(21): 3987-4019.

Lu Y C, Ou X, Wang W, et al., 2020. Fabrication of TiO_2 nanofiber assembly from nanosheets (TiO_2-NFs-NSs) by electrospinning-hydrothermal method for improved photoreactivity. Chinese J. Catal., 41(1): 209-218.

Lv K L, Li X F, Deng K J, et al., 2010. Effect of phase structures on the photocatalytic activity of surface fluorinated TiO_2. Appl. Catal. B, 95(3-4): 383-392.

Lv K L, Xiang Q J, Yu J G, 2011. Effect of calcination temperature on morphology and photocatalytic activity of anatase TiO_2 nanosheets with exposed {001} facet. Appl. Catal. B, 104(3): 275-281.

Ma J, Wu H, Liu Y, et al., 2014. Photocatalytic removal of NO_x over visible light responsive oxygen-deficient TiO_2. J. Phys. Chem. C, 118(14): 7434-7441.

Malpass G R P, Miwa D W, Machado S A S, et al., 2010. SnO_2-based materials for pesticide degradation. J. Hazard. Mater., 180(1-3): 145-151.

Manovah D T, Wilson P, Mahesh R, et al., 2018. Investigating the photocatalytic degradation property of Pt, Pd and Ni nanoparticles-loaded TiO_2 nanotubes powder prepared via rapid breakdown anodization. Environ. Technol., 39(23): 2994-3005.

McLaren A, Valdes-Solis T, Li G Q, et al., 2009. Shape and size effects of ZnO nanocrystals on photocatalytic activity. J. Am. Chem. Soc., 131(35): 12540-12541.

Melvin A A, Illath K, Das T, et al., 2015. M-Au/TiO_2 (M = Ag, Pd, and Pt) nanophotocatalyst for overall solar water splitting: Role of interfaces. Nanoscale, 7(32): 13477-13488.

Meng A, Zhang L, Cheng B, et al., 2019. Dual cocatalysts in TiO_2 photocatalysis. Adv. Mater., 31(30): 1807660.

Minella M, Faga M G, Maurino V, et al., 2010. Effect of fluorination on the surface properties of titania P25 powder: An FTIR study. Langmuir, 26(4): 2521-2527.

Minero C, Mariella G, Maurino V, et al., 2000a. Photocatalytic transformation of organic compounds in the presence of inorganic anions. 1. hydroxyl-mediated and direct electron-transfer reactions of phenol on a titanium dioxide-fluoride system. Langmuir, 16(6): 2632-2641.

Minero C, Mariella G, Maurino V, et al., 2000b. Photocatalytic transformation of organic compounds in the presence of inorganic ions. 2. competitive reactions of phenol and alcohols on a titanium dioxide-fluoride system. Langmuir, 16(23): 8964-8972.

Murakami N, Kurihara Y, Tsubota T, et al., 2009. Shape-controlled anatase titanium(IV) oxide particles prepared by hydrothermal treatment of peroxo titanic acid in the presence of polyvinyl alcohol. J. Phys. Chem. C, 113(8): 3062-3069.

Naik B, Parida K M, Gopinath C S, 2010. Facile synthesis of N- and S-incorporated nanocrystalline TiO_2 and direct solar-light-driven photocatalytic activity. J. Phys. Chem. C, 114(45): 19473-19482.

Nalbandian M J, Greenstein K E, Shuai D, et al., 2015. Tailored synthesis of photoactive TiO_2 nanofibers and Au/TiO_2 nanofiber composites: Structure and reactivity optimization for water treatment applications. Environ. Sci. Technol., 49(3): 1654-1663.

Niu M T, Huang F, Cui L F, et al., 2010. Hydrothermal synthesis, structural characteristics, and enhanced photocatalysis of SnO_2/α-Fe_2O_3 semiconductor nanoheterostructures. ACS Nano, 4(2): 681-688.

Obee T N, Brown R T, 1995. TiO_2 photocatalysis for indoor air applications: Effect of humidity and trace contaminant levels on the oxidation rates of formaldehyde toluene, and 1, 3-butadiene. Environ. Sci. Technol., 29(5): 1223-1231.

Ohno T, Sarukawa K, Matsumura M, 2002. Crystal faces of rutile and anatase TiO_2 particles and their roles in photocatalytic reactions. New J. Chem., 26(9): 1167-1170.

Ozawa T, Iwasaki M, Tada H, et al., 2005. Low-temperature synthesis of anatase–brookite composite nanocrystals: the junction effect on photocatalytic activity. J. Colloid Interf. Sci., 281(2): 510-513.

Pan J, Liu G, Lu G Q, et al., 2011. On the true photoreactivity order of {001}, {010}, and {101} facets of anatase TiO_2 crystals. Angew. Chem. Int. Ed., 50(9): 2133-2137.

Pan J H, Zhang X W, Du A J, et al., 2008. Self-etching reconstruction of hierarchically mesoporous F-TiO_2 hollow microspherical photocatalyst for concurrent membrane water purifications. J. Am. Chem. Soc., 130(34): 11256-11257.

Pan L, Zou J, Wang S B, et al., 2013. Quantum dot self-decorated TiO_2 nanosheets. Chem. Comm., 49(59): 6593-6595.

Park H, Choi W, 2004. Effects of TiO₂ surface fluorination on photocatalytic reactions and photoelectrochemical behaviors. J. Phys. Chem. B, 108(13): 4086-4093.

Park J S, Choi W, 2004. Enhanced remote photocatalytic oxidation on surface-fluorinated TiO₂. Langmuir, 20(26): 11523-11527.

Peng L, Liu Y, Gao S H, et al., 2016. Evaluating simultaneous chromate and nitrate reduction during microbial denitrification processes. Water Res., 89: 1-8.

Periyat P, McCormack D E, Hinder S J, et al., 2009. One-pot synthesis of anionic (nitrogen) and cationic (sulfur) codoped high-temperature stable, visible light active, anatase photocatalysts. J. Phys. Chem. C, 113(8): 3246-3253.

Purwanto A, Widiyandari H, Ogi T, et al., 2011. Role of particle size for platinum-loaded tungsten oxide nanoparticles during dye photodegradation under solar-simulated irradiation. Catal. Commun., 12(6): 525-529.

Ran J R, Jaroniec M, Qiao S Z, 2018. Cocatalysts in semiconductor-based photocatalytic CO₂ reduction: Achievements, challenges, and opportunities. Adv. Mater., 30(7): 1704649

Reddy K R, Nakata K, Ochiai T, et al., 2011. Facile fabrication and photocatalytic application of Ag nanoparticles-TiO₂ nanofiber composites. J. Nanosci. Nanotechnol. 11(4): 3692-3695.

Reddy K R, Karthik K V, Benaka Prasad S B, et al., 2016. Enhanced photocatalytic activity of nanostructured titanium dioxide/polyaniline hybrid photocatalysts. Polyhedron, 120: 169-174.

Scarisoreanu M, Ilie A G, Goncearenco E, et al., 2020. Ag, Au and Pt decorated TiO₂ biocompatible nanospheres for UV & Vis photocatalytic water treatment. Appl. Surf. Sci., 509(April5): 145217.

Showkat A M, Zhang Y, Kim M S, et al., 2007. Analysis of heavy metal toxic ions by adsorption onto amino-functionalized ordered mesoporous silica. B. Korean Chem. Soc., 28(11): 1985-1992.

Sui Y, Wu L, Zhong S, et al., 2019. Carbon quantum dots/TiO₂ nanosheets with dominant (001) facets for enhanced photocatalytic hydrogen evolution. Appl. Surf. Sci., 480: 810-816.

Sun B, Vorontsov A V, Smirniotis P G, 2003. Role of platinum deposited on TiO₂ in phenol photocatalytic oxidation. Langmuir, 19(8): 3151-3156.

Sun M H, Wang X G, Chen Z Q, et al., 2020. Stabilized oxygen vacancies over heterojunction for highly efficient and exceptionally durable VOCs photocatalytic degradation. Appl. Catal. B, 273: 119061.

Sun Q, Xu Y M, 2010. Evaluating intrinsic photocatalytic activities of anatase and rutile TiO₂ for organic degradation in water. J. Phys. Chem. C, 114(44): 18911-18918.

Swarbrick J C, Skyllberg U, Karlsson T, 2009. High energy resolution X-ray absorption spectroscopy of environmentally relevant lead(II) compounds. Inorg. Chem., 48(22): 10748-10756.

Valle J P, Gonzalez B, Schultz J, et al., 2017. Sorption of Cr(III) and Cr(VI) to K₂Mn₄O₉ nanomaterial a study of the effect of pH, time, temperature and interferences. Microchem. J., 133: 614-621.

Williams M A J, Usai D, Salvatori S, et al., 2015. Late Quaternary environments and prehistoric occupation in the lower White Nile valley, central Sudan. Quat. Sci. Rev., 130: 72-88.

Wan J W, Chen W X, Jia C Y, et al., 2018. Defect effects on TiO₂ nanosheets: Stabilizing single atomic site Au and promoting catalytic properties. Adv. Mater., 30(11): 1705369.

Wang C, Ao Y H, Wang P F, et al., 2010. A simple method for large-scale preparation of ZnS nanoribbon film and its photocatalytic activity for dye degradation. Appl. Surf. Sci., 256(13): 4125-4128.

Wang D H, Liu J, Huo Q S, et al., 2006. Surface-mediated growth of transparent, oriented, and well-defined nanocrystalline anatase titania films. J. Am. Chem. Soc., 128(42): 13670-13671.

Wang F, Jiang Y, Lawes D J, et al., 2015. Analysis of the promoted activity and molecular mechanism of hydrogen production over fine Au-Pt alloyed TiO_2 photocatalysts. ACS Catal., 5(7): 3924-3931.

Wang N, Zhu L H, Deng K J, et al., 2010. Visible light photocatalytic reduction of Cr(VI) on TiO_2 *in situ* modified with small molecular weight organic acids. Appl. Catal. B, 95: 400-407.

Wang T, Gao Y, Tang T, et al., 2019. Preparation of ordered TiO_2 nanofibers/nanotubes by magnetic field assisted electrospinning and the study of their photocatalytic properties. Ceram. Int., 45(11): 14404-14410.

Wang Y, Zhang H M, Han Y H, et al., 2011. A selective etching phenomenon on {001} faceted anatase titanium dioxide single crystal surfaces by hydrofluoric acid. Chem. Commun., 47(10): 2829-2831.

Wang Y, Yu J G, Xiao W, et al., 2014. Microwave-assisted hydrothermal synthesis of graphene-based Au-TiO_2 photocatalysts for efficient visible-light hydrogen production. J. Mater. Chem. A, 2(11): 3847-3855.

Wang Z Y, Luan D Y, Li C M, et al., 2010a. Engineering nonspherical hollow structures with complex interiors by template-engaged redox etching. J. Am. Chem. Soc., 132(45): 16271-16277.

Wang Z Y, Lv K L, Wang G H, et al., 2010b. Study on the shape control and photocatalytic activity of high-energy anatase titania. Appl. Catal. B, 100(1-2): 378-385.

Wu C Z, Zhang X D, Ning B, et al., 2009. Shape evolution of new-phased lepidocrocite VOOH from single-shelled to double-shelled hollow nanospheres on the basis of programmed reaction-temperature strategy. Inorg. Chem., 48(13): 6044-6054.

Wu J, Zhang J, Xiao C, 2016. Focus on factors affecting pH, flow of Cr and transformation between Cr(VI) and Cr(III) in the soil with different electrolytes. Electrochim. Acta, 211: 652-662.

Wu J, Wang W, Tian Y, et al., 2020. Piezotronic effect boosted photocatalytic performance of heterostructured $BaTiO_3$/TiO_2 nanofibers for degradation of organic pollutants. Nano Energy, 77: 105122.

Xiang Q J, Yu J G, Cheng B, et al., 2010. Microwave-hydrothermal preparation and visible-light photoactivity of plasmonic photocatalyst Ag-TiO_2 nanocomposite hollow spheres. Chem. Asian J., 5(6): 1466-1474.

Xie B, Shan C, Xu Z, et al., 2017. One-step removal of Cr(VI) at alkaline pH by UV/sulfite process: reduction to Cr(III) and *in situ* Cr(III) precipitation. Chem. Eng. J. 308: 791-797.

Xu Y M, Langford C H, 2001. UV- or visible-light-induced degradation of X-3B on TiO_2 nanoparticles: The influence of adsorption. Langmuir, 17(3): 897-902.

Xu Y M, Lv K L, Xiong Z G, et al., 2007. Rate enhancement and rate inhibition of phenol degradation over irradiated anatase and rutile TiO_2 on the addition of NaF: New insight into the mechanism. J. Phys. Chem. C, 111(51): 19024-19032.

Yan M C, Chen F, Zhang J L, et al., 2005. Preparation of controllable crystalline titania and study on the photocatalytic properties. J. Phys. Chem. B, 109(18): 8673-8678.

Yang H G, Sun C H, Qiao S Z, et al., 2008. Anatase TiO$_2$ single crystals with a large percentage of reactive facets. Nature, 453(7195): 638-641.

Yang H G, Liu G, Qiao S Z, et al., 2009. Solvothermal synthesis and photoreactivity of anatase TiO$_2$ nanosheets with dominant {001} facets. J. Am. Chem. Soc., 131(11): 4078-4083.

Yang L X, Luo S L, Li Y, et al., 2010. High efficient photocatalytic degradation of p-nitrophenol on a unique Cu$_2$O/TiO$_2$ p-n heterojunction network catalyst. Environ. Sci. Technol., 44(19): 7641-7646.

Yang S, Gao L, 2006. Controlled synthesis and self-assembly of CeO$_2$ nanocubes. J. Am. Chem. Soc., 128(29): 9330-9331.

Yermakov A, Zhitomirsky B, Sozurakov D, et al., 1995. Water aerosols spraying for SO$_2$ and NO$_x$ removal from gases under E-beam irradiation. Radiat. Phys. Chem., 45(6): 1071-1076.

Yu J G, Yu X X, 2008. Hydrothermal synthesis and photocatalytic activity of zinc oxide hollow spheres. Environ. Sci. Technol., 42(13): 4902-4907.

Yu J G, Liu S W, Yu H G, 2007. Microstructures and photoactivity of mesoporous anatase hollow microspheres fabricated by fluoride-mediated self-transformation. J. Catal., 249(1): 59-66.

Yu J G, Yu X X, Huang B B, et al., 2002. Hydrothermal synthesis and visible-light photocatalytic activity of novel cage-like ferric oxide hollow spheres. Cryst. Growth Des., 9(3): 1474-1480.

Yu J G, Guo H T, Davis S, et al., 2006. Fabrication of hollow inorganic microspheres by chemically induced self-transformation. Adv. Funct. Mater., 16(15): 2035-2041.

Yu J G, Yu H G, Guo H T, et al., 2008. Spontaneous formation of a tungsten trioxide sphere-in-shell superstructure by chemically induced self-transformation. Small, 4(1): 87-91.

Yu J G, Wang W G, Cheng B, et al., 2009. Enhancement of photocatalytic activity of mesoporous TiO$_2$ powders by hydrothermal surface fluorination treatment. J. Phys. Chem. C, 113(16): 6743-6750.

Yu J G, Xiang Q J, Ran J R, et al., 2010. One-step hydrothermal fabrication and photocatalytic activity of surface-fluorinated TiO$_2$ hollow microspheres and tabular anatase single micro-crystals with high-energy facets. CrystEngComm, 12(3): 872-879.

Yu J G, Dai G P, Xiang Q J, et al., 2011. Fabrication and enhanced visible-light photocatalytic activity of carbon self-doped TiO$_2$ sheets with exposed {001} facets. J. Mater. Chem, 21(4): 1049-1057.

Yu J G, Low J, Xiao W, et al., 2014. Enhanced photocatalytic CO$_2$-reduction activity of anatase TiO$_2$ by coexposed {001} and {101} facets. J Am. Chem. Soc., 136(25): 8839-8842.

Zhai T Y, Fang X S, Li L, et al., 2010. One-dimensional CdS nanostructures: Synthesis, properties, and applications. Nanoscale, 2(2): 168-187.

Zhang H M, Han Y H, Liu X L, et al., 2010. Anatase TiO$_2$ microspheres with exposed mirror-like plane {001} facets for high performance dye-sensitized solar cells (DSSCs). Chem. Commun., 46(44): 8395-8397.

Zhang J, Xu Q, Feng Z C, et al., 2008. Importance of the relationship between surface phases and photocatalytic activity of TiO$_2$. Angew. Chem. Int. Ed., 120(9): 1790-1793.

Zhang Z Y, Li A R, Cao S W, et al., 2014. Direct evidence of plasmon enhancement on photocatalytic hydrogen generation over Au/Pt-decorated TiO$_2$ nanofibers. Nanoscale, 6(10): 5217-5222.

Zhang Z, Zheng N, Zhang D, et al., 2020. Rayleigh based concept to track NO$_x$ emission sources in urban areas of China. Sci. Total. Environ., 704: 135362.

Zhao M Q, Xie X, Ren C E, et al., 2017. Hollow MXene spheres and 3D macroporous MXene frameworks for Na-ion storage. Adv. Mater., 29(37): 1702410.

Zhao Y, He Y, He J, 2014, et al. Hierarchical porous TiO$_2$ templated from natural *Artemia* cyst shells for photo-catalysis applications. RSC Adv., 4(39): 20393-20397.

Zheng Z K, Huang B B, Qin X Y, et al., 2009. Highly efficient photocatalyst: TiO$_2$ microspheres produced from TiO$_2$ nanosheets with a high percentage of reactive {001} facets. Chem. Eur. J., 15(46): 12576-12579.

Zhou L, Yu M M, Yang J, et al., 2010. Nanosheet-based Bi$_2$Mo$_x$W$_{1-x}$O$_6$ solid solutions with adjustable band gaps and enhanced visible-light-driven photocatalytic activities. J. Phys. Chem. C, 114(44): 18812-18818.

Zhou X, Liu G, Yu J, et al., 2012. Surface plasmon resonance-mediated photocatalysis by noble metal-based composites under visible light. J. Mater. Chem., 22(40): 21337-21354.

Zhu K, Hu J, Kübel C, et al., 2006. Efficient preparation and catalytic activity of MgO (111) nanosheets. Angew. Chem. Int. Ed., 45(43): 7277-7281.

Zuo H S, Sun J, Deng K J, et al., 2007. Preparation and characterization of Bi^{3+}-TiO$_2$ and its photocatalytic activity. Chem. Eng. Technol., 30(5): 577-582.

第 2 章 TiO₂光催化与氟修饰改性

2.1 引　　言

在过去的几十年里，由于半导体光催化在环境治理和太阳能转换方面的潜在应用，光催化及其相关技术得到了快速发展，激发了科研人员浓厚的研究兴趣(Liu G et al., 2014；Xiang Q J et al., 2012；Yang B et al., 2019；Li Y H et al., 2020；Li X et al., 2019)。到目前为止，TiO_2已被证明是最令人满意的光催化材料之一，主要是由于其良好的传导率、较高的电子迁移率、强氧化性、优异的化学和生物惰性、良好的生物相容性和低廉的价格(Yu J G et al., 2010；Hu Z et al., 2020；Li Q et al., 2019)。TiO_2被光照后，其导带和价带分别产生电子(e^-)和空穴(h^+)。随后，这些光生载流子可能在TiO_2内部进行复合或向TiO_2表面迁移，引发直接的光催化氧化还原反应，或间接的光催化氧化还原反应，生成相应的活性氧物种(reactive oxygen species，ROS)，如超氧自由基($\cdot O_2^-$)和羟基自由基($\cdot OH$)。然而，TiO_2用于光催化应用存在着以下两个方面的问题：①仅对紫外光(占据4%～5%的入射太阳光光谱)产生响应，从而导致较低的太阳光利用率；②光生载流子的寿命十分短暂，通常为皮秒(ps)级。此外，从时间尺度来衡量，光生载流子的复合速率高于光生载流子迁移速率(>100ps)和光催化反应速率[在几纳秒(ns)到几微秒(μs)的范围之间]。因此，无论是在TiO_2体相内还是在TiO_2表面，其电子和空穴的复合速度都很快。所以，TiO_2光催化反应的量子效率较低，无法满足实际应用需求(Lv K L et al., 2006; Zhang L W et al., 2018；Lu Y C et al., 2020；Hu Z et al., 2019)。

为了增大TiO_2的量子效率并以此提高光催化性能，研究人员开发了以下五种策略：①结构和晶体构型设计，如制备具有介孔结构的TiO_2以提高对有机污染物的吸附(Pan J H et al., 2014)；合成具有中空结构的TiO_2用以扩大光吸收范围(Hu Z et al., 2019；Lou X W et al., 2008；Yang R W et al., 2017)；制备具有高能面的TiO_2纳米晶(Huang Z A et al., 2015；Yang H G et al., 2008)，通过激发光诱导电子和空穴的有效分离，并迁移到相反的晶面来抑制光生载流子的复合。②在TiO_2中掺杂金属或非金属元素，通过调整能带结构(Zhao X et al., 2018)来缩小带隙，达到提高光吸收能力与范围的目的。③表面修饰，如用碳材料(Chen L Q et al., 2020)修饰TiO_2，或用贵金属沉积TiO_2(Yang Z L et al., 2017；Zhang L et al., 2019；Chen L

Q et al., 2019)来提高光的利用率, 并驱动界面电荷分离。④形成同质结(Duan Y Y et al., 2018)或异质结(Xia Y et al., 2017), 实现光生载流子的空间分离。⑤引入缺陷, 晶体中或多或少地都存在缺陷, 而这些缺陷一般会引起晶格畸变, 形成电子和空穴的分离或复合中心, 直接影响光催化活性。

众所周知, 污染物在光催化剂表面的初步吸附非常重要, 它可以通过促进光生电子和(或)空穴的迁移来延缓载流子的复合(Xu Y M et al., 2001; Li X F et al., 2009; Lv K L et al., 2010a)。因此, 表面化学性质/结构的改变作为光催化活性的关键影响因素, 可以有效地调控污染物分子的选择性吸附和光催化氧化速率, 从而积极地影响 TiO_2 的光催化性能(Liu S W et al., 2012, 2010)。例如, 可通过表面氟离子修饰后 TiO_2 的表面化学性质和结构, 以此提高光催化活性。氟离子在 TiO_2 表面的吸附不仅可以极大地改变 TiO_2 的表面吸附性能, 还可以显著地促进 TiO_2 表面空穴迁移, 使得具有优异光催化反应活性的游离羟基自由基($\cdot OH_{游离}$)优先生成。在 TiO_2 中进行氟掺杂也是一种高效的改性措施, 具体是通过调控能带结构和改变局域电子结构(Yu J G et al., 2009)来提高 TiO_2 光催化反应活性。氟离子与 TiO_2 之间的强络合作用也被用来裁剪 TiO_2 的形貌。例如, 通过氟诱导的自转化可获得空心结构的 TiO_2(Yu J G et al., 2007; Huang Z A et al., 2013)。此外, 在 TiO_2 的生长和结晶过程中, 氟离子的表面吸附有利于高能面(001)(Yang H G et al., 2008)的稳定, 产生独特的晶面异质结效应, 从而提高光生电荷分离效率(Yu J G et al., 2014)。总之, 独特的氟效应在调节光催化材料的性质和性能方面是行之有效的。

本节简要介绍了氟对 TiO_2 结构、性质和光催化性能的影响, 包括: ①氟离子表面修饰(F-TiO_2); ②氟掺杂(F-掺杂 TiO_2); ③氟介导的形貌裁剪。此外, 本节还综述了氟效应在光催化中的应用进展, 如选择性降解/氧化、光催化产氢和 CO_2 还原等。最后, 分析了氟效应在光催化中的优缺点, 并对氟效应的发展前景进行了展望。

2.2 TiO_2 光催化中的表面氟效应

自 Minero C 等(2000a)发现在 TiO_2 中加入 NaF 后, 对苯酚的降解效率可得到极大提升以来, 氟对 TiO_2 的表面改性就引起了广泛关注(Lv K L and Xu Y M, 2006; Devi L G and Kumar S G, 2011; Montoya J F and Salvador, 2010; Wang N et al., 2007; Kumar S G and Devi L G, 2011; Minella M et al., 2010; Kim J et al., 2010)。在紫外光照射下, 氟表面修饰 TiO_2 降解有机污染物的积极作用也同时在苯甲酸(Vione D et al., 2005)、三聚氰酸(Janczyk A et al., 2006)、苯(Park H and Choi W,

2005)、4-氯酚(Kim S et al., 2004)、亚硝基二甲胺(Lee J et al., 2005)、四甲基铵(Vohra M S et al., 2003)和偶氮染料水溶液中被证实(Park H and Choi W, 2004;Mrowetz M and Selli F., 2005)。此外，也同样适用于乙醛(Kim H and Choi W, 2007)和丙酮等气相光催化反应体系(Kim H and Choi W, 2007；Lv K L et al., 2011a)。这些研究结果表明，氟离子的吸附与 TiO$_2$(Minero C et al., 2000b)的光催化反应活性呈正相关。TiO$_2$ 表面经氟离子修饰后，表面钛有四种存在形式，分别为≡Ti—OH$_2^+$、≡Ti—OH、≡Ti—O$^-$ 和≡Ti—F。Minero C 等(2000b)通过计算机模拟，计算了在不同氟离子浓度和 pH 条件下，TiO$_2$ 表面各种钛物种相对浓度的分布情况[图 2-1(a)]。在酸性溶液中(特别是 pH 在 2~5 内)，钛氟物种以绝对优势存在。实验结果表明，氟离子在 TiO$_2$ 表面的吸附遵循 Langmuir 等温吸附模型，它在 P25 TiO$_2$ 上的饱和吸附量为 0.25mmol/g(pH4.0)和 0.27mmol/g(pH4.7)(Xu Y M et al., 2007)。当溶液的 pH 为 3.6 时，TiO$_2$ 表面的钛氟物种所占比例最大。随着溶液 pH 的升高，TiO$_2$ 对氟的吸附量和对有机污染物的去除率均呈现先增加后降低的趋势，最适 pH 约为 3。

Minero C 等(2000b)考察了氟离子对 TiO$_2$ 光催化降解苯酚的影响[图 2-1(b)]。结果发现，氟离子能显著加快苯酚的降解。在 pH 为 2~6 的范围内，0.01mol/L 的 NaF(TiO$_2$ 浓度 0.10g/L)就可以使苯酚的光催化降解速率增加 3 倍以上。苯酚降解速率增加的倍数(R_F/R_0)与溶液 pH 之间呈现钟形曲线关系(最大值出现在 pH4.4 左右)。而钛氟物种在 TiO$_2$ 表面的摩尔分数与 pH 间也存在这种钟形关系(最大值出现在 pH 3.6 左右)。两个曲线的相似性，说明氟离子对苯酚降解的促进作用与 TiO$_2$ 表面的钛氟物种的浓度之间存在着密切的联系。

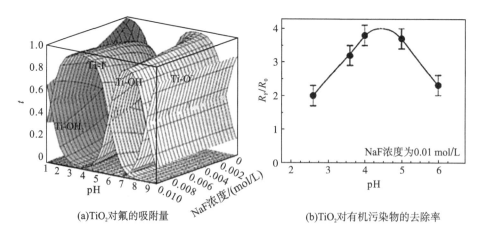

(a)TiO$_2$对氟的吸附量　　(b)TiO$_2$对有机污染物的去除率

图 2-1　NaF 浓度和溶液 pH 对 TiO$_2$ 表面形态的依赖关系以及 NaF 浓度对 TiO$_2$ 光降解苯酚的依赖关系(Minero C et al., 2000b)

$$\equiv \text{Ti-OH} + \text{H}^+ \longrightarrow \equiv \text{Ti-OH}_2^+ \tag{2-1}$$

$$\equiv \text{Ti-OH} \longrightarrow \equiv \text{Ti-O}^- + \text{H}^+ \tag{2-2}$$

$$\equiv \text{Ti-OH} + \text{F}^- \longrightarrow \equiv \text{Ti-F} + \text{OH}^- \tag{2-3}$$

$$\equiv \text{Ti-OH} + \text{H}^+ + \text{F}^- \longrightarrow \equiv \text{Ti-F} + \text{H}_2\text{O} \tag{2-4}$$

当 TiO_2 纳米颗粒浸没在水中时,由于配位不饱和的表面 Ti(VI) 离子会形成与 TiO_2 相关的水合物,表面羟基可以通过化学吸附水分子进行解离产生,然后生成羟基化的钛物种(氢氧化钛: $\equiv$Ti—OH)。在酸性溶液中,水解生成的氢氧化钛结合一个质子,生成带有正电荷的 $\equiv$Ti—OH$_2^+$,[式(2-1)];而在碱性溶液中, $\equiv$Ti—OH 会失掉一个质子,生成带负电荷的 $\equiv$Ti—O$^-$[式(2-2)]。氟离子与表面氢氧化钛有很强的配位能力,会取代表面的氢氧根,生成 $\equiv$Ti—F。例如,89%的 $\equiv$Ti—OH$_2^+$物种是在 pH 为 3 的情况下,根据表面物种结构模拟形成的(Minero C et al., 2000b)。氟在 TiO_2 表面的吸附可以看作是 F$^-$ 和 $\equiv$Ti—OH 之间的配体交换[式(2-3)和式(2-4)],平衡常数为 $10^{7.8}$ 的配合物在酸性介质(Lv K L and Xu Y M, 2006)中表现得更有利。

2.2.1 自由基的影响

虽然很多研究工作已经报道了表面氟化改性与 TiO_2 性能之间的内在关系(Park H and Choi W, 2004; Xu Y M et al., 2007; Cheng X F et al., 2008),但氟效应的机理仍存在争议。

以醇为探索性工具,对其光催化机理进行分析,实验结果表明,90%的苯酚通过与表面键合的羟基自由基($\cdot OH_{键合}$)反应得到降解,其余10%的苯酚通过与光生空穴直接反应被降解。然而,由于表面键合的羟基不适用于氟离子,因此对表面含氟 TiO_2 的苯酚氧化反应几乎完全通过均相羟基自由基进行[式(2-5)和式(2-6)](Minero C et al., 2000a)。

$$\equiv \text{Ti-OH} + \text{h}^+ \longrightarrow \equiv \text{Ti}\cdots \text{OH}_{吸附} \tag{2-5}$$

$$\equiv \text{Ti-F} + \text{H}_2\text{O} + \text{h}^+ \longrightarrow \equiv \text{Ti-F} + \cdot \text{OH}_{游离} + \text{H}^+ \tag{2-6}$$

为了给出直接的实验证据,Minero C 等(2000a)通过电子顺磁共振(electron paramagnetic resonance, EPR)技术研究了表面氟化 TiO_2 体系中羟基自由基的生成。与纯 TiO_2 相比,氟化 TiO_2 的 DMPO-·OH 加合信号更强。DMPO-·OH 加合物的动力学曲线表明,在光照条件下,氟离子的表面修饰显著提高了体系·OH 的浓度,且·OH 浓度随着氟离子浓度的升高而升高(图 2-2)。由于氟离子的引入降低了催化剂表面 $\equiv$TiOH 的浓度,因此不利于吸附态羟基自由基($\cdot OH_{吸附}$)的形成。这说明,TiO_2 经氟离子修饰后,体系中增加的·OH 应当是游离态的。因此,Minero C 等(2000a)认为,氟修饰导致体系活性物种由吸附态的羟基自由基($\cdot OH_{吸附}$),向更加活泼的游离羟基自由基($\cdot OH_{游离}$)转变,因而体系活性显著增加[式(2-6)];同时,氟修饰抑制了降解

中间产物在 TiO_2 表面的吸附，催化剂不容易中毒而大大提高了 TiO_2 的稳定性。

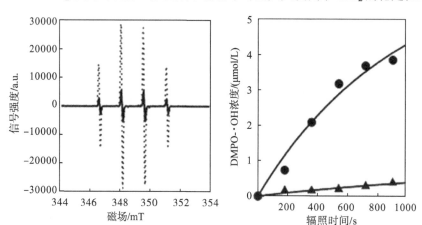

图 2-2　比较纯的 TiO_2（实线）和表面氟化的 TiO_2（点线）辐照 5min 后形成的 DMPO-·OH 加合物的 EPR 光谱以及纯的（三角形）和氟化的（圆形）TiO_2 悬浮液中形成的 DMPO-·OH 浓度与辐照时间的依赖关系（Minero C et al., 2000a）

根据 Park J S 等（2004）的研究，紫外光照射下氟化 TiO_2 薄膜上产生的 ·OH$_{游离}$ 物种的迁移性得到了很好的印证。他们将硬脂酸在环境大气中的光氧化作为模型反应，发现在材料表面进行氟化后，在受光照的 TiO_2 薄膜上，硬脂酸的光氧化速度明显加快。这表明氟化 TiO_2 表面运载氧化物质的生成有所增加，而 TiO_2 表面氟化倾向于促进·OH 的脱附，从而形成 ·OH$_{游离}$。作为一种瞬态自由基物种，自由基的平均寿命约为 0.5s。

Maurino V 等（2005）的研究报告显示，在氧气和空穴清除剂的存在下，在紫外光照射下的氟化 TiO_2 悬浮液中形成了 1.3mmol/L 的 H_2O_2。重要的是，H_2O_2 的生成速率遵循氟化 TiO_2 的表面形态变化：当其表面完全覆盖≡Ti—F 基团时，H_2O_2 的生成速率最大，这也说明了表面形态在光催化反应中的重要性。实验结果表明，氟与超氧化物/过氧化物物种在 TiO_2 表面形成了竞争反应，因此，抑制了 H_2O_2 的分解。

有趣的是，Janczyk A 等（2006）发现，TiO_2 不能够降解三聚氰酸，但在氟化 TiO_2 中却可以得到有效降解，且添加·OH 清除剂乙醇后，三聚氰酸的光降解率并没有下降。他们提出是单线态氧（$^1O_2$）而不是·OH 导致了三聚氰酸的结构破坏（图 2-3）。表面改性 TiO_2 的氟化物离子不仅促进了能量转移，而且限制了界面电子迁移[式(2-7)]。然而，$^1O_2$ 自由基的存在并不是通过电子自旋共振（electron spin resonance，ESR）进行证实的。

$$\equiv Ti-F + {}^3O_2 + h\nu \longrightarrow \equiv Ti-F + {}^1O_2 \tag{2-7}$$

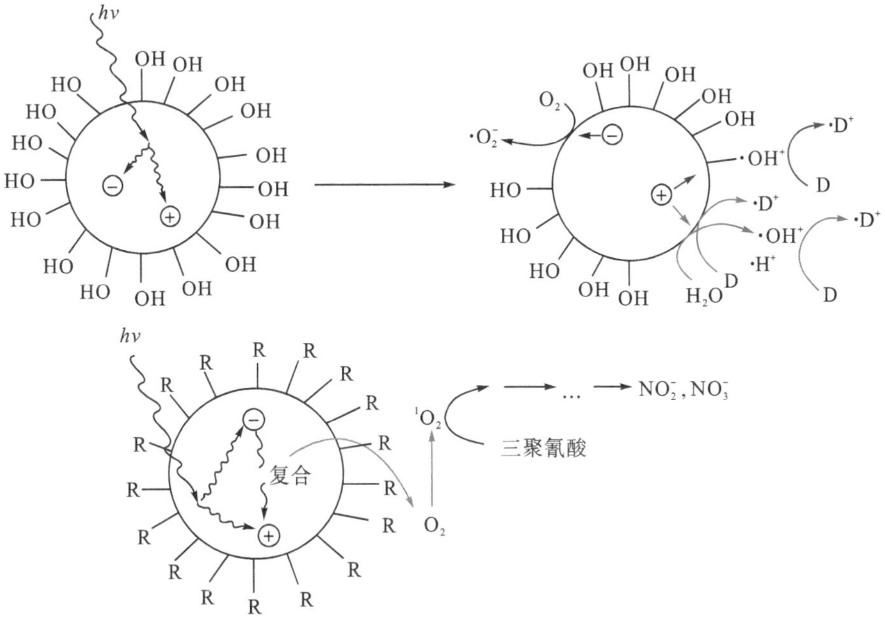

图 2-3　原始 TiO$_2$(上)和氟化 TiO$_2$(下)的初级过程的比较，其中"R"代表 TiO$_2$
表面上吸附的氟离子(以≡Ti—F 的形式)(Janczyk A et al., 2006)

2.2.2　表面电子效应

Yu J C 等(2003)报道了利用三氟乙酸(trifluoroacetic acid，TFA)对 TiO$_2$ 薄膜进行修饰后，丙酮的降解率得到极大的提升。—CF$_3$ 基团起源于 TFA 和 TiO$_2$ 之间的配合物，通常被认为是一种电子清除剂，可以降低光生载流子的复合率(图 2-4)。Park H 等(2004)和 Yu J G 等(2009)使用类似的模型来阐释氟效应。他们认为氟的高电负性是极为重要的，它可以增强表面≡Ti—F 键的吸电子能力，因此抑制光生载流子的复合(图 2-5)。

Xu Y M 等(2007)提出了一个基于亥姆霍兹层的模型来说明表面氟化的影响(图 2-6)。氟离子出现在亥姆霍兹层中时，有助于通过氟氢键从被光照的 TiO$_2$ 表面束缚的·OH 溶液中进行解吸，在扩散层生成游离·OH。随着氟化物浓度的升高，亥姆霍兹层中氟化物的数量增加，促进了表面束缚·OH 的解吸速率，从而加速了苯酚在溶液中的光催化降解。由于表面束缚·OH 的生成是由 TiO$_2$ 本征光催化活性所决定的，在 10mmol/L 的 NaF 溶液中，氟化 TiO$_2$ 的光催化降解速率达到极值。随着溶液 pH 的升高，亥姆霍兹层中氟化物的含量减少，从而降低了速率增强的程度。

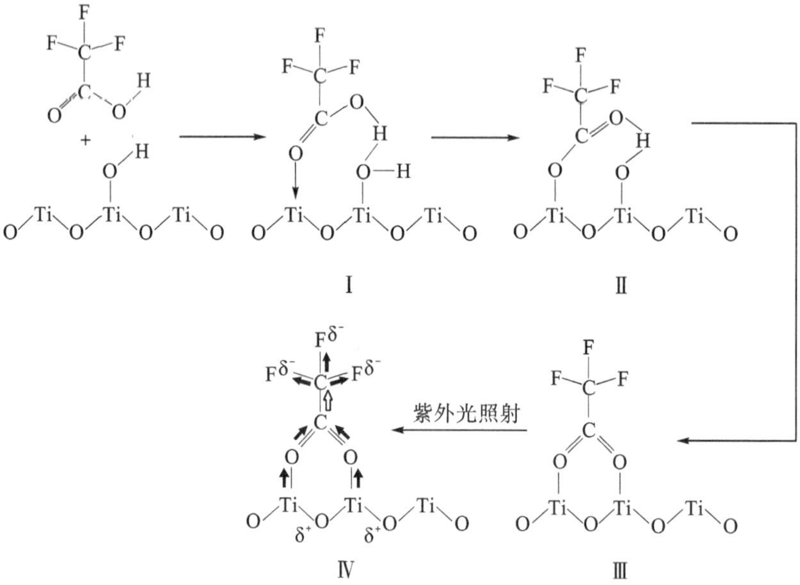

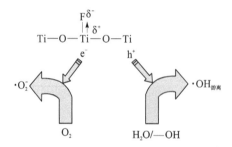

图 2-4　三氟乙酸配合物的—CF_3 基团吸附在 TiO_2 表面（Yu J C et al., 2003）

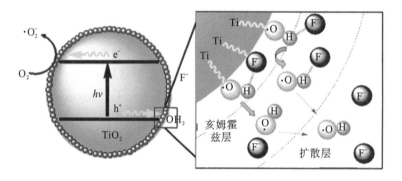

图 2-5　表面氟化对紫外光照 TiO_2 上电子-空穴对产生和转移的影响（Yu J G et al., 2009a）

图 2-6　氟离子诱导的 TiO_2 悬浮液中自由基产生增强的亥姆霍兹层模型（Xu Y M et al., 2007）

有趣的是，Luan Y B 等(2013)提出，正是 TiO$_2$ 表面以≡Ti：F—H 的形式存在着残留的氟离子，因此极大地增强了对氧气的吸附，从而通过快速清除光生电子来提高光催化活性。

氟效应不仅对溶液 pH 敏感，而且对 TiO$_2$ 的相结构也很敏感。因此，能够观察到锐钛矿相 TiO$_2$ 在相同的情况降解活性艳红染料(X-3B)时具有积极的氟效应，而金红石相 TiO$_2$ 在其他条件相同的情况下展现出消极的氟效应(Lv K L et al., 2010a)。对于锐钛矿-金红石混合相 TiO$_2$，只有当锐钛矿质量分数大于 40%时，氟才能对其光催化活性起到促进作用。金红石相 TiO$_2$ 表面氟化反应的消极效应是由光生电子-空穴对复合率高，无法生成•OH$_{游离}$游离引起的。

值得注意的是，氟离子跟光催化剂是有依赖关系的，在没有 TiO$_2$ 光催化剂的情况下，单独对有机污染物的降解作用不大[图 2-7(a)]。Xu Y M 等(2007)的研究表明，TiO$_2$ 的光催化反应活性取决于吸附氟离子的量[图 2-7(b)]。

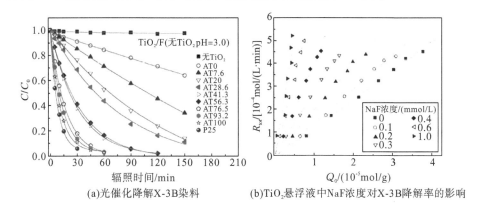

(a)光催化降解X-3B染料　　(b)TiO$_2$悬浮液中NaF浓度对X-3B降解率的影响

图 2-7　锐钛矿相含量对表面氟化 TiO$_2$(Lv K L et al., 2010a)光催化降解 X-3B 染料的影响，以及 TiO$_2$ 悬浮液中 NaF 浓度对 X-3B 降解率的影响(Xu Y M et al., 2007)

ATx 代表锐钛矿质量分数为 x%的 TiO$_2$ 样品；R_{tot} 代表总降解率；Q_0 代表 TiO$_2$ 悬浮液浓度。

2.2.3　电子清除效应

在 TiO$_2$ 中引入电子清除剂或电子陷阱可以进一步增强 TiO$_2$ 的氟效应。例如，Wang N 等(2007)报道 Cu^{2+}和 F$^-$可以协同作用于 TiO$_2$ 悬浮液中对苯酚的光催化降解，这归因于氟离子对电荷分离效率的屏蔽效应和通过吸附在 TiO$_2$ 表面上的 Cu^{2+}引起的光生电子陷阱。同样，Kim H I 等(2019)也报道了 TiO$_2$ 与表面氟化和 Pd 沉积的协同效应，增强了 TiO$_2$(F-TiO$_2$/Pd)对尿素降解的光催化反应性能。

由于光生载流子的快速复合，表面氟化对金红石相 TiO$_2$ 的光催化活性产生了负面影响。然而，表面氟化在 Ag$^+$存在下对金红石相 TiO$_2$ 光催化剂有促进作用，Ag$^+$是一种典型的电子清除剂(表 2-1)。Ag$^+$对光生电子的有效去除使得光生空穴有足够的时间氧化溶剂水产生的 •OH$_{游离}$（Xu Y M et al., 2007）。

表 2-1　不同条件下不同 TiO$_2$ 对苯酚的初始降解率（Xu Y M et al., 2007）

催化剂 [a]	空气	AgNO$_3$	NaF	AgNO$_3$ + NaF
RT300[b]	3.09	2.76	0.89	3.11
RT400	0.87	2.30	0.27	10.34
RT500	0.94	7.78	0.65	11.24
RT600	0.86	9.14	0.20	14.28
AT500	4.22	7.29	16.3	18.09

注：光照 1h 后测定初始速率[10～5μmol/(L·h)]。条件：TiO$_2$ 浓度为 1.0 g/L，苯酚为 0.43mmol/L，AgNO$_3$ 浓度为 0.43mmol/L，NaF 浓度为 1.0mmol/L，pH=3.0。a. AT 代表锐钛矿相 TiO$_2$，RT 代表金红石相 TiO$_2$。b.数值代表煅烧温度，此列同。

虽然在 TiO$_2$ 悬浮液中添加 NaF 可以加速有机污染物的光催化降解，但对环境影响较大。为了解决这个问题，Cong S 和 Xu Y M（2011）用一种几乎不溶于水的盐，即氟石（CaF$_2$）和氟磷灰石[Ca$_{10}$(PO$_4$)$_6$(OH)$_{2-x}$F$_x$]，对 TiO$_2$ 进行了改性。结果表明，与原始 TiO$_2$ 相比，负载少量 CaF$_2$ 和 Ca$_{10}$(PO$_4$)$_6$(OH)$_{2-x}$F$_x$ 的 TiO$_2$ 样品对苯酚和 2,4-二氯苯酚的吸附和降解展现出更强的光催化活性。离子色谱分析结果表明，经过 5 次循环试验，滤液中溶解的氟离子浓度约为 26μmol/L，磷酸盐阴离子浓度约为 30μmol/L，远远低于含氟工业废水的排放标准限值。

氟离子对 TiO$_2$ 的强亲和力和 F·/F$^-$ [$E^o_{F\cdot/F^-}$ = 3.6V (vs. NHE)]（Park H and Choi W, 2004）的高氧化还原电势使表面氟效应非常稳定。例如，在降解有机染料（Han X G et al., 2009）或氧化丙酮气体（Shi T et al., 2018）中，即使重复使用 5 次以上，表面暴露(001)晶面含氟 TiO$_2$ 纳米片的光催化反应活性几乎保持不变。

2.3　TiO$_2$ 光催化中的氟掺杂效应

在 TiO$_2$ 中掺杂氟也是提高 TiO$_2$ 的光催化活性的有效途径。不同于表面氟化，其是通过改变 TiO$_2$ 的表面化学性质/结构来影响 TiO$_2$ 的光催化活性的，在 TiO$_2$ 中掺杂氟是通过调整能带结构来提高 TiO$_2$ 的光催化活性。为了进一步增强氟掺杂效应，TiO$_2$ 与金属或非金属元素共掺杂、耦合氟掺杂的 TiO$_2$ 形成异质结等策略已被开发设计出来。

2.3.1 氟离子掺杂的 TiO₂

为了抑制光生电子和空穴的复合,同时将光响应扩展到可见光区域范围,研究人员广泛研究了掺杂金属或非金属元素的 TiO₂(Li D et al., 2005; Wang W et al., 2012; Wang J G et al., 2013; Ho W K et al., 2006; Ma J W et al., 2019)。Yu J C 等(2002)在 NH₄F 溶液中通过水解四异丙醇钛(titanium tetraisopropoxide, TTIP)制备了具有高光响应的氟掺杂 TiO₂ 纳米晶。高分辨率 X 射线光电子能谱(X-ray photoelectron spectroscopy, XPS)图[图 2-8(a)]显示,F1s 光谱分别对应于掺杂的氟($TiO_{2-x}F_x$)和表面吸附的氟离子(≡Ti—F)。因此,由氟掺杂所引起的电荷补偿,导致部分 Ti^{4+} 转化为 Ti^{3+}。TiO₂ 在紫外光照射下,这些在 Ti^{3+} 表面态的光生电子可以迁移到吸附的氧分子上,而光生空穴可以聚集在价带上。因此,电子和空穴对的复合会受到抑制,氟掺杂后可以得到具有高光催化反应活性的 TiO₂[图 2-8(b)]。

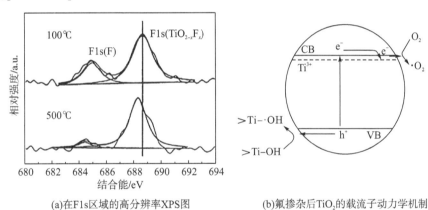

(a)在F1s区域的高分辨率XPS图　　(b)氟掺杂后TiO₂的载流子动力学机制

图 2-8　氟掺杂 TiO₂ 粉末在 F 1s 区域的高分辨率 XPS 图及氟掺杂后 TiO₂ 的载流子动力学的机制(Yu J C et al., 2009)

为了阐明光生电荷在两种不同缺陷态间的复合,进行了光致发光光谱的探索研究。Li D 等(2005)的研究表明,氟掺杂 TiO₂ 样品(FTO[①]-800)的 PL 信号峰可以去卷积拟合成三个峰[图 2-9(a)],其中以 465nm 为中心的峰 1 可归因于具有两个俘获电子的氧空位(氟中心);峰 2 的中心处于 525nm,可归因于具有一个俘获电子的氧空位(F^+中心);峰 3 的中心在 627nm 左右,可归因于氟掺杂引发的干扰。基于 PL 光谱表征结果,Li D 等(2005)提出了氟掺杂 TiO₂ 的结构模型,即在价带和导带之间存在着缺陷态[图 2-9(b)]。

---

① FTO 指氟掺杂的氧化锡,F-doped tin oxide。

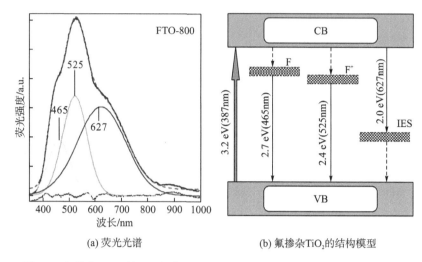

(a) 荧光光谱　　　　　(b) 氟掺杂TiO_2的结构模型

图 2-9　氟掺杂 TiO_2 的 PL 光谱以及 VB 和 CB 之间的能态(Li D et al., 2005)
注：IES 意为杂质能态(impurity energy state)。

Tosoni S 等(2012)的研究表明，氟掺杂可以提高 TiO_2(金红石相、锐钛矿相和板钛矿相)的热力学稳定性。同时，基于 PBE+U[①]交换关联势计算发现由于氟掺杂引起的缺陷态相对于导带底的位置强烈地依赖于每种晶相的特定晶体构型。对于锐钛矿相 TiO_2，氟掺杂导致 Ti^{3+} 的缺陷态可以正好位于带隙的中间位置。而对于金红石相和板钛矿相 TiO_2 而言，缺陷态在能量上非常接近价带顶，不太可能在电子激发能中产生明显的收缩。此时，氟掺杂对金红石相和板钛矿相 TiO_2 的能带的影响较小。

2.3.2　TiO_2 与氟、非金属元素共掺杂

虽然高能面的 TiO_2 纳米片具有很高的光催化活性，但它们不具有可见光响应。非金属掺杂在 TiO_2 的可见光吸收方面发挥了巨大的作用，但将掺杂剂引入具有明显暴露(001)晶面的锐钛矿相 TiO_2 片中时却具有挑战性。晶面良好的锐钛矿相 TiO_2 片具有很好的结晶度，通过简单的后处理使掺杂剂无法掺入其中。另外，在反应介质中引入掺杂剂也不可避免地会影响锐钛矿相 TiO_2 片的成核和生长，无法获得理想的 TiO_2 片(Liu G et al., 2009a)。Liu G 等(2009b)和 Xiang Q J 等(2010)在 HF 溶液中对 TiN 粉进行水热处理后，成功合成了具有可见光活性(001)晶面暴露的 N 掺杂锐钛矿相 TiO_2 薄片(图 2-10)。同样地，Yu J G 等(2011)在 HF 溶液中对 TiC 进行水热处理，制备了 C 掺杂 TiO_2 纳米片。而 Wen C Z 等(2011)通过在 H_2S 气氛下煅烧 $TiOF_2$ 立方体，成功制备出由纳米片组装的 S 掺杂 TiO_2 纳米盒。

---

① PBE 为 perdew-burke-ernenrhof，U 指对称裂变 U 参数(通常称为 U 值)。

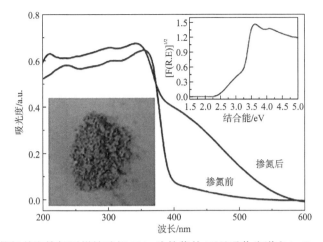

图 2-10　掺氮前和掺氮后锐钛矿相 TiO_2 片的紫外-可见吸收光谱(Liu G et al., 2009a)

注：$[F(R.E)]^{1/2}$ 表示 Kubelka-Munk 函数与吸收光的能量的关系。

2.3.3　TiO_2 与氟、金属元素共掺杂

近年来，很多研究工作都集中于 TiO_2 与 Ca(Zheng S K et al., 2016)、Cu(Razali M H et al., 2017)、Fe(Zhang Y F et al., 2016)、Sn(Wu T et al., 2019)、W(Liu J et al., 2019) 和 Y(Zhang H R et al., 2014)等金属离子的共掺杂上。例如，Wu T 等(2019)合成了 F 和 Sn 共掺杂的金红石相 TiO_2 基 FTO 薄膜，发现 F 和 Sn 共掺杂 TiO_2 后 FTO 薄膜的光电流和光电化学水氧化得到了很大的改善(图 2-11)。他们认为 Sn 的存在可以激发光引发的电子和空穴的分离，而 F 的加入则可以延缓光生载流子的复合。

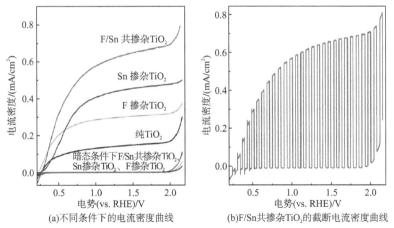

图 2-11　在暗态条件下测定的不同 TiO_2 光催化剂的电流密度曲线和 F/Sn 共掺杂 TiO_2 的截断电流密度曲线(Wu T et al., 2019)

RHE 指可逆氢电极(reversible hydrogen electrode)

Cu 和 F 共掺杂 TiO$_2$ 纳米管后，·OH 的生成量得到了显著提升，掺杂的 F 为 ·OH 的产生提供了新的反应活性位点。此外，Cu 和 F 共掺杂 TiO$_2$ 纳米管的表面酸性促进了分子吸附能力，从而提升了光催化降解甲基橙(MO)的效率(Razali M H et al., 2017)。

2.3.4 氟掺杂的 TiO$_2$ 异质结

TiO$_2$ 与碳材料或其他半导体复合形成异质结可以促进光生载流子的分离，通过延缓电子与空穴的复合，有利于进一步提高氟掺杂 TiO$_2$ 的光催化反应活性。

Giannakas A 等(2018)的研究表明：①N 和 F 共掺杂 TiO$_2$，在 TiO$_2$ 的导带下方可产生 Ti^{3+} 晶格缺陷态；②N 和 F 共掺杂 TiO$_2$ 与 V$_2$O$_5$ 复合可以极大扩展光响应范围，从而提高 TiO$_2$ 在 Cr(Ⅲ)还原和有机污染物氧化中的光催化反应活性(图 2-12)。同样地，F 掺杂的 TiO$_2$ 与 Bi$_2$O$_3$ 偶联后，形成 Bi$_2$O$_3$/F 掺杂的 TiO$_2$ 异质结，提高了光催化反应活性(Liu J Y et al., 2014)。碳纳米管(carbon nanotubes，CNTs)也被用于修饰 F 掺杂 TiO$_2$，通过将能带值从 3.02 eV 减少到 2.7 eV 以及加快光生电子的捕获，来提高 TiO$_2$ 的光催化反应活性(Panahian Y and Arsalani N, 2017)。

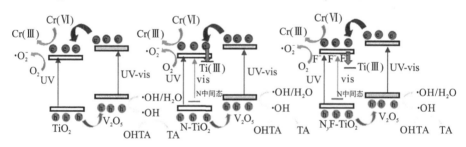

图 2-12 V$_2$O$_5$/TiO$_2$、V$_2$O$_5$/N 掺杂 TiO$_2$ 和 V$_2$O$_5$/N, F 共掺杂 TiO$_2$ 光催化剂异质结在光催化 Cr(Ⅲ)还原和光催化有机物氧化中的机理(Giannakas A et al., 2018)

2.4 氟离子介导 TiO$_2$ 的形貌裁剪

氟离子与 TiO$_2$ 之间的络合反应也被用来调控 TiO$_2$ 的形貌，以生成不同的形貌结构，包括：①空心结构的 TiO$_2$，例如，TiO$_2$ 空心微球(TiO$_2$-HMSs[①])；②高能面 TiO$_2$ 纳米晶；③TiO$_2$ 介晶。由于酸性溶液有利于氟离子与 TiO$_2$ 之间的络合反应(图 2-1)，因此不难理解，这些以氟离子作为形貌导向剂的形貌控制实验通常在酸性溶液(多在 HF 溶液)中进行(Zhang H M et al., 2011)。

---

① HMSs 指空心微球，hollow microspheres。

2.4.1 空心结构的 TiO₂ 催化剂

虽然基于形貌调控 TiO₂ 的研究已司空见惯，但 TiO₂-HMSs 的发展仍值得关注，因为其具有密度低、表面积大、表面通透性高、光吸收能力强等独特优点（Hu Z et al., 2019；Pan J H et al., 2014；Lou X W et al., 2008；Huang Z A et al., 2013；Yu J G et al., 2006；Cao L et al., 2013；Zhang Y et al., 2015；Zheng Y et al., 2014；Li X et al., 2019）。近年来，基于新颖的由内向外的 Ostwald 熟化机制，通过一步无模板的方法获得了具有丰富中空骨架的 TiO₂ 光催化剂。然而，Ostwald 熟化过程非常缓慢。例如，使用乙醚和 TiOSO₄ 的混合物通过溶剂热法合成 TiO₂-HMSs 需要 14 天（图 2-13）（Li H X et al., 2007）。

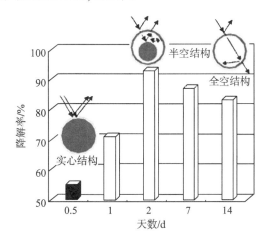

图 2-13 在乙醚和 TiOSO₄ 混合溶液中通过溶剂热处理 TiO₂ 空心微球的形状演变（Li H X et al., 2007）

有学者（Yu J G et al., 2006, 2007；Liu S W et al., 2009；Liu M et al., 2010；Liu Z Y et al., 2007；Yang H G and Zeng H C, 2004）的报道表明，氟离子（F⁻）的存在可以极大加速 Ostwald 熟化过程，即氟诱导自转化（fluoride induces self-transformation，FIST）。研究结果表明，由于 F⁻ 与 Ti⁴⁺ 的强亲和力，可以使无定形 TiO₂ 溶解形成可溶的复合物 TiF₆²⁻ [式(2-8)和式(2-9)]。随后，TiF₆²⁻ 复合物较好地在无定形 TiO₂ 微球上进行重结晶[式(2-10)]，形成一层锐钛矿相的结晶 TiO₂（壳层）。利用 FIST 可在 10~24h 内获得 TiO₂-HMSs。

$$Ti^{4+} + 2H_2O \Longrightarrow TiO_2(无定形) + 4H^+ \tag{2-8}$$

$$TiO_2(无定形) + 6HF \Longrightarrow TiF_6^{2-} + 2H_2O + 2H^+ \quad (溶解) \tag{2-9}$$

$$TiF_6^{2-} + 2H_2O + 2H^+ \Longrightarrow TiO_2(锐钛矿相) + 6HF \quad (重结晶) \tag{2-10}$$

Pan J H 等(2014)开发了一种多功能的靶向刻蚀策略,用于大规模制备具有粒径可控的海胆状介孔 TiO_2 空心球(urchin-like mesoporous TiO_2 hollow sphere,UMTHS)。该方法的主要特点是利用低温水热反应,在聚乙烯吡咯烷酮(polyvinyl pyrrolidone,PVP)保护涂层的辅助下,得到表面氟化、无定形含水 TiO_2 实心球(amorphous hydrous TiO_2 solid sphere,AHTSS)。由于 PVP 的限制和水的渗透,高孔隙的 AHTSS 在不破坏其球形形貌的情况下被氟化物选择性刻蚀和空心化(图 2-14)。

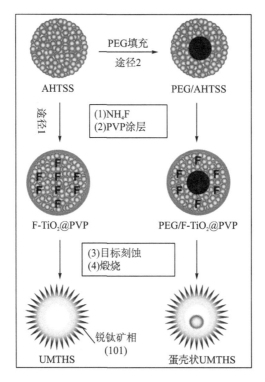

图 2-14　使用目标刻蚀工艺,以无定形含水 TiO_2 固体球(AHTSS)为原料,制造出类似海胆的介孔 TiO_2 空心球(UMTHS)(途径 1)及其蛋壳衍生物(途径 2)(Pan J H et al., 2014)

注:PEG 为 polyethylene glycol,聚乙二醇。

有研究发现$(NH_4)_2TiF_6$ 和 $(NH_4)_2CO$ 的混合物在 H_2O_2 存在的条件下,能够在 3h 内快速制备得到 TiO_2-HMSs。H_2O_2 的存在不仅促进了锐钛矿相 TiO_2 纳米晶的结晶,而且诱导了 TiO_2 的空心化过程(图 2-15)(Zheng Y et al., 2014; Lv K L et al., 2011b)。此外,研究结果表明,在 180℃下通过水热处理 $Ti(SO_4)_2$-NH_4F-H_2O_2 混合溶液 3 h 便可制备得到由 TiO_2 空心纳米颗粒组装的 TiO_2-HMSs。鉴于此,提出了基于两次 H_2O_2 辅助的 FIST 工艺的分级 TiO_2-HMSs 可能的生长机理

（图2-16）(Cai J H et al., 2013)。本节提出的 TiO_2-HMSs 合成路线具有简单、可重复、易于放大等优点。

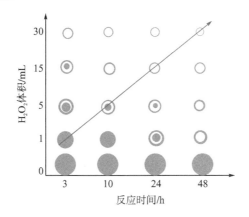

图2-15　H_2O_2 对 TiO_2 空心化过程的影响(Zheng Y et al., 2014)

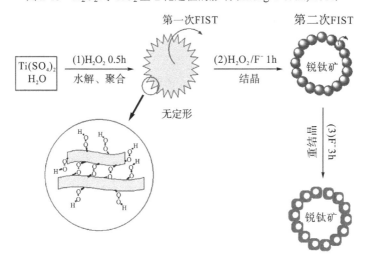

图2-16　基于两次 FIST 诱导空穴过程，H_2O_2 对空心纳米颗粒形成 TiO_2-HMSs 组装的影响(Cai J H et al., 2013)

2.4.2　高能面 TiO_2 纳米晶

具有(001)和(101)晶面的锐钛矿相 TiO_2 的表面能分别约为 $0.90\ J/m^2$ 和 $0.44\ J/m^2$(Chen J S et al., 2010)。因此，锐钛矿相 TiO_2 纳米晶通常呈现出由能量稳定的(101)面主导的截面双锥体形貌特征。Yang H G 等(2008)利用 HF 作为形貌导向剂，逆转了(101)和(001)晶面的相对稳定性，通过在 180℃下进行水热处理 20h，制备得到表面含有 47%(001)晶面的锐钛矿相 TiO_2 微晶(图2-17)。

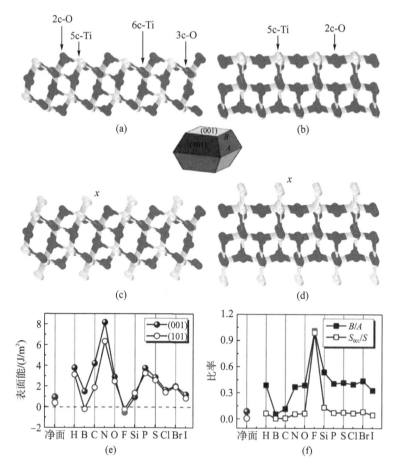

图 2-17 锐钛矿相 TiO_2(001)和(101)表面的平面模型，计算的表面能(Yang H G et al., 2008)

注：B/A 代表优化率，S_{001}/S 代表(001)晶面面积与总表面积的比率。

受到这些有趣研究结果的启发，许多报道称，能够可控制备得到具有高百分比的活性面微米级或纳米级 TiO_2，例如(001)[图 2-18(a)](Yang H G et al., 2008; Shi T et al., 2018; Wang W et al., 2018; Dai K et al., 2018; Zhang H et al., 2018; Hu D et al., 2018)、(010)(Wu B H et al., 2008)、(100)(Li J M et al., 2010; Wen C Z et al., 2011b; Lai Z C et al., 2012; Mikrut P et al., 2019)和(110)[图 2-18(b)](Liu M et al., 2010)活性晶面。通过使用 H_2O_2 和 HF 的混合液，已从 Ti 粉中成功制备了具有(001)和(110)面均暴露的高光响应锐钛矿相 TiO_2 单晶(Liu M et al., 2010)。Zhang H M 等(2010)和 Li H M 等(2012)通过在 HF 溶液中对钛箔进行水热处理，制备了具有镜状(001)晶面暴露的锐钛矿相 TiO_2 微球[图 2-18(c)]。通过使用以阳极氧化的 TiO_2 纳米管、H_2O_2 和 HF 溶液为前驱体，利用水热法可从双重结构单晶组装成锐钛矿相 TiO_2 微球[图 2-18(d)](Hu X Y et al., 2009)。

第 2 章　TiO₂ 光催化与氟修饰改性

(a)暴露的(001)面的微晶(Yang H G et al., 2008)

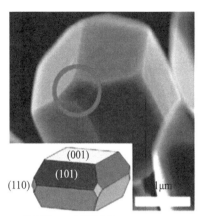

(b)暴露的(110)面的微晶(Liu M et al., 2010)

(c)暴露的(001)面的纳米晶体中获得微球体的组装(Zhang H M et al., 2010)

(d)具有暴露的(001)面的中空结构体(Hu X Y et al., 2009)

图 2-18　TiO₂ 晶体及其组装体的 SEM 图像

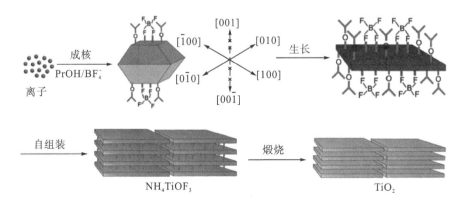

图 2-19　层状 TiO₂ 的形成机理(Yu H et al., 2011)

在(NH_4)$_2$$TiF_6$、$H_3BO_3$ 和 PrOH 同时存在的条件下，可采用直接水热法制备得到具有(001)晶面暴露的层状 TiO_2 纳米片(图 2-19)(Yu H et al., 2011)，层状 TiO_2 的优异光催化活性与层状结构和(001)晶面的协同作用有关。

文献报道称(Li F et al., 2013; Xie S F et al., 2011; Chen L et al., 2012)，可以通过直接煅烧 $TiOF_2$ 纳米立方体制备得到 TiO_2 空心纳米盒(TiO_2-HNBs)。Shi T 等(2018)便通过高温煅烧管状 $TiOF_2$ 制备得到具有超高热稳定性的高能面 TiO_2 纳米片(TiO_2-NSs)。由图 2-20 可知，随着煅烧温度从 300℃升高到 600℃，TiO_2-NSs 通过 Ostwald 熟化过程转化为 TiO_2-HNBs。当煅烧温度高于 700℃时，几乎所有的 TiO_2-HNBs 都被分解成分散的 TiO_2-NSs。而从 1000℃开始，锐钛矿相 TiO_2 向金红石相 TiO_2 发生转变。只有当煅烧温度高于 1200℃时，TiO_2-NSs 才能全部转化为金红石相 TiO_2。简而言之，这些中空结构的形成也可以通过 FIST 过程得到。由于高含量氟离子的存在，空心 TiO_2-HNBs 由高能面 TiO_2 纳米片组装而成[式(2-11)]。

$$2TiOF_2 + 热量 \Longrightarrow TiO_2 + TiF_4\uparrow \qquad (2-11)$$

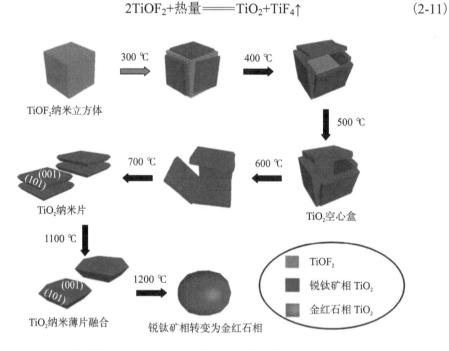

图 2-20　不同煅烧温度对 $TiOF_2$ 立方晶相结构和形状演变的影响(Shi T et al., 2018)

同样地，Huang Z A 等(2013)通过在醇溶液(叔丁醇和乙醇)中对 $TiOF_2$ 立方体进行溶剂热处理得到由(001)暴露面纳米片组装的 TiO_2-HNBs(图 2-21)。研究结果发现，$TiOF_2$ 的相变始于 $TiOF_2$ 立方体的角落和边缘，这是源于 $TiOF_2$ 的原位水解，其中水是由乙醇分子脱水产生的。随着反应时间的延长，由于稳定的内-

外溶解—重结晶过程,高能(001)暴露面的纳米片进行组装形成了 TiO_2-HNB。然而,TiO_2-HNB 并不稳定,进一步延长溶剂热反应时间可分解成离散的高能面 TiO_2 纳米片[式(2-12)]。

$$TiOF_2+H_2O \Longrightarrow TiO_2+2HF \tag{2-12}$$

(a)$TiOF_2$立方体的SEM图　　(b)$TiOF_2$立方体的TEM图

(c)热处理后$TiOF_2$立方体的SEM图　　(d)热处理后$TiOF_2$立方体的TEM图

图 2-21　在醇溶液中于 180℃ 分别对 $TiOF_2$ 立方体进行溶剂热处理 2h 得到的光催化剂的 SEM 和 TEM 图像(Huang Z A et al., 2013)

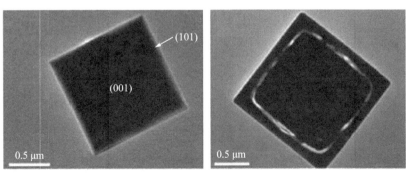

(a)热处理3h的TEM图　　(b)热处理3h的TEM图

HF 不仅可以作为封端剂,而且可以作为特定的形貌刻蚀剂。通过在含异丙醇(isopropanol, *i*-PrOH)和 HF 溶液中热处理含有 35%(001)晶面的 TiO_2 单晶,制备了具有纳米雕刻(001)晶面的锐钛矿相 TiO_2 单晶(Yang X H et al., 2011a)。由图 2-22 可以观察到,相关的形成过程可以认为是原始空心结构被连续蚀刻,同时伴随发生 TiF_4 水解的回填。通过理论模拟计算,HF 在低浓度下能够促进(001)晶面的稳定生长,而在高浓度下对(001)晶面的生长却具有选择性的抑制作用。

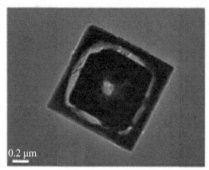

(c)热处理22h的TEM图　　　　　　(d)热处理22h的TEM图

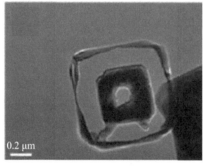

(e)热处理31h的TEM图　　　　　　(f)热处理31h的TEM图

图 2-22　在 *i*-PrOH 和 HF 的存在下于 180℃在不同时间对 TiF_4 溶液进行溶剂热处理制备的 TiO_2 光催化剂的 TEM 图(Yang X H et al., 2011a)

类似地,Pan L 等(2013)通过长时间水热法合成了量子点(锐钛矿相 TiO_2 纳米点)自修饰的 TiO_2 纳米片,其中含有由于 HF 腐蚀而产生的 Ti^{3+} 缺陷。然而,进一步用去离子水进行水热处理可以完全去除这些 Ti^{3+} 缺陷(图 2-23)。

由于使用氟离子作为封端剂可以获得高能(001)暴露面,通过热处理后从具有高能晶面的 TiO_2 纳米晶中去除吸附在表面的氟化物离子,通常会导致 TiO_2 纳米晶沿[001]方向融合(Chen C et al., 2014;Wang W et al., 2013;Yang X H et al., 2011b;Chen C et al., 2011)。Chen C 等(2014)利用这一策略,通过两步溶剂热法成功制备了一维单晶 TiO_2 纳米链(图 2-24)。如图 2-24 所示,在 I 位(原始纳米粒子的内部位置)处，晶格条纹间距为 0.478 nm，对应于锐钛矿相 TiO_2 的 (001) 面，这表明该一维结构是沿 [001] 晶体取向的。而在位置 II (原生纳米颗粒的连接位置)处，双平面间距测量为 1.08 nm，是 0.478 nm 的两倍有余。这种粒子界面的形变可以归因于原始纳米晶体熔合过程中的晶格畸变。所制备的 TiO_2 纳米链在染料敏化太阳能电池中表现出较高的转换效率。该方法对于设计新型纳米结构的光催化材料具有重要意义。

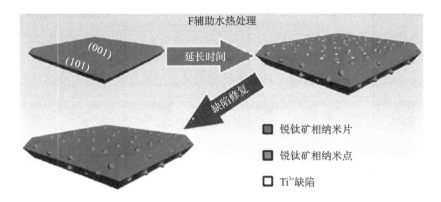

图 2-23 量子点自修饰锐钛矿相 TiO_2 纳米片形成机理 (Pan L et al., 2013)

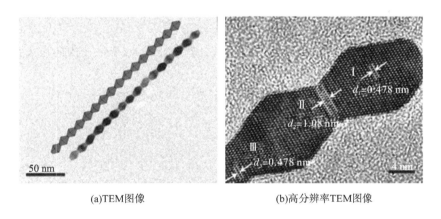

(a) TEM 图像　　　　　　(b) 高分辨率 TEM 图像

图 2-24 锐钛矿相 TiO_2 纳米链的 TEM 图像和选定区域的高分辨率
TEM 图像 (Chen C et al., 2014)

2.4.3 TiO_2 介晶

介晶光催化材料因其独特的结构和高光反应活性受到了广泛的关注，如 TiO_2 介晶 (Crossl and E J W et al., 2013；Luo M et al., 2012)。TiO_2 介晶是一类特殊的晶体材料，其具有高度有序的晶体超结构，由介观(1～1000 nm)晶体组成，可以认为是 TiO_2 纳米多晶和 TiO_2 单晶之间的中间物种(Chen Q F et al., 2012)。与 TiO_2 单晶(Chen Q F et al., 2012)相比，TiO_2 介晶在偏振光下具有相同的散射模式和相似的行为。亚基定向排列和典型的三维网络结构使介晶具有优越的光催化性能(Liu Y Q et al., 2014)。据报道，介晶的取向界面在电荷分离中起着重要作用，能够积极地影响光催化活性(Sun S et al., 2019)。

Zhou L 等(2008, 2007)在非离子表面活性剂的作用下，通过 NH_4TiOF_3 介晶的拓扑转化，首次获得了 TiO_2 介晶。后来，研究人员致力于在没有表面活性剂的情况下直接合成介晶(Chen Q F et al., 2012; Chen J Y et al., 2014; Zhao Y B et al. 2014; Ye J F et al., 2011)。Ye J F 等(2011)在无添加剂的钛酸四丁酯-乙酸体系中，在溶剂热条件下通过介尺度组装获得了具有纺锤形纳米孔的锐钛矿相 TiO_2 介晶(图2-25)。

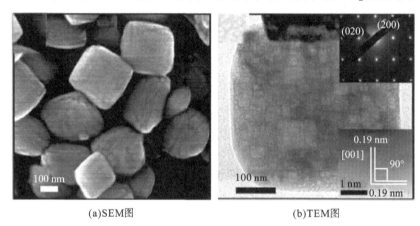

(a)SEM图　　　　　　　　　(b)TEM图

图 2-25　制备的 TiO_2 介晶的 SEM 和 TEM 图像(顶部插图为 SAED 模式)(Ye J F et al., 2011)

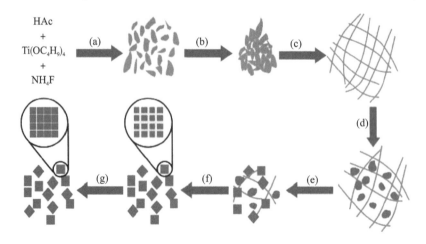

图 2-26　具有(001)暴露面的锐钛矿相 TiO_2 介晶的形成过程(Chen J Y et al., 2014)

在氟离子[HF(Zhao Y B et al., 2014)或 NH₄F(Ye J F et al., 2011)]存在的情况下，可以从(001)暴露面的纳米晶中获得锐钛矿相 TiO_2 介晶。根据 Chen J Y 等(2014)的研究，TiO_2 介晶的生成包括四个过程(图 2-26)：①NH_4TiOF_3 和锐钛矿相 TiO_2 混合物的生成[0～0.5 h, 步骤(a)]；②NH_4TiOF_3 的溶解和再分配形成锐钛矿相 TiO_2[(0.5～3.0 h, 步骤(b)～(e)]；③方晶型锐钛矿相 TiO_2 晶体的生长[(3.0～24 h, 步骤(f)]；④加热获得 TiO_2 介晶[步骤(g)]。

Li Y H 等(2022)采用微波辅助溶剂热法，以钛酸四丁酯(tetrabutyl titanate, TBT)、NH_4F 和醋酸为原料制备了由具有(001)晶面的超薄 TiO_2 纳米片组装而成的 TiO_2 介晶。该工作系统研究了煅烧温度(300～1000℃)与丙酮氧化光催化活性之间的关系。结果表明，焙烧后表面吸附的氟离子被去除，产生表面氧空位(oxygen vacancy, Ov)。600℃下煅烧得到的样品(T600)对丙酮氧化展现出最高的光催化活性，比原始 TiO_2 介晶的活性高 4.9 倍。Ov 的形成不仅提高了光吸收能力，促进了载流子分离，增强了光催化活性，而且通过阻止相邻 TiO_2 介晶的融合，使锐钛矿-金红石相变温度提高到 1000℃以上，从而阻止了 TiO_2 介晶的生长。

2.5 氟在非 TiO_2 光催化中的作用

令人振奋的是，氟效应也在许多其他非 TiO_2 光催化剂中得到了证实，如 Bi_2WO_4(Shi R et al., 2009)、$BiPO_4$(Liu Y F et al., 2014)、Fe_2O_3(Du W P et al., 2008)、$SrTiO_3$(Wang J S et al., 2004)，甚至是无金属的石墨相氮化碳(g-C_3N_4)(Xu M Q et al., 2016)。

Shi R 等(2009)的研究表明，氟离子可以掺杂到 Bi_2WO_6 晶格中，从而获得更宽的带宽和更低的价带位置[图 2-27(a)]，以此提高其降解亚甲基蓝(methylene blue, MB)染料的光催化反应活性。Du W P 等(2008)报道了氟离子对不同铁(氢)氧化物的光催化反应活性的积极影响[图 2-27(b)]。在 NaF 存在的情况下，•OH 自由基被乙醇清除剂检测到，而这种自由基在没有 NaF 的情况下却不能被检测发现。此外，与金红石相 TiO_2 类似，表面氟化铁(氢)氧化物的光催化反应活性在 $AgNO_3$ 的存在条件下显著增强，因为 $AgNO_3$ 可作为电子清除剂。

Shevlin S A 和 Guo Z X(2016)在 NH_4F 存在的条件下，通过尿素聚合法制备了氟掺杂的 g-C_3N_4，合成的氟掺杂 g-C_3N_4 具有更强的光吸收能力和光催化裂解水制氢活性。使用密度泛函理论(DFT)和含时密度泛函理论(time-dependent density functional theory, TD-DFT)计算的结果表明，氟掺杂的 g-C_3N_4 可以显著降低能带，从而降低光吸收起始能量，使光吸收阈值由 420nm 扩展到 515nm。此外，氟掺杂可以延缓光生载流子的复合，提高 g-C₃N₄ 的光催化反应活性。

氟离子还可以用作疏水改性剂，以合成负载有纳米级 TiO₂ 光催化剂的超疏水 SiO₂ 载体。由于表面 Si–F 的产生，提高了 TiO₂/SiO₂ 光催化剂的超疏水性能，因此改变了 TiO₂ 的吸附能力和光催化活性，从而能够高效地降解有机污染物(Xing M Y et al., 2012)或进行光催化还原 CO_2(Li X et al., 2019)。

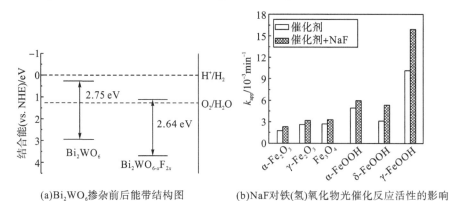

(a)Bi_2WO_6掺杂前后能带结构图　　(b)NaF对铁(氢)氧化物光催化反应活性的影响

图 2-27　Bi_2WO_6 掺杂氟离子前后的能带结构比较(Shi R et al., 2009)，以及 NaF 对铁(氢)氧化物的光反应活性的影响(Du W P et al., 2008)

注：k_{app} 为表观反应速率常数。

2.6　氟效应的应用

2.6.1　氟在光催化选择性氧化中的作用

一般而言，污染物在光催化剂表面的初步吸附对于有效氧化具有重要意义(Xu Y M and Langford C H, 2001)。如果有机物被强烈地吸附在 TiO₂ 表面，氟化修饰会占据有机物吸附的表面位点，导致有机物的氧化机制可能转变为由·OH 介导的氧化，而不是直接空穴迁移 (Lv K L and Xu Y M, 2006)。

Lv K L 等(2016)通过对比空穴(TiO₂/叔丁醇、乙醇/UV)、表面·$OH_{吸附}$(TiO₂/UV) 和·$OH_{游离}$(F-TiO₂/UV)等 ROSs，考察了不同自由基体系对苯酚光催化氧化的影响。研究结果表明，无论是表面结合的还是·$OH_{游离}$的攻击，都有利于生成邻苯二酚(对苯二酚)；而空穴氧化则有利于形成间苯二酚(图 2-28)。

Ye H P 和 Lu S M(2013)研究了表面氟化的高能面 TiO₂ 纳米片对苯酚的光催化氧化。实验分析表明，随着氟与钛的名义原子比(R_F)的增加，(001)暴露面的纳米晶体的百分比增大，苯酚光氧化和邻苯二酚选择性(产率)都与(001)暴露面的百分比呈正相关(表 2-2)。增强的苯酚转化率和邻苯二酚选择性(产率)可归因于高能(001)暴露面和表面氟化的协同作用。

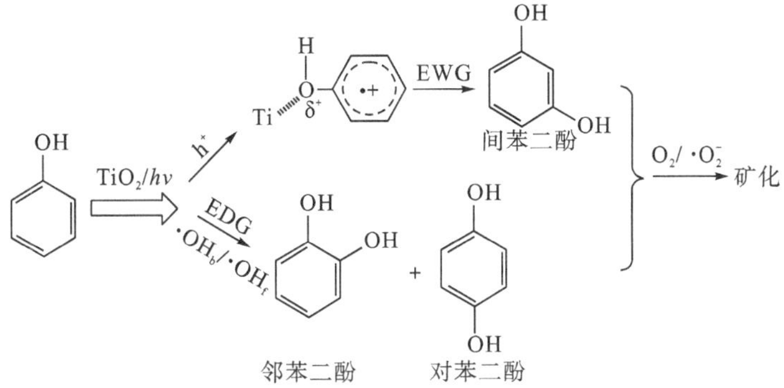

图 2-28　ROS 对苯酚的光催化选择性氧化的影响(Lv K L et al., 2016)

注：EWG 为 electron-withdrawing group，吸电子基；EDG 为 electron-donor group，供电子基。

表 2-2　光催化剂对苯酚转化率、邻苯二酚选择性和产率的影响(Ye H P and Lu S M, 2013)

R_F	浓度变化 [a]/(μmol/L)			转化率 [b]/%	选择性 [c]/%	产率 [c]/%
	$\Delta C_{苯酚}$	$\Delta C_{邻苯二酚}$	$\Delta C_{对苯二酚}$			
0	15.3	0	3.7	24.18	0	0
0.5	25.9	5.3	9.3	56.37	36.30	20.46
1.0	28.9	10.5	15.0	88.23	41.18	36.33
2.0	40.3	24.0	13.9	94.04	63.32	59.55
2.5	2.7	—	—	—	—	—

注：a.根据 $t=0\sim15$ min 的反应时间计算了光催化氧化过程中苯酚浓度的降低以及溶液中邻苯二酚和对苯二酚浓度的增加。b.苯酚的转化率。c.邻苯二酚的选择性和产率。

据报道，通过紫外光照射 TiO_2 悬浮液，正己烷可被氧气选择性光催化氧化为己酮和己醇。Xue X J 等(2010)发现，随着氟化物浓度的增加，己酮和己醇的含量以及己醇与己酮的摩尔百分比都将趋于饱和。

2.6.2　氟在光催化选择性降解中的作用

氟化物的表面改性可以改变 TiO_2 的表面化学性质和表面结构，从而影响有机污染物的吸附和降解。Wang Q 等(2008)报道了表面氟化不仅可以改变吸附模式，还可以改变罗丹明 B(Rhodamine B，RhB)染料在 TiO_2 上的降解路径。具体而言，RhB 优先通过羧基(—COOH)固定未改性的 TiO_2 上[图 2-29(a)]。然而，对于改性后的 TiO_2，可通过其阳离子部分(—NEt_2 基团)吸附在 F-TiO_2 上[图 2-29(b)]。作为带正电荷的氮烷基，染料分子在 F-TiO$_2$ 上历经了快速的 N-脱烷基反应；而在体相 TiO$_2$ 上，染料发色团环结构的直接裂解占据主导地位。

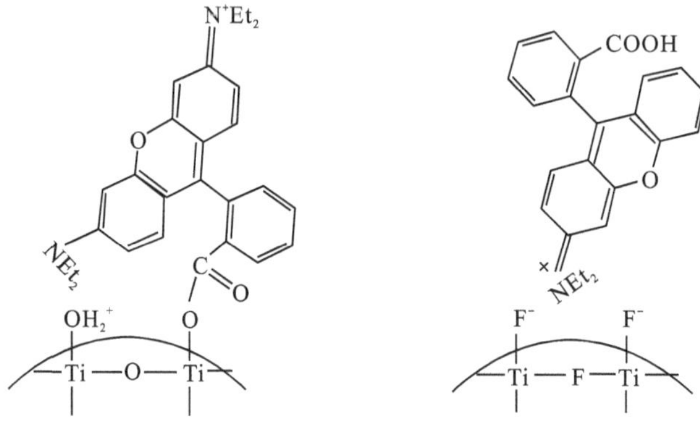

(a)RhB在未改性的TiO$_2$表面　　(b)RhB在F-TiO$_2$表面

图 2-29　RhB 在未改性的 TiO$_2$ 和 F-TiO$_2$ 表面上的吸附模式(Wang Q et al., 2008)

Liu S W 等(2010)发现 TiO$_2$-HMSs 在降解水中偶氮染料时表现出优异的光催化选择性。与亚甲基蓝(methylene blue，MB)相比，F-TiO$_2$-HMSs 优先降解甲基橙(methyl orange，MO)。相比之下，表面不含氟的 TiO$_2$-HMSs 对 MB 的降解作用强于 MO(图 2-30)。原子水平上的表面化学性质和表面结构是决定 TiO$_2$-HMSs 对偶氮染料吸附选择性的关键因素，因此也决定其对偶氮染料的光催化选择性。Beegam M S 等(2018)也进行了类似的报道。

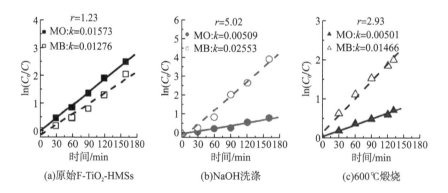

(a)原始F-TiO$_2$-HMSs　　(b)NaOH洗涤　　(c)600℃煅烧

图 2-30　原始 F-TiO$_2$-HMSs、NaOH 洗涤的 F-TiO$_2$-HMSs 和 600℃煅烧的 F-TiO$_2$-HMSs 悬浮液中 MO 和 MB 混合物的光催化分解

注：C_0 和 C 分别指反应物的初始浓度和反应时刻 t 的浓度。

2.6.3 光催化产氢过程中的氟效应

通常情况下,光催化制氢和光催化降解有机物的研究是在不同的体系中进行的。这是因为光催化还原和光催化氧化需要不同的催化剂性质和反应条件。Kim J 等(2012)通过将能源和环境应用结合到一个单一的光催化体系中,对 Pt/TiO$_2$ 在制氢和同时氧化 4-氯酚(4-CP)方面的光催化性能进行了探究。他们发现,由于表面吸附的氟离子和沉积的 Pt 纳米粒子的协同效应,Pt/TiO$_2$ 表面氟化后的 H$_2$ 产量可以增加 20 倍。Pt 的沉积增强了界面电子转移,而氟离子修饰改变了有机物的氧化途径,由直接空穴或吸附的羟基自由基(•OH$_{吸附}$)氧化变为游离的羟基自由基(•OH$_{游离}$)氧化(图 2-31)。在表面氟化的 Pt/GO/TiO$_2$ 上也发现了类似的双功能光催化,用于产氢和氧化 4-CP(Cho Y J et al., 2015)。Iervolino G 等(2016)报道了 Pt/TiO$_2$ 表面氟化对光催化产氢和同时降解葡萄糖的积极作用,他们发现葡萄糖降解和产氢的最佳条件分别为 pH=6 和 pH=2。

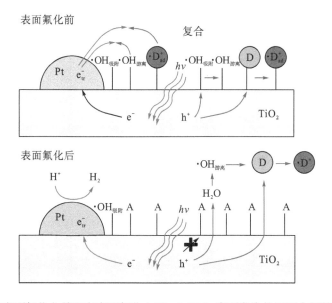

图 2-31 在表面氟化之前和在表面氟化之后,Pt/TiO$_2$ 表面发生的界面电荷转移和复合的比较,其中 A 和 D 分别代表表面吸附的氟离子和有机基质(Kim J et al., 2012)

表面氟化对高能面 TiO$_2$ 纳米片的光催化反应活性起着重要作用。Ruan L Y 等(2019)的研究结果表明,如果通过碱洗除去表面吸附的氟离子,则只能保留 TiO$_2$ 纳米片对 H$_2$ 50%的光催化活性。根据 TiO$_2$ 的功函数计算,Na-TiO$_2$ 和 F-TiO$_2$ 的功函数分别为 5.97 eV、6.82 eV 和 7.93 eV(图 2-32)。由于表面结合电子的能力可以从功函数的值上反映出来,我们可以理解 TiO_2 纳米片表面经过 NaOH 溶液洗涤后,光催化产氢量急剧下降的成因。

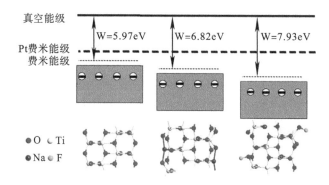

图 2-32　清洁表面(TiO_2)、含钛空位与钠离子(TiO_2-Na)和含钛空位与氟离子(TiO_2-F)表面的 TiO_2 纳米片(001)表面的功函数比较

在 TiO_2 中掺杂氟离子不仅可以实现表面氟化,还可以显著提高光催化产氢效率。例如,Fang W Q 等(2014)以 NH_4F 作为掺杂剂和封端剂,合成了含 F 的多孔单晶金红石相 TiO_2 纳米棒。研究发现,与未改性的 TiO_2 单晶相比,F 掺杂 TiO_2 纳米棒的太阳能—氢能(solar to hydrogen, STH)转换效率提高了 10 倍。

2.6.4　氟在光催化 CO_2 还原中的作用

化石资源的过度耗竭导致 CO_2 排放量不断增加,造成了温室效应、能源危机等诸多不利后果(Li X et al., 2019;Yang C et al., 2019;Xing M Y et al., 2018)。光催化提供了一种可持续的方式将 CO_2 转化为高附加值的太阳能燃料,包括甲醇(CH_3OH)、甲酸(HCOOH)、甲烷(CH_4)和一氧化碳(CO) (Li X et al., 2019)。Yu J G 等(2014)系统研究了暴露面对以 HF 为形状导向剂的高能面 TiO_2 纳米晶还原 CO_2 光催化性能的影响。他们发现,TiO_2 纳米晶体中暴露的(101)和(001)晶面的比例在光催化还原 CO_2 为 CH_4 中起着重要作用。当暴露(101)和(001)晶面的比例达到 45∶55 时,高能面 TiO_2 纳米晶由于形成表面异质结,表现出最高的光催化 CO_2 还原性能。

为了提高光捕获能力,Fang W Z 等(2017)以 $TiCl_3$ 为钛源,HF 为封端剂,制备了带有暴露(001)晶面且含有 Ti^{3+} 的 TiO_2 纳米晶体。在没有任何贵金属共催化剂的情况下,蓝色 TiO_2 纳米晶对 CO_2 的还原展现出较高的 CH_4 选择性,表现出增强的光催化活性。

类似地,Xing M Y 等(2018)以 SiO_2 胶体为模板,合成了还原的 TiO_2(TiO_{2-x})

的介孔单晶(mesoporous single crystals, MSCs)，他们发现 MSCs 的氟化(F-MSCs)可以降低光生电子的电势，从而使 CH_4 的产率提高 13 倍，同时对 CH_4 的选择性从 25.7%提高到 85.8%。Ti^{3+} 与取代氟离子之间的相互作用在 TiO_{2-x} 中形成了内建电场，导致 Ti^{3+} 杂质水平上升，从热力学上有利于 CO_2 还原生成 CH_4(图 2-33)。

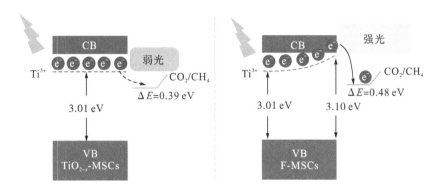

图 2-33　TiO_2 介孔单晶(MSCs)和 F 掺杂的 TiO_2 介孔单晶(F-MSCs)之间的 Ti^{3+} 杂质含量差异的机理图(Xing M Y et al., 2018)

2.6.5　氟对 TiO_2 热稳定性的影响

一般来说，对 TiO_2 进行热处理可通过增强其结晶度和减少晶格缺陷(作为电子-空穴对的复合陷阱)来提升锐钛矿相 TiO_2 的光催化反应活性。但在正常条件下，当煅烧温度高于 600℃时，锐钛矿相 TiO_2 会不可逆地转化为反应活性较弱的金红石相 TiO_2，限制了其高温应用的适用性。例如，浴室瓷砖、卫生设备和用于控制有机污染物的自清洁玻璃需要较高的加工温度，需要高温稳定性(Periyat P et al., 2009；Lv Y Y et al., 2009)。因此，开发制备高耐热锐钛矿相 TiO_2 的策略具有相当重要的意义，但也充满挑战(Periyat P et al., 2009；Lv K L et al., 2011b)。

Padmanabhan S C 等(2007)以四异丙氧钛和三氟乙酸(trifluoroacetic acid, TFA)为原材料，通过氟掺杂制备了耐热温度高达 900℃的锐钛矿相 TiO_2。他们发现，TiO_2 的热稳定性与晶格中低浓度氟的存在有关，氟取代氧原子位点取代了更多的 Ti—O—Ti 桥接。

据报道(Lv K L et al., 2011b；Shi T et al., 2018)，表面氟化的高能面 TiO_2 纳米片在温度高达 1000℃的相变中表现出了出色的热稳定性。随着煅烧温度的升高，表面氟的解吸可以形成氧空位(Ov)。同时，Ov 对 Ti—O—Ti 桥接拓展和晶体生长起着负面作用，这可以通过晶格氧离子或空气中氧的扩散来消除(Shi T et al., 2018)。晶格氧离子的扩散需要额外的能量，因此需要在较高的温度下才能实现锐钛矿相到金红石相的转变。

2.6.6 小结

综上所述，由于氟离子与 TiO_2 之间的强络合作用和其高电负性，氟在光催化中起着重要的作用，可以调整光催化剂的体相和/或表面结构，控制光催化剂的形貌。

氟效应的优点概括如下：

(1) 表面氟化通过改变 TiO_2 的表面化学性质，为提高 TiO_2 的光催化反应活性提供了一种简便的途径，我们需要做的就是在 TiO_2 的悬浮液中加入少量 NaF。氟离子在 TiO_2 表面的强吸附是通过 F^- 和 $\equiv Ti-OH$ 之间的配体交换[式(2-1)～式(2-4)]实现的，该反应对 pH 敏感(图 2-1)。根据表面物种结构模拟，生成的优势物种在酸性溶液中是以 $\equiv Ti-F$ 形式存在的。TiO_2 对氟离子的强亲和力会影响 TiO_2 表面的化学性质，进而影响对有机污染物的吸附和降解(图 2-29 和图 2-30)(Park H and Choi W, 2004)。

(2) 由于 $F·/F^-$ 的氧化还原电势非常高[$E^\ominus_{F·/F^-}$ = 3.6 V(vs·NHE)]，可以排除表面吸附的氟离子直接空穴氧化成氟自由基的可能性，空穴必须氧化溶剂水以此产生羟基自由基。由于溶剂水不能被化学吸附在 TiO_2 表面，产生的羟基自由基是游离的($·OH_{游离}$)，可以扩散到溶液中进攻有机污染物，极大提高 TiO_2 的光催化效率。氟离子对 TiO_2 的强亲和力和 $F·/F^-$ 的高氧化还原电势使氟效应非常稳定。例如，对于(001)暴露面表面含氟的 TiO_2 纳米片，即使在降解有机染料时重复使用 8 次后，其光催化反应活性也几乎保持不变。

(3) 氟的电负性大，可以增加表面 $\equiv Ti-F$ 键的吸电子能力，从而延缓光产生载流子的复合，有利于提高 TiO_2 的光催化反应活性(图 2-5)(Yu J G et al., 2009)。电子清除剂的加入或异质结的形成可以进一步提高氟效应。

(4) 在 TiO_2 中掺杂氟，通过电荷补偿形成 Ti^{3+}，Ti^{3+} 可以捕获光生电子，通过抑制电子-空穴对的复合来提高光催化反应活性。

(5) 氟效应被用来控制 TiO_2 的形貌。到目前为止，利用 F^- 和 Ti^{4+} 之间的强络合作用，成功合成了 TiO_2-HMSs(Yu J G et al., 2007)，具有(001)暴露面的 TiO_2 纳米片(Yang H G et al., 2008)和 TiO_2 介晶(Chen J Y et al., 2014)，其中溶解-重结晶过程非常重要[(式 2-9)和(式 2-10)]，不仅对形貌进行了调控，还可增强 TiO_2 晶体的结晶。

虽然氟效应在光催化方面取得了迅速进展，但下列问题仍有待解决。

(1) 氟在光催化作用中通常表现出多重效应，包括表面氟化、掺杂、特定晶面的优先暴露、增强结晶等。例如，暴露(001)面的 TiO_2 纳米片的高光催化反应活性可能来自表面氟化和暴露的高能面，这使得氟效应的分析非常复杂(Pan J et al., 2011)。

(2)吸附模型在光催化降解有机污染物中非常重要(Wang Q et al., 2008)。由于表面氟化会影响底物的吸附，因此氟效应的评价对有机物(Park H and Choi W, 2004)的分子结构很敏感。

虽然氟在半导体光催化中的作用早在 2000 年就有研究(Minero C et al., 2000a；Minero C et al., 2000b)，但其机理仍有争议。今后对氟效应的研究应集中在以下几个方面。

(1)应进一步研究氟效应的潜在机制。随着现代仪器设备的发展，特别是原位漫反射红外傅里叶变换光谱(*in-situ* diffuse reflectance infrared Fourier transform spectroscopy，IDRIFTS)等技术的发展，可以增加对氟效应的基本认识，最终揭开光催化中氟效应的神秘面纱。

(2)氟效应在光催化中的应用应从水溶液反应转向固态反应。虽然氟效应已被证明是一种有效的方式来显著提高光催化效率，其应用主要集中在水处理方面。但是，环境条例不允许处置这类含氟废水(Cong S et al., 2011)。通过光催化氧化挥发性有机化合物，将氟效应应用于空气净化有着非常广阔的前景(Shi T et al., 2018)。

(3)将氟效应与表面等离子体共振(surface plasmon resonance，SPR)效应等进行结合，提高半导体光催化的光吸收能力，促进光生载流子的分离，有望进一步提高半导体光催化的效率。比如，缺陷工程和单原子催化(single-atom catalysis，SAC)。

参 考 文 献

Beegam M S, Ullattil S G, Periyat P, et al., 2018. Selective solar photocatalysis by high temperature stable anatase TiO_2. Solar Energy, 160: 10-17.

Cai J H, Wang Z Y, Lv K L, et al., 2013. Rapid synthesis of a TiO_2 hollow microsphere assembly from hollow nanoparticles with enhanced photocatalytic activity. RSC Adv., 3(35): 15273-15281.

Cao L, Chen D H, Caruso R A, 2013. Surface-metastable phase-initiated seeding and Ostwald ripening: A facile fluorine-free process towards spherical fluffy core/shell, yolk/shell, and hollow anatase nanostructures. Angew. Chem. Int. Ed., 52(42): 10986-10991.

Chen C, Hu R, Mai K G, et al., 2011. Shape evolution of highly crystalline anatase TiO_2 nanobipyramids. Cryst. Growth Des., 11(12): 5221-5226.

Chen C, Wang J, Ren Z M, et al., 2014. One-dimension TiO_2 nanostructures: Oriented attachment and application in dye-sensitized solar cell. CrystEngComm, 16(9): 1681-1686.

Chen J S, Tan Y L, Li C M, et al., 2010. Constructing hierarchical spheres from large ultrathin anatase TiO_2 nanosheets with nearly 100% exposed (001) facets for fast reversible lithium storage. J. Am. Chem. Soc., 132(17): 6124-6130.

Chen J Y, Li G Y, Zhang H M, et al. 2014. Anatase TiO$_2$ mesocrystals with exposed (001) surface for enhanced photocatalytic decomposition capability toward gaseous styrene. Catal. Today, 224: 216-224.

Chen L, Shen L F, Nie P, et al., 2012. Facile hydrothermal synthesis of single crystalline TiOF$_2$ nanocubes and their phase transitions to TiO$_2$ hollow nanocages as anode materials for lithium-ion battery. Electrochim. Acta, 62: 408-415.

Chen L Q, Tian L J, Zhao X, et al., 2019. SPR effect of Au nanoparticles on the visible photocatalytic RhB degradation and NO oxidation over TiO$_2$ hollow nanoboxes. Arab. J. Chem., 13(2): 4404-4416.

Chen L Q, Tian L J, Xie J Y, et al., 2020. One-step solid state synthesis of facet-dependent contact TiO$_2$ hollow nanocubes and reduced graphene oxide hybrids with 3D/2D heterojunctions for enhanced visible photocatalytic activity. Appl. Surf. Sci., 504: 144353.

Chen Q F, Ma W H, Chen C C, et al. 2012. Anatase TiO$_2$ mesocrystals enclosed by (001) and (101) facets: Synergistic effects between Ti^{3+} and facets for their photocatalytic performance. Chem. Eur. J., 18(40): 12584-12589.

Cheng X F, Leng W H, Liu D P, et al., 2008. Electrochemical preparation and characterization of surface-fluorinated TiO$_2$ nanoporous film and its enhanced photoelectrochemical and photocatalytic properties. J. Phys. Chem. C, 112(23): 8725-8734.

Cho Y J, Kim H I, Lee B S, et al. 2015. Dual-functional photocatalysis using a ternary hybrid of TiO$_2$ modified with graphene oxide along with Pt and fluoride for H$_2$-producing water treatment. J. Catal., 330: 387-395.

Cong S, Xu Y M, 2011. Enhanced sorption and photodegradation of chlorophenol over fluoride-loaded TiO$_2$. J. Hazard. Mater., 192(2): 485-489.

Crossland E J W, Noel N, Sivaram V, et al., 2013. Mesoporous TiO$_2$ single crystals delivering enhanced mobility and optoelectronic device performance. Nature, 495: 215-219.

Dai K, Lv J L, Zhang J F, et al., 2018. Efficient visible-light-driven splitting of water into hydrogen over surface-fluorinated anatase TiO$_2$ nanosheets with exposed {001} facets/layered CdS-diethylenetriamine nanobelts. ACS Sustain. Chem. Eng., 6(10): 12817-12826.

Devi L G, Kumar S G, 2011. Strategies developed on the modification of titania for visible light response with enhanced interfacial charge transfer process: An overview. Cent. Eur. J. Chem., 9(6): 959-961.

Du W P, Xu Y M, Wang Y S, 2008. Photoinduced degradation of orange II on different iron (hydr)oxides in aqueous suspension: Rate enhancement on addition of hydrogen peroxide, silver nitrate, and sodium fluoride. Langmuir, 24(1): 175-181.

Duan Y Y, Liang L, Lv K L, et a., 2018. TiO$_2$ faceted nanocrystals on the nanofibers: Homojunction TiO$_2$ based Z-scheme photocatalyst for air purification. Appl. Surf. Sci., 456: 817-826.

Fang W Q, Huo Z Y, Liu P R, et al., 2014. Fluorine-doped porous single-crystal rutile TiO$_2$ nanorods for enhancing photoelectrochemical water splitting. Chem. Eur. J., 20(36): 11439-11444.

Fang W Z, Khrouz L, Zhou Y, et al., 2017. Reduced {001}-TiO$_{2-x}$ photocatalysts: Noble-metal-free CO$_2$ photoreduction for selective CH$_4$ evolution. Phys. Chem. Chem. Phys., 2017, 19(21): 13875-13881.

Giannakas A, Bairamis F, Papakostas I, et al., 2018. Evaluation of TiO$_2$/V$_2$O$_5$ and N, F-doped-TiO$_2$/V$_2$O$_5$ nanocomposite photocatalysts toward reduction of Cr(VI) and oxidation reactions by (rad)OH radicals. J. Ind. Eng. Chem., 65:

370-379.

Han X G, Kuang Q, Jin M S, et al., 2009. Synthesis of titania nanosheets with a high percentage of exposed (001) facets and related photocatalytic properties. J. Am. Chem. Soc., 131(9): 3152-3153.

Ho W K, Yu J C, Lee S C, 2006. Synthesis of hierarchical nanoporous F-doped TiO_2 spheres with visible light photocatalytic activity. Chem. Commun., 10: 1115-1117.

Hu D, Liu C, Li L, et al., 2018. Carbon dioxide reforming of methane over nickel catalysts supported on TiO_2(001) nanosheets. Int. J. Hydrogen Energy, 43: 21345-21354.

Hu X Y, Zhang T C, Jin Z, et al., 2009. Single-crystalline anatase TiO_2 dous assembled micro-sphere and their photocatalytic activity. Cryst. Growth Des., 9(5): 2324-2328.

Hu Z, Li K N, Wu X F, et al., 2019. Dramatic promotion of visible-light photoreactivity of TiO_2 hollow microspheres towards NO oxidation by introduction of oxygen vacancy. Appl. Catal. B., 256: 117860.

Hu Z, Yang C, Lv K L, et al., 2020. Single atomic Au induced dramatic promotion of the photocatalytic activity of TiO_2 hollow microspheres. Chem. Commun., 56(11): 1745-1748.

Huang Z A, Wang Z Y, Lv K L, et al., 2013. Transformation of $TiOF_2$ cube to a hollow nanobox assembly from anatase TiO_2 nanosheets with exposed {001} facets via solvothermal strategy. ACS Appl. Mater. Interfaces, 5(17): 8663-8669.

Huang Z A, Sun Q, Lv K L, et al., 2015. Effect of contact interface between TiO_2 and $g-C_3N_4$ on the photoreactivity of $g-C_3N_4/TiO_2$ photocatalyst: (001) vs (101) facets of TiO_2. Appl. Catal. B, 164: 420-427.

Iervolino G, Vaiano V, Murcia J J, et al., 2016. Photocatalytic hydrogen production from degradation of glucose over fluorinated and platinized TiO_2 catalysts. J. Catal., 339: 47-56.

Janczyk A, Krakowska E, Stochel G, et al., 2006. Singlet oxygen photogeneration at surface modified titanium dioxide. J. Am. Chem. Soc., 128(49): 15574-15575.

Kim H, Choi W, 2007. Effects of surface fluorination of TiO_2 on photocatalytic oxidation of gaseous acetaldehyde. Appl. Catal. B, 69(3-4): 127-132.

Kim H I, Kim K, Park S, et al., 2019. Titanium dioxide surface modified with both palladium and fluoride as an efficient photocatalyst for the degradation of urea. Sep. Purif. Technol., 209: 580-587.

Kim J, Choi W, Park H, 2010. Effects of TiO_2 surface fluorination on photocatalytic degradation of methylene blue and humic acid. Res. Chem. Intermed., 36(2): 127-140.

Kim J, Monllor-Satoca D, Choi W, 2012. Simultaneous production of hydrogen with the degradation of organic pollutants using TiO_2 photocatalyst modified with dual surface components. Energy Environ. Sci., 5(6): 7647-7656.

Kim S, Park H, Choi W, 2004. Comparative study of homogeneous and heterogeneous photocatalytic redox reactions: $PW_{12}O_{40}^{3-}$ vs TiO_2. J. Phys. Chem. B, 108(20): 6402-6411.

Kumar S G, Devi L G, 2011. Review on modified TiO_2 photocatalysis under UV/visible light: Selected results and related mechanisms on interfacial charge carrier transfer dynamics. J. Phys. Chem. A, 115(46): 13211-13241.

Lai Z C, Peng F, Wang Y, et al., 2012. Low temperature solvothermal synthesis of anatase TiO_2 single crystals with wholly {100} and {001} faceted surfaces. J. Mater. Chem., 2012, 22(45): 23906-23912.

Lee J, Choi W, Yoon J, 2005. Photocatalytic degradation of *N*-nitrosodimethylamine: Mechanism, product distribution, and TiO$_2$ surface modification. Environ. Sci. Technol., 39(17): 6800-6807.

Li D, Haneda H, Hishita S, et al., 2005. Visible-light-driven N-F-codoped TiO$_2$ photocatalysts. 1. Synthesis by spray pyrolysis and surface characterization. Chem. Mater., 17(10): 2588-2595.

Li F, Fu Z P, Lu Y L, 2013. Synthesis of TiOF$_2$ ball-flowers and the phase transitions to TiO$_2$. Adv. Mater. Res., 634-638(1): 2297-2300.

Li H M, Zeng Y S, Huang T C, et al., 2012. Hierarchical TiO$_2$ nanospheres with dominant {001} facets: Facile synthesis, growth mechanism, and photocatalytic activity. Chem. Eur. J., 2012, 18(24): 7525-7532.

Li H X, Bian Z F, Zhu J, et al., 2007. Mesoporous titania spheres with tunable chamber stucture and enhanced photocatalytic activity. J. Am. Chem. Soc., 2007, 129(27): 8406-8407.

Li J M, Xu D S, 2010. Tetragonal faceted-nanorods of anatase TiO$_2$ single crystals with a large percentage of active {100} facets. Chem. Commun., 2010, 46(13): 2301-2303.

Li Q, Zhao T T, Li M, et al., 2019. One-step construction of pickering emulsion via commercial TiO$_2$ nanoparticles for photocatalytic dye degradation. Appl. Catal. B, 249(15): 1-8.

Li X, Yu J G, Jaroniec M, 2019. Cocatalysts for selective photoreduction of CO$_2$ into solar fuels. Chem. Rev., 119(6): 3962-4179.

Li Y H, Gu M L, Shi T, et al., 2020. Carbon vacancy in C$_3$N$_4$ nanotube: Electronic structure, photocatalysis mechanism and highly enhanced activity. Appl. Catal. B, 262: 118281.

Li Y H, Wu X F, Duan Y Y, et al., 2022. Oxygen vacancies-induced photoreactivity enhancement of TiO$_2$ mesocrystals towards acetone oxidation. Appl. Surf. Sci., 594: 153519.

Liu G, Yang H G, Wang X W, et al., 2009a. Enhanced photoactivity of oxygen-deficient anatase TiO$_2$ sheets with dominant {001} facets. J. Phys. Chem. C, 113(52): 21784-21788.

Liu G, Yang H G, Wang X W, et al., 2009b. Visible light responsive nitrogen doped anatase TiO$_2$ sheets with dominant {001} facets derived from TiN. J. Am. Chem. Soc., 131(36): 12868-12869.

Liu G, Yang H G, Pan J, et al., 2014. Titanium dioxide crystals with tailored facets. Chem. Rev., 114(19): 9559-9612.

Liu J Y, Liu X J, Li J L, et al., 2014. Enhanced visible light photocatalytic degradation of methyl orange by Bi$_2$O$_3$/F-TiO$_2$ composites. RSC Adv., 4: 38594–38598.

Liu J, Liu J X, Shi F, et al., 2019. F/W co-doped TiO$_2$-SiO$_2$ composite aerogels with improved visible light-driven photocatalytic activity. J. Solid State Chem., 275: 8-15.

Liu M, Piao L Y, Zhao L, et al., 2010. Anatase TiO$_2$ single crystals with exposed {001} and {110} facets: Facile synthesis and enhanced photocatalysi. Chem. Commun., 46(10): 1664-1666.

Liu S W, Yu J G, Jaroniec M, 2010. Tunable photocatalytic selectivity of hollow TiO$_2$ microspheres composed of anatase polyhedra with exposed {001} facets. J. Am. Chem. Soc., 132(34): 11914-11916.

Liu S W, Yu J G, Cheng B, et al., 2012. Fluorinated semiconductor photocatalysts: Tunable synthesis and unique properties. Adv. Colloid Interf. Sci., 173: 35-53.

Liu Y F, Lv Y H, Zhu Y Y, et al., 2014. Fluorine mediated photocatalytic activity of BiPO$_4$. Appl. Catal. B., 147: 851-857.

Liu Y Q, Zhang Y, Wang J, 2014. Mesocrystals as a class of multifunctional materials. CrystEngComm., 16(27): 5948-5967.

Liu Z Y, Sun D D, Guo P, et al., 2007. One-step fabrication and high photocatalytic activity of porous TiO_2 hollow aggregates by using a low-temperature hydrothermal method without templates. Chem. Eur. J., 13(6): 1851-1855.

Lou X W, Archer L A, Yang Z C, 2008. Hollow micro-/nanostructures: Synthesis and applications. Adv. Mater., 20(21): 3987-4019.

Lu Y C, Ou X Y, Wang W G, et al., 2020. Fabrication of TiO_2 nanofiber assembly from nanosheets (TiO_2-NFs-NSs) by electrospinning-hydrothermal method for improved photoreactivity. Chines J. Catal., 41(1): 209-218.

Luan Y B, Jing L Q, Xie Y, et al., 2013. Exceptional photocatalytic activity of (001)-facet-exposed TiO_2 mainly depending on enhanced adsorbed oxygen by residual hydrogen fluoride. ACS Catal., 3(6): 1378-1385.

Luo M, Liu Y, Hu J, et al., 2012. One-pot synthesis of CdS and Ni-doped CdS hollow spheres with enhanced photocatalytic activity and durability. ACS Appl. Mater. Interfaces, 4(3): 1813-1821.

Lv K L, Xu Y M, 2006. Effects of polyoxometalate and fluoride on adsorption and photocatalytic degradation of organic dye X-3B on TiO_2: The difference in the production of reactive species. J. Phys. Chem. B, 110(12): 6204-6212.

Lv K L, Li X F, Deng K J, et al., 2010. Effect of phase structures on the photocatalytic activity of surface fluorinated TiO_2. Appl. Catal. B, 95(3-4): 383-392.

Lv K L, Xiang Q J, Yu J G, 2011a. Effect of calcination temperature on morphology and photocatalytic activity of anatase TiO_2 nanosheets with exposed {001} facets. Appl. Catal. B, 104(3-4): 275-281.

Lv K L, Yu J G, Cui L Z, et al., 2011b. Preparation of thermally stable anatase TiO_2 photocatalyst from $TiOF_2$ precursor and its photocatalytic activity. J. Alloys Compd., 509: 4557-4562.

Lv K L, Guo X J, Wu X F, et al., 2016. Photocatalytic selective oxidation of phenol to produce dihydroxybenzenes in a TiO_2/UV system: Hydroxyl radical versus hole. Appl. Catal. B, 199: 405-411.

Lv Y Y, Yu L H, Huang H Y, et al., 2009. Preparation of F-doped titania nanoparticles with a highly thermally stable anatase phase by alcoholysis of $TiCl_4$. Appl. Surf. Sci., 255: 9548-9552.

Ma J W, Li W, Le N T, et al., 2019. Red-shifted absorptions of cation-defective and surface-functionalized anatase with enhanced photoelectrochemical properties. ACS Omega, 4(6): 10929-10938.

Maurino V, Minero C, Mariella G, et al., 2005. Sustained production of H_2O_2 on irradiated TiO_2 - Fluoride systems. Chem. Commun., 20: 2627-2629.

Mikrut P, Kobielusz M, Macyk W, 2019. Spectroelectrochemical characterization of euhedral anatase TiO_2 crystals-implications for photoelectrochemical and photocatalytic properties of {001} {100} and {101} facets. Electrochim. Acta, 310: 256-265.

Minella M, Faga M G, Maurino V, et al., 2010. Effect of fluorination on the surface properties of titania P25 powder: An FTIR study. Langmuir, 26(4): 2521-2527.

Minero C, Mariella G, Maurino V, et al., 2000a. Photocatalytic transformation of organic compounds in the presence of inorganic ions. 2. Competitive reactions of phenol and alcohols on a titanium dioxide-fluoride system. Langmuir, 16(23): 8964-8972.

Minero C, Mariella G, Maurino V, 2000b. Photocatalytic transformation of organic compounds in the presence of inorganic anions. 1. Hydroxyl-mediated and direct electron-transfer reactions of phenol on a titanium dioxide -fluoride system. Langmuir, 16(6): 2632-2641.

Montoya J F, Salvador P, 2010. The influence of surface fluorination in the photocatalytic behaviour of TiO_2 aqueous dispersions: An analysis in the light of the direct-indirect kinetic model. Appl. Catal. B, 94(1-2): 97-107.

Mrowetz M, Selli E, 2005. Enhanced photocatalytic formation of hydroxyl radicals on fluorinated TiO_2. Phys. Chem. Chem. Phys., 7(6): 1100-1102.

Padmanabhan S C, Pillai S C, Colreavy J, et al., 2007. A simple sol-gel processing for the development of high-temperature stable photoactive anatase titania. Chem. Mater., 19(18): 4474-4481.

Pan J H, Wang X Z, Huang Q Z, et al., 2014. Large-scale synthesis of urchin-like mesoporous TiO_2 hollow spheres by targeted etching and their photoelectrochemical properties. Adv. Funct. Mater., 24(1): 95-104.

Pan L, Zou J J, Wang S B, et al., 2013. Quantum dot self-decorated TiO_2 nanosheets. Chem. Commun., 49(59): 6593-6595.

Panahian Y, Arsalani N, 2017. Synthesis of hedgehog-like F-TiO_2(B)/CNT nanocomposites for sonophotocatalytic and photocatalytic degradation of malachite green (MG) under visible light: Kinetic study. J. Phys. Chem. A, 121(30): 5614-5624.

Park H, Choi W, 2004. Effects of TiO_2 surface fluorination on photocatalytic reactions and photoelectrochemical behaviors. J. Phys. Chem. B, 108(13): 4086-4093.

Park H, Choi W, 2005. Photocatalytic conversion of benzene to phenol using modified TiO_2 and polyoxometalates. Catal. Today, 101(3-4): 291-297.

Park J S, Choi W, 2004. Enhanced remote photocatalytic oxidation on surface-fluorinated TiO_2. Langmuir, 20(26): 11523-11527.

Periyat P, McCormack D E, Hinder S J, et al., 2009. One-pot synthesis of anionic (nitrogen) and cationic (sulfur) codoped high-temperature stable, visible light active, anatase Photocatalysts. J. Phys. Chem. C, 2009, 113(8): 3246-3253.

Razali M H, Mohd Noor A F, Yusoff M, 2017. Hydrothermal synthesis and characterization of Cu^{2+}/F^- co-doped titanium dioxide (TiO_2) nanotubes as photocatalyst for methyl orange degradation. Sci. Adv. Mater., 9: 1-10.

Ruan L Y, Wang X W, Wang T Y, et al. 2019. Surface defect-controlled growth and high photocatalytic H_2 production efficiency of anatase TiO_2 nanosheets. ACS Appl. Mater. Interfaces, 11(40): 37256-37262.

Shevlin S A, Guo Z X, 2016. Anionic dopants for improved optical absorption and enhanced photocatalytic hydrogen production in graphitic carbon nitride. Chem. Mater., 28(20): 7250-7256.

Shi R, Huang G L, Lin J, et al., 2009. Photocatalytic activity enhancement for Bi_2WO_6 by fluorine substitution. J. Phys. Chem. C, 113(45): 19633-19638.

Shi T, Duan Y Y, Lv K L, et al., 2018. Photocatalytic oxidation of acetone over high thermally stable TiO_2 nanosheets with exposed (001) facets. Front. Chem., 6: 175.

Sun S D, Yu X J, Yang Q, et al., 2019. Mesocrystals for photocatalysis: a comprehensive review on synthesis engineering and functional modifications. Nanoscale Adv., 1: 34-63.

Tosoni S, Lamiel-Garcia O, Hevia D F, et al., 2012. Electronic structure of F-doped bulk rutile, anatase, and brookite polymorphs of TiO$_2$. J. Phys. Chem. C, 116(23): 12738-12746.

Vione D, Minero C, Maurino V, et al., 2005. Degradation of phenol and benzoic acid in the presence of a TiO$_2$-based heterogeneous photocatalyst. Appl. Catal. B, 58(1-2): 79-88.

Vohra M S, Kim S, Choi W, 2003. Effects of surface fluorination of TiO$_2$ on the photocatalytic degradation of tetramethylammonium. J. Photochem. Photobiol. A, 160(1-2): 55-60.

Wang J G, Zhang P, Li X, et al., 2013. Synchronical pollutant degradation and H$_2$ production on a Ti^{3+}-doped TiO$_2$ visible photocatalyst with dominant (001) facets. Appl. Catal. B, 134-135: 198-204.

Wang J S, Yin S, Zhang Q W, et al., 2004. Influences of the factors on photocatalysis of fluorine-doped SrTiO$_3$ made by mechanochemical method. Solid State Ionics, 172(1-4): 191-195.

Wang N, Chen Z F, Zhu L H, et al., 2007. Synergistic effects of cupric and fluoride ions on photocatalytic degradation of phenol. J. Photochem. Photobiol. A, 191(2-3): 193-200.

Wang Q, Chen C C, Zhao D, et al., 2008. Change of adsorption modes of dyes on fluorinated TiO$_2$ and its effect on photocatalytic degradation of dyes under visible irradiation. Langmuir, 24(14): 7338-7345.

Wang W, Lu C H, Ni Y R, et al., 2012. Enhanced visible-light photoactivity of {001} facets dominated TiO$_2$ nanosheets with even distributed bulk oxygen vacancy and Ti^{3+}. Catal. Commun., 22: 19-23.

Wang W, Lu C H, Ni Y R, et al., 2013. Crystal facet growth behavior and thermal stability of {001} faceted anatase TiO$_2$: Mechanistic role of gaseous HF and visible-light photocatalytic activity. CrystEngComm, 15(13): 2537-2543.

Wang W, Lai M, Fang J J, et al., 2018. Au and Pt selectively deposited on {001}-faceted TiO$_2$ toward SPR enhanced photocatalytic Cr(VI) reduction: the influence of excitation wavelength. Appl. Surf. Sci., 439: 430-438.

Wen C Z, Hu Q H, Guo Y N, et al., 2011a. From titanium oxydifluoride (TiOF$_2$) to titania (TiO$_2$): Phase transition and non-metal doping with enhanced photocatalytic hydrogen (H$_2$) evolution properties. Chem. Commun., 47(21): 6138-6140.

Wen C Z, Zhou J Z, Jiang H B, et al., 2011b. Synthesis of micro-sized titanium dioxide nanosheets wholly exposed with high-energy (001) and (100) facets. Chem. Commun., 47(15): 4400-4402.

Wu B H, Guo C Y, Zheng N F, et al., 2008. Nonaqueous production of nanostructured anatase with high-energy facets. J. Am. Chem. Soc., 130(51): 17563-17567.

Wu T, Chen C L, Wei Y L, et al., 2019. Fluorine and tin co-doping synergistically improves the photoelectrochemical water oxidation performance of TiO$_2$ nanorod arrays by enhancing the ultraviolet light conversion efficiency. Dalton Trans., 48(32): 12096-12104.

Xia Y, Li Q, Lv K L, et al., 2017. Heterojunction construction between TiO$_2$ hollowsphere and ZnIn$_2$S$_4$ flower for photocatalysis application. Appl. Surf. Sci., 398: 81-88.

Xiang Q J, Lv K L, Yu J G, et al., 2010. Pivotal role of fluorine in enhanced photocatalytic activity of anatase TiO$_2$ nanosheets with dominant(001)facets for the photocatalytic degradation of acetone in air. Appl. Catal. B, 96(3-4): 557-564.

Xiang Q J, Yu J G, Jaroniec M, 2012. Graphene-based semiconductor photocatalysts. Chem. Soc. Rev., 41(2): 782-796.

Xie S F, Han X G, Kuang Q, et al., 2011. Solid state precursor strategy for synthesizing hollow TiO_2 boxes with a high percentage of reactive {001} facets exposed. Chem. Commun., 47(23): 6722-6724.

Xing M Y, Qi D Y, Zhang J L, 2012. Super-hydrophobic fluorination mesoporous MCF/TiO_2 composite as a high-performance photocatalyst. J. Catal., 294: 37-46.

Xing M Y, Zhou Y, Dong C Y, et al., 2018. Modulation of the reduction potential of TiO_{2-x} by fluorination for efficient and selective CH_4 generation from CO_2 photoreduction. Nano Lett., 18(6): 3384-3390.

Xu Y M, Langford C H, 2001. UV- or visible-light-induced degradation of X-3B on TiO_2 nanoparticles: The influence of adsorption. Langmuir, 17(3): 897-902.

Xu Y M, Lv K L, Xiong Z G, et al., 2007. Rate enhancement and rate inhibition of phenol degradation over irradiated anatase and rutile TiO_2 on the addition of NaF: New insight into the mechanism. J. Phys. Chem. C, 111(51): 19024-19032.

Xue X J, Sun Q, Wang Y, et al., 2010. Effect of fluoride ions on the selective photocatalytic oxidation of cyclohexane over TiO_2. Acta Chim. Sinica, 2010, 68(6): 471-475.

Yang B, Lv K L, Li Q, et al., 2019. Photosensitization of $Bi_2O_2CO_3$ nanoplates with amorphous Bi_2S_3 to improve the visible photoreactivity towards NO oxidation. Appl. Surf. Sci., 495(30): 143561.

Yang C, Li Q, Xia Y, et al., 2019. Enhanced visible-light photocatalytic CO_2 reduction performance of $ZnIn_2S_4$ microspheres by using CeO_2 as cocatalyst. Appl. Surf. Sci., 464: 388-395.

Yang H G, Zeng H C, 2004. Preparation of hollow anatase TiO_2 nanospheres via Ostwald ripening. J. Phys. Chem. B, 2004, 108(11): 3492-3495.

Yang H G, Sun C H, Qiao S Z, et al., 2008. Anatase TiO_2 single crystals with a large percentage of reactive facets. Nature, 453(7195): 638-641.

Yang R W, Cai J H, Lv K L, et al., 2017. Fabrication of TiO_2 hollow microspheres assembly from nanosheets (TiO_2-HMSs-NSs) with enhanced photoelectric conversion efficiency in DSSCs and photocatalytic activity. Appl. Catal. B, 210: 184-193.

Yang X H, Yang H G, Li C Z, 2011a. Controllable nanocarving of anatase TiO_2 single crystals with reactive {001} facets. Chem. Eur. J., 17(24): 6615-6619.

Yang X H, Li Z, Sun C H, et al., 2011b. Hydrothermal stability of {001} faceted anatase TiO_2. Chem. Mater., 23(15): 3486-3494.

Yang Z L, Lu J, Ye W C, et al., 2017. Preparation of Pt/TiO_2 hollow nanofibers with highly visible light photocatalytic activity. Appl. Surf. Sci., 392: 472-480.

Ye H P, Lu S M, 2013. Photocatalytic selective oxidation of phenol in suspensions of titanium dioxide with exposed {001} facets. Appl. Surf. Sci., 2013, 277: 94-99.

Ye J F, Liu W, Cai J G, et al., 2011. Nanoporous anatase TiO_2 mesocrystals: Additive-free synthesis, remarkable crystalline-phase stability, and improved lithium insertion behavior. J. Am. Chem. Soc., 133(4): 933-940.

Yu H, Tian B Z, Zhang J L, 2011. Layered TiO_2 composed of anatase nanosheets with exposed {001} facets: Facile synthesis and enhanced photocatalytic activity. Chem. Eur. J., 17(20): 5499-5502.

Yu J C, Yu J G, Ho W K, et al., 2002. Effects of F⁻ doping on the photocatalytic activity and microstructures of nanocrystalline TiO₂ powders. Chem. Mater., 14(9): 3808-3816.

Yu J C, Ho W K, Yu J G, et al., 2003. Effects of trifluoroacetic acid modification on the surface microstructures and photocatalytic activity of mesoporous TiO₂ thin films. Langmuir, 19(6): 3889-3896.

Yu J G, Guo H T, Davis S, et al., 2006. Fabrication of hollow inorganic microspheres by chemically induced self-transformation. Adv. Funct. Mater., 16(15): 2035-2041.

Yu J G, Liu S W, Yu H G, 2007. Microstructures and photoactivity of mesoporous anatase hollow microspheres fabricated by fluoride-mediated self-transformation. J. Catal., 249(1): 59-66.

Yu J G, Fan J J, Lv K L, 2010. Anatase TiO₂ nanosheets with exposed (001) facets: Improved photoelectric conversion efficiency in dye-sensitized solar cells. Nanoscale, 2(10): 2144-2149.

Yu J G, Dai G P, Xiang Q J, et al., 2011. Fabrication and enhanced visible-light photocatalytic activity of carbon self-doped TiO₂ sheets with exposed {001} facets. J. Mater. Chem., 21(4): 1049-1057.

Yu J G, Low J X, Xiao W, et al., 2014. Enhanced photocatalytic CO₂-Reduction activity of anatase TiO₂ by coexposed {001} and {101} facets. J. Am. Chem. Soc., 136(24): 8839-8842.

Zhang H, Cai J M, Wang Y T, et al., 2018. Insights into the effects of surface/bulk defects on photocatalytic hydrogen evolution over TiO₂ with exposed {001} facets. Appl. Catal. B, 220: 126-136.

Zhang H M, Han Y H, Liu X L, et al., 2010. Anatase TiO₂ microspheres with exposed mirror-like plane {001} facets for high performance dye-sensitized solar cells (DSSCs). Chem. Commun., 46(44): 8395-8397.

Zhang H M, Wang Y, Liu P R, et al., 2011. Anatase TiO₂ crystal facet growth: Mechanistic role of hydrofluoric acid and photoelectrocatalytic activity. ACS Appl. Mater. Interfaces, 3(7): 2472-2478.

Zhang H R, Miao G S, Ma X P, et al., 2014. Enhanced chlorine sensing performance of the sensor based NAISCON and Cr-series spinel-type oxide electrode with aging treatment. Mater. Res. Bull., 55: 26-32.

Zhang L, Yang C, Lv K L, et a., 2019. SPR effect of bismuth enhanced visible photoreactivity of Bi_2WO_6 for NO abatement. Chinese J. Catal., 40(5): 755-764.

Zhang L W, Fu H B, Zhu Y F, 2018. Efficient TiO₂ photocatalysts from surface hybridization of TiO₂ particles with graphite-like carbon. Adv. Funct. Mater., 18(15): 2180-2189.

Zhang Y, Zhao Z Y, Chen J R, et al., 2015. C-doped hollow TiO₂ spheres: *In situ* synthesis, controlled shell thickness, and superior visible-light photocatalytic activity. Appl. Catal. B, 165: 715-722.

Zhang Y F, Shen H Y, Liu Y H, 2016. Construction and practice of remote experimental platform of rock mechanics. J. Nanopart. Res., 35(5): 60-263.

Zhao X, Du Y T, Zhang C J, et al., 2018. Enhanced visible photocatalytic activity of TiO₂ hollow boxes modified by methionine for RhB degradation and NO oxidation. Chinese J. Catal., 39(4): 736-746.

Zhao Y B, Zhang Y F, Liu H W, et al., 2014. Control of exposed facet and morphology of anatase crystals through TiO_xF_y precursor synthesis and impact of the facet on crystal phase transition. Chem. Mater., 26(2): 1014-1018.

Zheng Y, Cai J H, Lv K L, et al., 2014. Hydrogen peroxide assisted rapid synthesis of TiO₂ hollow microspheres with enhanced photocatalytic activity. Appl. Catal. B, 147: 789-795.

Zhou L, Smyth-Boyle D, O'Brien P, 2007. Uniform NH_4TiOF_3 mesocrystals prepared by an ambient temperature self-assembly process and their topotaxial conversion to anatase. Chem. Commun., 2: 144.

Zhou L, Smyth-Boyle D, O'Brien P, 2008. A facile synthesis of uniform NH_4TiOF_3 mesocrystals and their conversion to TiO_2 mesocrystals. J. Am. Chem. Soc., 2008, 130(4): 1309-1320.

第3章 TiO$_2$氟效应及其光催化活性增强机制

3.1 相结构对 TiO$_2$ 表面氟效应的影响研究

3.1.1 引言

许多研究表明，有机污染物的光催化降解效率是 TiO$_2$ 物理参数的一个函数。这些物理参数包括 TiO$_2$ 的晶型、晶化程度、颗粒尺寸和比表面积等 (Hoffmann M R et al., 1995；Park H and Choi W, 2004)。有研究发现，在 TiO$_2$ 的酸性溶液中添加少量的 NaF(溶液最佳 pH 为 3)，就可以使有机污染物的降解得以大大加快(Chen Y M et al., 2009；Park H and Choi W, 2004；Lv K L and Lu C S, 2008)。Minero C 等(2000a、b)把 NaF 促进有机污染物降解的作用归因于体系游离羟基自由基($\cdot OH_{游离}$)的生成。因为在酸性溶液中，氟离子通过离子交换作用而取代 TiO$_2$ 表面的氢氧根[式(3-1)]，生成表面钛氟物种($\equiv$Ti—F)。光生空穴因为没有表面氢氧根可以氧化，而只能氧化催化剂表面的溶剂水，产生羟基自由基。这时候的羟基自由基并没有被束缚在催化剂表面，可以在溶液中游离扩散[式(3-2)]。因此，有机污染物在表面氟化的 TiO$_2$(F-TiO$_2$)体系中的降解速率得到明显提升(Minero C et al., 2000a、b)。后来，Mrowetz M 和 Seli E(2005)用电子自旋共振(electron spin resonance，ESR)技术(DMPO 作为羟基自由基的俘获剂)证实 TiO$_2$ 的表面氟化使体系羟基自由基的浓度得以大幅度增加。有意思的是，Choi 课题组发现了 F-TiO$_2$ 光催化体系具有远程光催化降解硬脂酸(Park J S and Choi W, 2004)和气相甲醛(Kim H and Choi W, 2007)的能力。他们把 F-TiO$_2$ 的远程光催化能力归因于游离羟基自由基在空气中的扩散。

$$\equiv\text{Ti—OH} + \text{F}^- \longrightarrow \equiv\text{Ti—F} + \text{OH}^- \qquad pK_a=6.3 \qquad (3\text{-}1)$$

$$\equiv\text{Ti—F} + \text{H}_2\text{O} + h^+_{VB} \longrightarrow \equiv\text{Ti—F} + \cdot\text{OH}_{游离} + \text{H}^+ \qquad (3\text{-}2)$$

$$\equiv\text{Ti—F} + h^+_{VB} + {}^3\text{O}_2 + e^- \longrightarrow \equiv\text{Ti—F} + {}^1\text{O}_2 \qquad (3\text{-}3)$$

虽然目前普遍认为，氟离子取代 TiO_2 表面的氢氧根而导致体系游离羟基自由基的产生，是 $F-TiO_2$ 光催化活性大大增强的主要原因。但是，关于氟修饰的机理尚不清楚(Cheng X F et al., 2008; Park H and Choi W, 2004; Xu Y M et al., 2007; Park J S and Choi W, 2004)。Park H 和 Choi W(2004)的研究发现，表面氟化导致 TiO_2/Ti 复合电极的短路光电流密度显著减小。因此，他们认为 TiO_2 表面吸附的氟离子因为其极强的电负性而具有良好的拉电子效应。氟离子的这种拉电子效应可以有效抑制光生电子和空穴的复合，从而使 TiO_2 的光催化活性得以提高。但是，后来 Cheng X F 等(2008)的研究发现，表面氟化导致 TiO_2/Ti 复合电极光生电流增加。他们把 $F-TiO_2$ 光活性的增强归因于氟离子修饰导致的平带电位负移、表面复合中心数量减少以及载流子传输速率的增加。Maurino V 等(2005)的研究发现，表面氟化导致 TiO_2 溶液中的 H_2O_2 浓度显著增加(H_2O_2 来源于 O_2 接受导带光生电子被还原)。他们认为，氟离子和超氧物种在 TiO_2 表面竞争吸附位，导致 H_2O_2 的分解反应受到抑制，从而引起体系产生高浓度的 H_2O_2。最近，Janczyk A 等(2006)在 $F-TiO_2$ 体系中检测到单线态氧($^1O_2$)，被认为是导致三聚氰酸快速降解的活性氧物种[式(3-3)]。

但是，TiO_2 相结构(特别是锐钛矿和金红石混晶 TiO_2)对表面氟效应的影响还没有系统的研究。考虑到晶型、晶化程度、颗粒尺寸、比表面积等都是影响 TiO_2 光催化活性的重要因素，因此在研究晶型对氟效应的影响时，需要尽可能保证这些催化剂的晶粒尺寸和比表面积基本相同。

TiO_2 晶相的选择性合成引起了国内外学者的浓厚兴趣(Yan M C et al., 2005; Cheng H et al., 1995)。以三嵌段共聚物为结构导向剂，$TiCl_4$ 为钛源，Luo H 等(2003)通过调节溶剂的方式，成功合成了具有介孔结构的锐钛矿-金红石两相混晶，以及锐钛矿-金红石-板钛矿三相混晶 TiO_2 纳米晶。采用微乳液法，Wu M M 等(1999)发现通过 HNO_3 浓度的调节，可以成功调控锐钛矿-金红石混晶 TiO_2 纳米晶。同样利用微乳液法，Yan M C 等(2005)通过调节 $Ti(SO_4)_2$ 和 $TiCl_4$ 的相对比例，成功得到了较大比表面积的锐钛矿-金红石混晶 TiO_2 纳米晶。但是这些方法都具有一个共同的特点，那就是在催化剂的制备过程中使用了有机溶剂或表面活性剂。这导致催化剂制备成本增加，且不利于环保。

在本节中，通过调节 $Ti(SO_4)_2$ 和 $TiCl_4$ 相对比例的方式，用水热法调控合成了具有基本相同比表面积和晶粒尺寸的锐钛矿-金红石混晶 TiO_2 纳米晶(Lv K L et al., 2010a)。该合成方法没有使用到任何有机溶剂或表面活性剂，因而有利于环境保护。随后在 pH 3.0 的溶液中，以染料活性艳红 X-3B 为模型污染物(图 3-1)，考察了 TiO_2 相结构对其表面氟效应的影响。

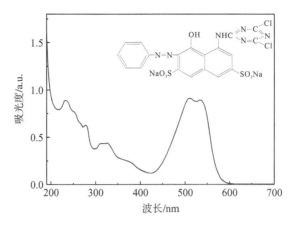

图 3-1 X-3B 的结构与吸收光谱

3.1.2 催化剂制备

首先，配制 1.0mol/L 的 $Ti(SO_4)_2$ 和 1.0 mol/L 的 $TiCl_4$ 溶液。然后，将不同体积比的 $Ti(SO_4)_2$ 和 $TiCl_4$ 溶液进行混合（保持溶液总体积为 50mL），通过水热合成法，调控合成具有不同晶相比例的 TiO_2 样品。比如，先将 2.5mL 的 $Ti(SO_4)_2$ 溶液和 47.5mL 的 $TiCl_4$ 溶液进行混合。该混合液中，阴离子 SO_4^{2-} 的摩尔分数用 $n_{SO_4^{2-}}/(n_{SO_4^{2-}}+n_{Cl^-})\times 100\%$ 计算，为 2.56%。然后在磁力搅拌作用下将上述混合溶液缓慢滴加到 30.0mL（浓度为 1.5mol/L）的 NaOH 溶液中。将所得含有白色胶状沉淀的溶液，全部转移到 100mL 的聚四氟乙烯水热釜中，于 250℃下水热反应 24h。冷却后，进行微孔滤膜过滤（滤膜孔径为 0.45μm）、洗涤。直到滤液检测不到 SO_4^{2-} 和 Cl^- 为止（用质量分数为 0.1%的 $BaCl_2$ 和 $AgNO_3$ 溶液进行检测）。最后，将滤饼于 500℃煅烧 3h，即得到所需要的催化剂。

用以上方法，通过改变 $Ti(SO_4)_2$ 和 TiC_4 溶液的相对体积比，调节 SO_4^{2-} 的摩尔分数，制备得到一系列 TiO_2 光催化剂。

3.1.3 催化剂表征

TiO_2 样品的相结构用 D8 型 X 射线粉末多晶衍射仪（德国 Bruker）进行测定。使用 Cu 的 Kα 射线源，扫描速度为 0.02°/s，加速电压和电流分别为 200kV 和 20mA，催化剂的晶粒尺寸用谢乐（Scherrer）公式计算（Yu J G et al., 2009a、2006）。样品的比表面积用美国产的 Micromeritic ASAP 2020 型氮吸附-脱附仪测定。在进行氮吸附-脱附等温曲线测试前，所有样品均先在 180℃下进行脱气处理。用美国产的 Tecnai G20 型透射电子显微镜进行样品形貌观测，加速电压为 200kV。催化剂表面元素组成采用 Multilab 2000 型 X 射线光电子能谱(XPS)进行测定。测试时使用 Mg 的 Kα 射线源，并用表面残留碳的 1s 峰位(284.4 eV)对仪器进行结合能校正。样品的紫外-可见漫反射光谱(ultraviolet-visible diffuse reflection spectrum, UV-Vis DRS)采用压片法测定，使用的仪器为日本产的 Shimadzu UV-2550 型紫外-可见漫反射光谱仪。测试时，用 $BaSO_4$ 做空白校正。TiO_2 薄膜的光电流用国产 CHI660 型电化学工作站测定，激发光源为 300W 的 PLS-SXE-300 型氙灯光源(Zhou M H et al., 2009)。使用标准三电极系统(工作电极为用刮刀法制备的 ITO[①]/TiO_2 复合电极、对电极为 Pt 电极，参比电极为 Ag/AgCl 电极)。测试的电解质为 1.0 mol/L 的 KOH 溶液。

吸附实验：本节选择阴离子染料——活性艳红为模型污染物(X-3B)，其分子结构和吸收光谱见图 3-1。在 pH 3.0 的溶液中，将 50.0mL 起始浓度为 C_0 的底物(X-3B 或 NaF)和 50.0mg 的 TiO_2 混合后，超声处理 5min。振荡过夜后，进行膜过滤(孔径 0.45μm)，得到底物吸附平衡后的浓度 C_2^b。X-3B 浓度用紫外-可见漫反射光谱测定(最大吸收波长 510nm)，氟离子浓度在 pHS-3C 型 pH 计上用氟离子选择性电极进行测定。单位催化剂(g)表面底物的吸附量(n_2^s)，用吸附前后溶液中底物的浓度之差($C_0-C_2^b$)除以催化剂 TiO_2 质量计算得到(Lv K L and Xu Y M, 2006)。

光催化降解：实验采用的光源为上海亚明公司生产的 375W 高压汞灯(主要发射波长为 365nm)。在该灯管外面套有玻璃夹套，内通冷却水给灯管降温。光照时，玻璃反应器磁力搅拌开动，并保持反应器与灯管的距离为 10cm (Lv K L and Xu Y M, 2006)。反应液用 $HClO_4$ 或 NaOH 溶液调节到 pH=3.0，其中 TiO_2 的浓度为 1.0g/L，X-3B 浓度为 1×10^{-4} mol/L(如果进行表面氟化，则另外加入 NaF 溶液，保持氟离子浓度为 1.0mmol/L)。在进行光催化反应前，将上述配置好的溶液进行超声处理 5min，然后在暗室中恒温振荡过夜。文献报道(Minero C et al., 2000a)，ClO_4^- 在 TiO_2 表面的吸附很弱，且对光催化过程没有什么影响。在光催化反应过程中，每隔一段时间进行取样。膜过滤后，溶液中 X-3B 的浓度用 Agilent 8451 型紫外-可见漫反射光谱仪进行定量分析。

3.1.4 游离羟基自由基的测定

表面氟化 TiO_2(F-TiO_2)体系中产生的游离羟基自由基(•OH_游离)，用香豆素俘获，然后用荧光法定量。这是因为香豆素可以与羟基自由基反应，生成具有荧光性能的 7-羟基香豆素(图 3-2) (Czili H and Horvath, 2008；Guan H M et al., 2008)。溶液配制：pH=3.0 的溶液中，TiO_2 浓度为 1.0g/L，香豆素浓度为 0.5mmol/L，NaF

---

① ITO 指氧化铟锡，Tin Indium Oxide。

浓度为 1.0mmol/L。上述混合溶液超声处理后，于暗室中振荡过夜。光照过程与前面提到的污染物光催化降解类似。其间每隔 2min 取样。滤液用 F-7000 型荧光光谱仪检测（激发波长为 332nm）。

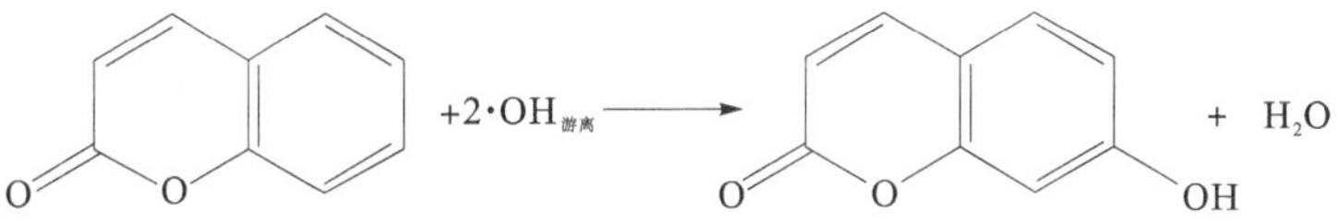

图 3-2 香豆素俘获游离羟基自由基，生成具有荧光性能的 7-羟基香豆素

3.1.5 结果与讨论

3.1.5.1 TiO$_2$ 晶相的调控合成

由 X 射线衍射表征结果，可以确定 TiO$_2$ 的晶相，锐钛矿相与金红石相质量之比以及晶粒尺寸。25.25°(101) 和 27.42°(110) 分别为锐钛矿相和金红石相 TiO$_2$ 的特征衍射峰（Yu J G et al., 2006）。图 3-3 为通过调控硫酸根摩尔分数得到的 TiO$_2$ 样品的 XRD (x-ray diffraction, X 射线衍射) 谱图。锐钛矿的质量分数可以根据锐钛矿 (101) 和金红石 (110) 面特征衍射峰的相对强度，通过式 (3-4) 计算得到（Yu J G et al., 2007a；Yu J G et al., 2006；Zhang J et al., 2006）：

$$W_A = \frac{0.886 I_A}{0.886 I_A + I_R} \tag{3-4}$$

式中，I_A 和 I_R 分别为锐钛矿 (101) 和金红石 (110) 面的衍射峰的强度。为了方便，下面直接用 ATx 代表锐钛矿质量分数为 x% 的 TiO$_2$ 样品。如当硫酸根摩尔分数为 2.56% 时，制备得到的催化剂锐钛矿质量分数为 7.6%（图 3-3）。所以，把该样品标记为 AT7.6。

研究发现，当水热釜溶液中硫酸根摩尔分数为 0%（TiCl$_4$ 水热）和 100%[Ti(SO$_4$)$_2$ 水热] 时，分别得到纯的金红石相 (AT0) 和锐钛矿相 (AT100) TiO$_2$。通过改变硫酸根的摩尔分数，可以得到系列混晶 TiO$_2$。催化剂锐钛矿质量分数与 SO$_4^{2-}$ 摩尔分数之间存在 S 形关系曲线（图 3-4）。有意思的是，当 SO$_4^{2-}$ 摩尔分数在 2.56%～3.09% 时，锐钛矿质量分数与 SO$_4^{2-}$ 摩尔分数之间存在线性关系（图 3-4 内插图）。这与 Yan M C 等 (2005) 的报道结果一致。当 SO$_4^{2-}$ 的摩尔分数小于 2.04% 或大于 3.09% 时，分别只能得到纯的金红石相和纯的锐钛矿相 TiO$_2$。因此，TiO$_2$ 的相组成完全可以通过调节水热溶液中 TiCl$_4$ 和 Ti(SO$_4$)$_2$ 的体积比进行调控。

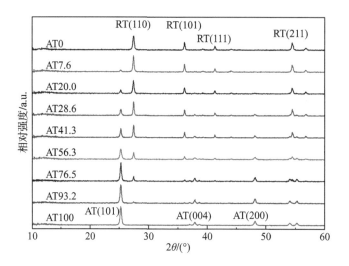

图 3-3 TiO$_2$ 样品的 XRD 谱图

注：相应的硫酸根摩尔分数分别为 0%、2.56%、2.67%、2.77%、2.83%、2.93%、3.04%、3.09%和 100%。

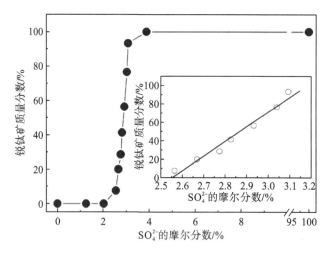

图 3-4 SO$_4^{2-}$ 摩尔分数与所得 TiO$_2$ 样品锐钛矿质量分数之间的关系曲线图

文献报道(Yan M C et al., 2005)，由于吸附在 TiO$_6^{2-}$ 八面体表面的 SO$_4^{2-}$ 的位阻效应，SO$_4^{2-}$ 的添加有利于促进锐钛矿相 TiO$_2$ 的形成。相对而言，吸附的 Cl$^-$由于其位阻很小，而有利于金红石相 TiO$_2$ 的生长(Zhang Q H et al., 2003; Kittaka S et al., 1997)。因此，我们可以通过调节 SO$_4^{2-}$ 和 Cl$^-$的相对浓度，来对 TiO$_2$ 的晶相进行调控。

调控合成的 TiO$_2$ 样品的比表面积、晶粒尺寸和孔容的数据列于表 3-1。从中可以看出，这些催化剂具有基本相同的比表面积和晶粒尺寸。

表 3-1　催化剂的物理性能

样品	SO_4^{2-}的摩尔分数/%	锐钛矿质量分数/%	比表面积/(m^2/g)	孔容/(cm^3/g)	锐钛矿晶粒尺寸/nm	金红石晶粒尺寸/nm
AT0	0	0	30.1	0.43	—	30.8
AT7.6	2.56	7.6	31.2	0.43	—	38.1
AT20.0	2.67	20.0	33.6	0.42	40.0	30.8
AT28.6	2.77	28.6	30.7	0.35	33.3	40.0
AT41.3	2.83	41.3	30.8	0.29	38.1	39.1
AT56.3	2.93	56.3	38.0	0.30	30.7	33.3
AT76.5	3.04	76.5	30.9	0.20	34.8	40.0
AT93.2	3.09	93.2	34.0	0.20	31.6	—
AT100	100	100	35.5	0.21	30.7	—

3.1.5.2　催化剂形貌

透射电镜图像显示,锐钛矿相和金红石相 TiO_2 具有完全不同的形貌(图 3-5)。锐钛矿相 TiO_2(AT100)呈圆形颗粒[图 3-5(e)],粒径范围 30～40nm(与 XRD 计算结果吻合)。但是,金红石相 TiO_2(AT0)为纳米棒状[图 3-5(a)],粒径范围 30～40nm,棒长 300～400nm。高倍透射电镜图像分别显示出 0.35nm 和 0.23nm 的晶格间距,分别对应于锐钛矿相和金红石相 TiO_2 的(101)和(200)晶面的特征间距。随着 SO_4^{2-} 浓度的增加,TiO_2 样品中锐钛矿的晶相比例逐渐增加,催化剂的形貌也逐渐由纳米棒向圆形纳米颗粒转变。图 3-5(c)显示了 AT41.3 样品(SO_4^{2-} 摩尔分数为 2.83%)的透射电镜图像。

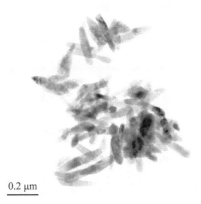

(a)AT0高倍透射电镜图

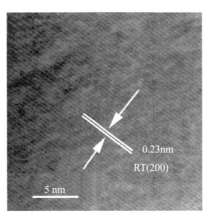

(b)AT0高倍透射电镜图

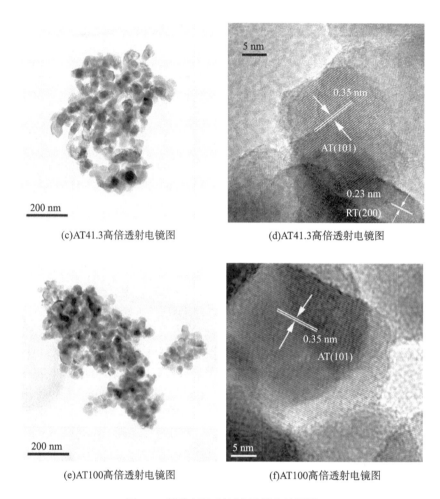

(c)AT41.3高倍透射电镜图　　(d)AT41.3高倍透射电镜图

(e)AT100高倍透射电镜图　　(f)AT100高倍透射电镜图

图3-5　催化剂的(高倍)透射电镜图像

3.1.5.3　样品的XPS分析

为了考察SO_4^{2-}在TiO_2表面的存在形态，对AT0和AT100样品进行了XPS分析(图3-6)。从图3-6中可以看出，AT0样品只检测到Ti、O和C元素，它们的结合能分别为459eV(Ti)、530eV(O)和285eV(C)(Yu J G et al., 2006; Zhou M H and Yu J G, 2008)。C元素来源于样品表面的碳残留或XPS仪器本身的油污染。但是，AT100样品不仅检测到Ti、O和C元素，还检测到S元素(原子百分数为0.8%)的信号。XPS高分辨谱显示S2p的电子结合能为169.0eV，对应于正六价的S(Yu J G et al., 2006; Zhou M H et al., 2006)(图3-6内插图)，说明该S元素来源于吸附在TiO_2表面的SO_4^{2-}(Zhou M H and Yu J G, 2008; Periyat P et al., 2009)。

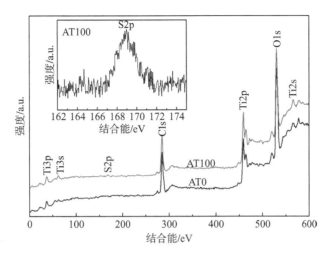

图 3-6 AT0 和 AT100 样品的 XPS 全谱(内插图：AT100 样品的 S2p 高分辨谱)

3.1.5.4 催化剂形貌

图 3-7 为纯锐钛矿相(AT100)和金红石相(AT0)TiO_2 样品的紫外-可见漫反射光谱。AT100 的吸收带边为 390nm，而 AT0 的吸收带边为 415nm。因此，与锐钛矿相 TiO_2 样品 AT100 相比，金红石相 AT0 样品的吸收带边红移了大约 25nm。从样品的吸收带边可以计算出 AT100 和 AT0 催化剂的禁带宽度分别为 3.2eV 和 3.0eV，与文献报道的数值一致。

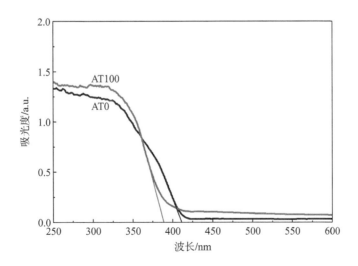

图 3-7 AT0 和 AT100 样品的紫外-可见漫反射光谱

3.1.5.5 光电流密度

通常情况下，光电流密度可以从侧面反映半导体光催化材料载流子的产生和传输能力。图 3-8 显示了 3 个 TiO_2 催化剂（AT0、AT100 和 P25）负载在 ITO 玻璃的薄膜瞬态光电流密度（Park H and Choi W, 2004；Zhou M H et al., 2009）。从该光电流密度的重复响应情况来看，这几个 TiO_2/ITO 复合膜受光激发后，均显示出良好的稳定性。当切断 PLS-SXE-300 型氙灯光源时，光电流很快减小到零。从这三个催化剂光电流密度的响应数值来看，P25 具有最大的光电流密度，大约为 $0.5mA/cm^2$。AT100 的光电流密度（$0.3mA/cm^2$）比 AT0（$0.03mA/cm^2$）的要大很多。TiO_2 的光活性取决于光生载流子的分离效率。因此，可以预测 AT100 和 P25 的光活性要比 AT0 催化剂更强一些。

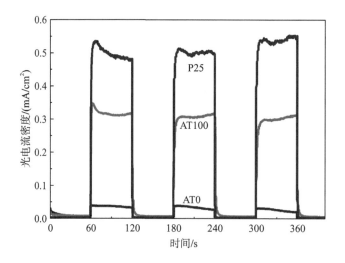

图 3-8　样品 AT0、AT100 和 P25 薄膜的光电流密度

3.1.5.6 氟离子对 X-3B 吸附的影响

我们知道，金属氧化物在水中存在类似于双质子酸的酸碱行为。对 TiO_2 而言，催化剂表面的钛物种存在以下两个酸碱平衡反应[式(3-5)和式(3-6)]（Lv K L and Xu Y M, 2006；Sun Z S et al., 2002）

$$\equiv Ti-OH_2^+ \longrightarrow \equiv Ti-OH + H^+ \quad pK_{a5}=3.9 \quad (3-5)$$

$$\equiv Ti-OH \longrightarrow \equiv Ti-O^- + H^+ \quad pK_{a6}=8.7 \quad (3-6)$$

P25 TiO_2 的等电点 pH（pH_{PZC}）为 6.3。因此在酸性溶液中，TiO_2 表面带有正电荷，这非常有利于阴离子染料在 TiO_2 颗粒表面的吸附。图 3-9 为在 pH=3.0 溶液中，X-3B 在 TiO_2 催化剂表面的吸附等温线。该等温线为朗谬尔（Langmuir）类型

的吸附等温线。因此，这里用 Langmuir 等温方程 $n_2^s/n^s = KC_2^b/(1+KC_2^b)$ 来计算催化剂的最大吸附量(n^s)和吸附常数(K)(Xu Y M and Langford C H, 2001；Lv K L et al., 2010a)。Langmuir 等温方程中，n_2^s 为 X-3B 吸附平衡浓度为 C_2^b 时的吸附量。从 Langmuir 等温方程的直线形式(图 3-10)，可以求得 X-3B 在催化剂表面的最大吸附量(n^s)和吸附常数(K)，相应结果列于表 3-2。从表 3-2 中可以看出，这两个参数均随着锐钛矿含量的增加而增大。也就是说，相对于金红石相而言，锐钛矿相 TiO_2 显示出更强的吸附性能。X-3B 在锐钛矿相 TiO_2 样品(AT100)表面的最大吸附量 $n^s=3.96\times10^{-5}$ mol/g，吸附常数 $K=6.67\times10^4$ mol/L。但是，它在金红石相 TiO_2 样品(AT0)表面的最大吸附量 $n^s=2.07\times10^{-5}$ mol/g，吸附常数 $K=4.51\times10^4$ mol/L。

与 X-3B 不同，氟离子在 TiO_2 表面的吸附是 F^- 与钛物种表面氢氧根(≡Ti—OH)之间的离子交换，进而形成钛氟配合物(≡Ti—F)的过程[式(3-1)]。酸性条件更有利于≡Ti—F 配合物的形成，平衡常数高达 $10^{7.8}$[式(3-7)](Lv K L and Xu Y M, 2006)。

$$\equiv\text{Ti}\!-\!\text{OH}_2^+ + F^- \longrightarrow \equiv\text{Ti}\!-\!F + H_2O \quad pK_{a7}=7.8 \tag{3-7}$$

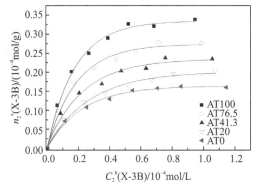

图 3-9 X-3B 在 TiO_2 光催化剂表面的吸附等温线(25℃)

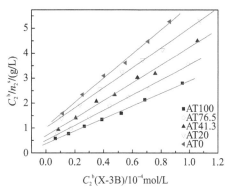

图 3-10 X-3B 在 TiO_2 光催化剂表面的吸附等温线直线形式(pH=3.0)

表 3-2 25℃时 X-3B 和氟离子在 TiO_2 光催化剂表面的吸附常数(pH=3.0)

TiO_2 样品	X-3B		氟离子	
	$n^s/(10^{-5}$ mol/g)	$K/(10^4$ mol/L)	$n^s/(10^{-4}$ mol/g)	$K/(10^4$ mol/L)
AT0	2.07	4.51	0.91	3.58
AT7.6	2.25	3.78	0.98	2.86
AT20.0	2.50	3.90	0.95	2.65
AT28.6	2.61	4.55	0.98	2.35

续表

TiO₂ 样品	X-3B		氟离子	
	$n^s/(10^{-5}\,\text{mol/g})$	$K/(10^4\,\text{mol/L})$	$n^s/(10^{-4}\,\text{mol/g})$	$K/(10^4\,\text{mol/L})$
AT41.3	2.81	5.18	1.03	2.64
AT56.3	3.01	5.58	1.00	2.87
AT76.5	3.28	6.06	0.97	2.08
AT93.2	3.86	6.35	0.99	2.58
AT100	3.96	6.67	1.09	1.95

模型计算结果表明,在 pH=3.0 的酸性环境中,氟修饰 TiO₂ 表面钛的主要存在形式是≡Ti—F(Minero C et al., 2000b)。图 3-11 为氟离子在不同催化剂表面的 Langmuir 吸附等温线。从图 3-12 中可以看出,氟离子在这些催化剂表面的吸附曲线基本相同(表 3-2)。氟离子在这些催化剂表面的最大吸附量均约为 0.10 mmol/L,略小于在 P25 表面的饱和吸附量(0.27 mmol/L)(Lv K L and Xu Y M, 2006),这可能是催化剂的制备方法不同所致。

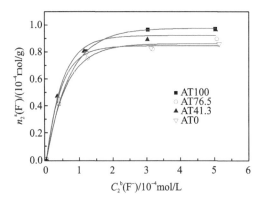
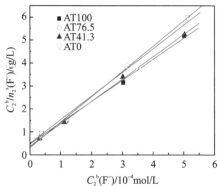

图 3-11 氟离子在 TiO₂ 光催化剂表面的吸附等温线(25℃)　　图 3-12 氟离子在 TiO₂ 光催化剂表面的吸附等温线直线形式(pH=3.0)

图 3-13 为在进行 X-3B 的光催化降解前,氟离子修饰 TiO₂ 对 X-3B 吸附的影响。从图中可以看出:①不管表面氟化与否,X-3B 的吸附量都随着 TiO₂ 样品锐钛矿含量的增加而增加;②表面氟化对 X-3B 在 TiO₂ 表面的吸附有显著的抑制作用。这是因为氟化导致 TiO₂ 表面的正电荷密度减少,不利于 X-3B 的静电吸附[式(3-7)]。既然表面氟化导致 X-3B 的吸附量下降,那么氟离子修饰不利于 X-3B 在 TiO₂ 表面的空穴氧化反应(Minero C et al., 2000b; Lv K L and Xu Y M, 2006)。

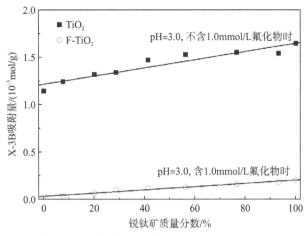

图 3-13 氟离子修饰 TiO_2 对 X-3B 吸附的影响

3.1.5.7 X-3B 的光催化分解

为了研究相结构对 TiO_2 表面氟效应的影响，本节对 X-3B (模型污染物) 在不同锐钛矿相含量的 TiO_2 溶液中的光催化降解进行了研究 (氟化前后对照)。从图 3-14 中可以看出，在未氟化的金红石相和锐钛矿相 TiO_2 溶液中，X-3B 完全降解的时间大约分别为 150min 和 90min。催化剂表面氟化后，X-3B 在锐钛矿相 TiO_2 中的降解显著加快。但是，相同条件下，表面氟化却抑制了 X-3B 在金红石相 TiO_2 中的光催化降解 (图 3-15)。X-3B 的光催化降解曲线满足一级反应动力学方程 $\ln(C/C_0)=k_{app}t$，其中 k_{app} 为表观反应速率常数，C 和 C_0 分别为 X-3B 溶液在光照 $t=0$ 和 t 时刻的浓度。图 3-16 和图 3-17 为氟化前后，X-3B 在不同锐钛矿含量 TiO_2 溶液中的光催化降解速率常数。从图 3-16 中可以看出，表面氟化前，X-3B 的降解随着 TiO_2 锐钛矿含量的增加而逐渐加快。但是，表面氟化对 X-3B 在锐钛矿相和金红石相 TiO_2 中降解的影响完全不同，即氟效应取决于 TiO_2 的晶相组成。表面氟化促进锐钛矿相 TiO_2 的光催化活性，但相同条件下却抑制了金红石相 TiO_2 的光催化活性。氟离子修饰前后，X-3B 在锐钛矿相 TiO_2 催化剂 AT100 表面降解的速率常数分别为 $0.027min^{-1}$ 和 $0.073min^{-1}$ (氟离子修饰后催化剂活性增加到原来的 2.70 倍)。但是，对金红石相 TiO_2 样品 AT0 而言，氟修饰导致活性损失 81.3% (氟离子修饰前后降解速率常数分别为 $0.015min^{-1}$ 和 $0.0028min^{-1}$)。对相组成为 80% 锐钛矿和 20% 金红石的商用 TiO_2 (P25) 而言，氟离子修饰使其反应速率增加到原来的 1.52 倍 (从 $0.04831min^{-1}$ 增加到 $0.07343min^{-1}$)。为了更清楚地表达 TiO_2 相结构与氟效应之间的关系，这里用催化剂氟化后与氟化前 X-3B 降解的速率常数之比 $R=K_F/K_0$ 来表示氟离子修饰效应的大小。从图 3-17 中可以看出：①氟效应随着催化剂锐钛矿含量的增加而增加；②只有当催化剂的锐钛矿含量大于 40% 时，氟离子修饰才显示出明显的正效应 ($R>1$)。

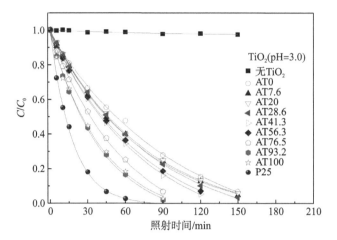

图 3-14　氟离子修饰 X-3B 的光催化降解动力学曲线（氟化前）

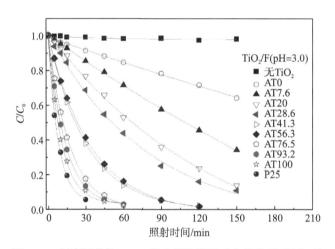

图 3-15　氟离子修饰 X-3B 的光催化降解动力学曲线（氟化后）

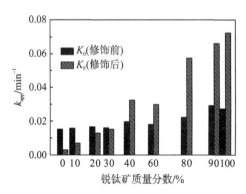

图 3-16　氟离子修饰前后，X-3B 降解速率常数与催化剂锐钛矿质量分数之间的关系

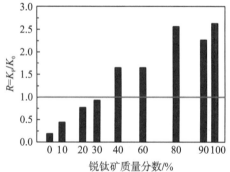

图 3-17　氟离子修饰前后，X-3B 降解速率常数之比与催化剂锐钛矿质量分数之间的关系

3.1.5.8 羟基淬灭与检测

表面氟化导致有机污染物在 TiO_2 表面的吸附减弱,从而不利于有机物的空穴氧化降解。此时,有机污染物主要通过与体系大量的游离羟基自由基($\cdot OH_{游离}$)进行反应而降解矿化(Park H and Choi W, 2004)。为了证实羟基自由基参与了 X-3B 的光催化降解,这里引入了叔丁醇(tert-butyl alcohol, TBA)的羟基淬灭实验。叔丁醇是一种广泛使用的高效羟基淬灭剂,其相应的速率常数 $k_{app}=6\times10^8 min^{-1}$(Lv K L and Xu Y M, 2006)。图 3-18 和图 3-19 显示氟离子修饰前后(pH=3.0),体积分数为 10%的淬灭剂 TBA 分别对 X-3B 在 AT0 和 AT100 表面光催化降解的影响。从中可以看出,在表面氟化的锐钛矿相 AT100 溶液中,TBA 显著淬灭 X-3B 的光催化降解(淬灭前后的速率常数分别为 0.073min^{-1} 和 0.00276min^{-1})。但是在 AT100 表面氟化前,对 X-3B 光催化降解而言,TBA 并没有显示出明显的淬灭作用。这说明,表面氟化前,X-3B 在锐钛矿相 TiO_2 中的降解主要是通过空穴氧化;锐钛矿相 TiO_2 表面氟化后,X-3B 降解的主要活性物种为 $\cdot OH_{游离}$ 和空穴。这与弱吸附的苯酚在表面氟化的 TiO_2 体系中的光催化降解途径基本相同(Minero C et al., 2000b;Xu Y M et al., 2007)。对于金红石相 TiO_2,不管表面氟化与否,TBA 均没有显示出对 X-3B 降解显著的淬灭作用。对于表面氟化的 AT0(金红石相 TiO_2),TBA 加入前后,X-3B 的光催化降解速率常数分别为 0.00280min^{-1} 和 0.00256min^{-1}。这说明,与锐钛矿相 TiO_2 不同,金红石相 TiO_2 的表面氟化并不能增加体系 $\cdot OH_{游离}$ 的浓度,来促进 X-3B 的光催化降解。该实验结果与后面体系 $\cdot OH_{游离}$ 的检测结果一致($\cdot OH_{游离}$ 的检测采用香豆素为荧光探针分子,图 3-2)。相关内容,将在后面进行更加深入的讨论。

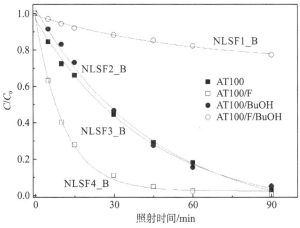

图 3-18 氟离子修饰前后,叔丁醇(体积分数为 10%)的羟基淬灭对 X-3B 在锐钛矿相(AT100)TiO_2 溶液中光催化降解的影响

值得一提的是，TBA 不仅没有抑制，反而略微促进了 X-3B 在 AT0 中的光催化降解(图 3-19)。通过表征分析结果认为，这可能是由于有机溶剂 TBA 的加入，加快了 X-3B 降解中间产物从催化剂表面脱附，使催化剂的表面吸附位得到更有效的利用，进而加快了 X-3B 的光催化降解。

最近，一些本身没有荧光或荧光很弱的分子如羟基苯甲酸(Ishibashi K et al., 2000; Xiao Q et al., 2008)和香豆素(Czili H and Horvath A, 2008；Guan H M et al., 2008；Ishibashi K et al., 2000)，被用来作为俘获羟基自由基的荧光试剂。因为它们可以与溶液中的 •OH$_{游离}$ 反应，生成具有强荧光性能的分子。这里，选用香豆素作为探针分子，用来俘获 F-TiO$_2$ 体系(AT0、AT100 和 P25)中的 •OH$_{游离}$ (溶液 pH=3.0)。图 3-20 和图 3-21 分别为在表面氟化的 AT0 和 AT100 体系中，不同光照时间检测到的荧光光谱。从中可以看出，于 450nm 处的特征荧光峰强度(来源于 7-羟基香豆素)随着光照时间的延长而增加。相对于 AT0 而言，AT100 体系的荧光信号变化更为显著。图 3-22 给出了 7-羟基香豆素 450nm 处的荧光强度与光照时间的关系曲线。从中可以看出，荧光强度与光照时间呈现线性关系，即荧光分子的生成符合零级动力学。该拟合直线的斜率，反映体系 •OH$_{游离}$ 的相对生成速率。AT0、AT100 和 P25 体系的直线斜率分别为 2.996、54.14 和 122.1。空白实验(没有 TiO$_2$ 催化剂)得到的直线斜率仅为 0.5891。这说明表面氟化的 AT0 催化体系几乎没有 •OH$_{游离}$ 产生，与前面的羟基淬灭实验结果一致(图 3-19)。这可能是由金红石相 TiO$_2$ 的光生载流子复合较快(见图 3-8 的光电流密度表征结果)，空穴没有足够的时间氧化溶剂水产生 •OH$_{游离}$ 所致。

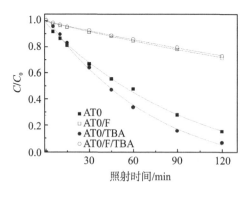

图 3-19 氟离子修饰前后，叔丁醇(体积分数为 10%)的羟基淬灭对金红石相(AT0)TiO$_2$ 溶液中光催化降解的影响

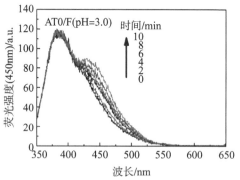

图 3-20 香豆素在 AT0 液中的荧光光谱随光照时间的变化图

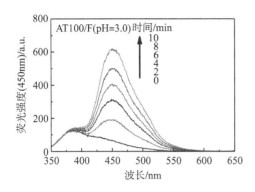

图 3-21 香豆素在 AT100 溶液中的荧光光谱随光照时间的变化图

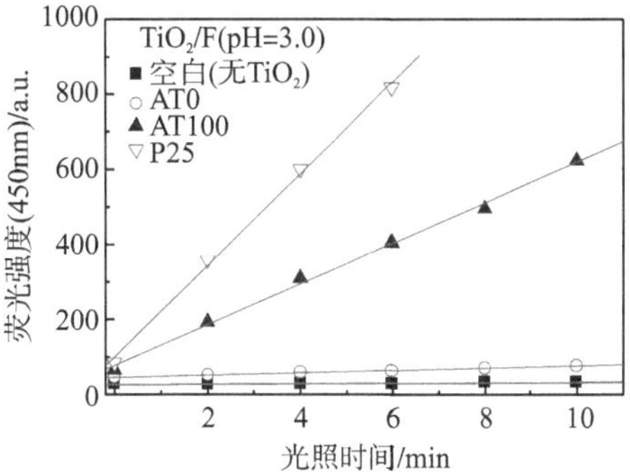

图 3-22 7-羟基香豆素在 AT0 和 AT100 溶液中的动力学曲线

3.1.5.9 反应模型

通过比较以上光催化降解反应动力学、光电流密度、羟基淬灭与检测的实验结果，可以得到关于有机污染物在锐钛矿相和金红石相 TiO_2 溶液中光催化降解的相关信息。无论是锐钛矿相还是金红石相 TiO_2，表面氟化均抑制了 X-3B 的吸附。这是由于氟离子修饰导致催化剂表面正电荷密度减少，并由此迫使 X-3B 的降解途径由原来的空穴氧化转向游离羟基自由基（·$OH_{游离}$）氧化。

虽然相对于 ·$OH_{游离}$ 而言，空穴具有更强的氧化能力。但是，空穴氧化只能发生在催化剂表面（要求污染物有较强的吸附性能），而 ·$OH_{游离}$ 与有机污染物的氧化反应是溶液均相反应（因为 ·$OH_{游离}$ 具有扩散性能），无须有机物在催化剂表面吸附（Mrowetz M and Seli E, 2005）。因此，有假设认为 ·$OH_{游离}$ 的反应活性高于空穴（Lv K L and Xu Y M, 2006）。表面氟化导致体系大量 ·$OH_{游离}$ 的产生，因此不难理解氟修饰锐钛矿相 TiO_2 对有机污染物的光催化降解的促进作用[图 3-23(a)]（Park H and Choi W, 2004；Minero C et al., 2000b；Lv K L and Xu Y M, 2006）。

但是，表面氟化的金红石相 TiO_2，由于其光生载流子复合速率快，体系本身无法氧化溶剂水产生 ·$OH_{游离}$。文献报道（Jung H S and Kim H, 2009），金红石相 TiO_2 光活性差与其光生载流子的快速复合密切相关。因此认为，F-TiO_2 的光生空穴与溶剂水之间的电子转移反应（生成·$OH_{游离}$），是有机物降解反应过程中的速率决定步骤。从动力学的观点来看，金红石相 TiO_2 的空穴存在的寿命过短，不利于其与溶剂水之间的反应，从而导致该体系无法生成 ·$OH_{游离}$ [图 3-23(b)]。因此，不管其表面是否氟化，空穴氧化均为 X-3B 在金红石相 TiO_2 中的光催化降解途径。并且由于氟离子修饰抑制了 X-3B 的吸附[图 3-23(b)]，所以 X-3B 在表面氟化后的金红石相 TiO_2 中的光催化降解变慢。

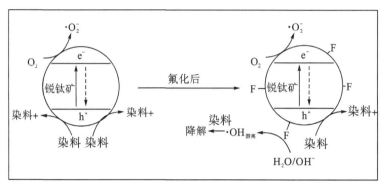

(a)锐钛矿相

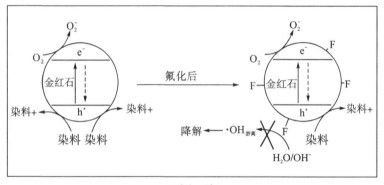

(b)金红石相

图 3-23　氟离子修饰对 X-3B 在不同晶相 TiO_2 表面光催化降解途径的影响示意图

研究发现(Lv K L et al., 2010a)，氟效应取决于本征 TiO_2 的光催化活性，相关的研究工作正在进行中。煅烧(热处理)影响 TiO_2 的晶化，进而影响其光活性。因此，表面氟效应也受煅烧温度的影响。考虑到锐钛矿相 TiO_2 在 600℃ 左右很容易发生相变，转化为活性很差的金红石相 TiO_2(Periyat P et al., 2009)。因此，该研究样品的煅烧温度选择在 500℃。这样不仅可以防止相变的发生，而且可以观察到比较明显的氟效应。

值得注意的是，即使在紫外光照射作用下，X-3B 也是非常稳定的(图 3-14 和图 3-15)。相对于紫外光催化降解反应而言，X-3B 在 TiO_2 表面的可见光敏化降解过程非常缓慢(Lv K L and Xu Y M, 2006；Xu Y M and Langford C H, 2001)。

3.1.6　小结

通过调节水热溶液中 $Ti(SO_4)_2$ 和 $TiCl_4$ 比例的方式，成功合成了具有不同锐钛矿含量的纳米晶 TiO_2。表征结果显示，这些催化剂具有基本相同的比表面积和晶粒尺寸。这些催化剂对氟离子的吸附性能也基本类似，但对阴离子染料 X-3B 的吸附随着锐钛矿含量的增加而增强。无论催化剂的相组成如何，由于氟离子吸附使催化剂表面电荷密度下降，表面氟化均会抑制阴离子染料 X-3B 的吸附。氟效应随着催化剂锐钛矿含量的增加而增强，且仅当锐钛矿质量分数大于 40%时，氟修饰才显示出明显的正效应。对锐钛矿相 TiO_2 而言，氟离子修饰导致 X-3B 的降解途径由空穴氧化向游离羟基自由基氧化转变；但是对金红石相 TiO_2 而言，无论其表面是否氟化，X-3B 的降解途径均为空穴氧化。由于这些催化剂的比表面积和晶粒尺寸基本相同，它们的氟效应差异只能用晶型的差异来解释。对于金红石相 TiO_2，光生载流子快速复合，导致体系无法产生游离羟基自由基，因此对 X-3B 的光催化降解显示氟修饰负效应。该研究对新型高效光催化材料的设计和开发，具有一定的指导意义。

3.2 空心结构与表面氟修饰对 TiO_2 光催化活性的协同作用

3.2.1 引言

有文献报道称(Li Y Z et al., 2006；Li H X et al., 2007)，具有三维孔结构的大比表面积 TiO_2 催化剂显示出良好的光催化活性。TiO_2 空心微球因为其具有大的比表面积，显示出广阔的应用前景(Pan J H et al., 2008；Li H X et al., 2007)。并且，TiO_2 空心微球因为存在黑洞效应(增强对光的吸收)，而有利于光催化性能的提高(Li H X et al., 2007)。还有文献报道，TiO_2 表面氟化可以使有机污染物的光催化降解大大加快。这是由于氟离子取代 TiO_2 催化剂表面的羟基，生成钛氟物种($\equiv$Ti—F)。TiO_2 表面氟化后(F-TiO_2)，空穴将溶剂水氧化为可以在溶液中自由扩散的游离羟基自由基($\cdot OH_{游离}$)，因此有机污染物的降解大大加快[(式 (3-8)和式(3-9)](Xu Y M et al., 2007；Yu J G et al., 2009a；Minero C et al., 2000a；Lv K L and Lu C S, 2008)。有意思的是，Park J S 和 Choi W(2004)发现 F-TiO_2 具有远程氧化硬脂酸和气相光催化降解甲醛(Kim H et al., 2007)的功能。他们把 F-TiO_2 的远程光催化氧化能力，归因于(氟修饰所导致的)大量的可以在空气中扩散的 $\cdot OH_{游离}$。

$$\equiv \text{Ti—OH} + \text{F}^- \longrightarrow \equiv \text{Ti—F} + \text{OH}^- \tag{3-8}$$

$$\equiv \text{Ti—F} + \text{H}_2\text{O} + h_{VB}^+ \longrightarrow \equiv \text{Ti—F} + \cdot OH_{游离} + \text{H}^+ \tag{3-9}$$

但是，TiO_2 的空心结构效应与氟效应对光活性的协同作用，还没有相关的文献报道。在本节中(Lv K L et al., 2010c)，首先以磺化聚苯乙烯(polystyrene, PS)为模板，合成 TiO_2 空心微球。然后，以阴离子染料活性艳红(X-3B)(Lv K L and Xu Y M, 2006)为模型污染物,考察了空心结构与氟修饰对其光催化活性的影响。

3.2.2 催化剂制备

直径约为 0.5μm 的磺化 PS 微球按照文献(Deng Z W et al., 2008)合成,并将其配置成 0.1 g/mL 的乙醇溶液。首先,将 0.3mL 的钛酸四丁酯溶解到 25mL 的乙醇中。然后在磁力搅拌作用下,缓慢将该钛酸四丁酯溶液缓慢滴加到 15mL 的磺化 PS 微球溶液中,接着继续滴加氨水的乙醇溶液(3.4mL 氨水溶于 25mL 乙醇)。将该混合溶液于 60℃水热反应 2h,然后继续回流 1.5h。将所得白色浑浊溶液进行过滤,滤饼分别用水和乙醇洗涤。最后将所得滤饼进行干燥,并于 500℃煅烧 2h,以去掉磺化 PS 模板。

作为对照,除了不加磺化 PS 模板外,采用相同实验步骤合成了 TiO_2 纳米颗粒。

3.2.3 表征测试

样品的相结构用 D8 型 X 射线粉末多晶衍射仪(德国 Bruker)进行测定。使用 Cu 的 Kα 射线源,扫描速度为 0.02°/s,加速电压和电流分别为 200kV 和 20mA。催化剂的晶粒尺寸用谢乐公式计算。样品的比表面积用美国产的 Micromeritics ASAP 2020 型氮吸附-脱附仪测定。在进行氮吸附-脱附等温曲线测试前,所有样品均先在 180℃下进行脱气处理。用日本产的 Hitachi 扫描电镜(SEM)和美国产的 Tecnai G20 型透射电子显微镜(TEM)进行样品形貌观测。样品的紫外-可见漫反射光谱(UV-VisDRS)采用压片法测定,使用的仪器为日本产 Shimadzu UV-2550 型紫外-可见漫反射光谱仪。测试时,用 $BaSO_4$ 做空白校正。

吸附与光活性评价:实验采用的光源为上海亚明公司产的 375W 高压汞灯(主要发射波长为 365nm)。在该灯管外面套有 Pyrex(派热克斯)玻璃夹套,内通冷却水给灯管降温。光照时,玻璃反应器磁力搅拌开动,并保持反应器与灯管的距离为 10cm。反应液用 $HClO_4$ 或 NaOH 溶液调节到 pH=3.0,其中 TiO_2 的浓度为 1.0g/L,X-3B 的浓度为 $1.0×10^{-4}$ mol/L(如果进行表面氟化,则另外加入 NaF 溶液,保持氟离子浓度 1.0mmol/L)。在进行光催化反应前,将上述配置好的溶液超声处理 5min,然后在暗室中恒温振荡 12h。在光催化反应过程中,每隔一段时间进行取样。微孔滤膜(孔径 0.45μm)过滤后,溶液中 X-3B 的浓度用 Agilent 8451 型紫外-可见漫反射光谱仪进行定量分析。

3.2.4 结果与讨论

3.2.4.1 形貌与晶相

PS 微球磺化前后的透射电镜图像见图 3-24。从图中看出，磺化前后，PS 微球的形貌基本类似，为直径约为 0.5μm 的球形，且单分散性良好。图 3-25(a)、(b) 分别为以球形磺化 PS 微球为模板，制备得到的 TiO$_2$ 空心样品的扫描和透射电镜图像。在该空心球制备过程中，钛酸四丁酯首先被吸附到表面带负电荷的磺化 PS 球壳表面，然后在碱的作用下水解，形成无定型 TiO$_2$ 外壳。最后在高温煅烧下去模板，得到晶化的 TiO$_2$ 空心微球。可以看出，这些空心球的单分散性良好，直径约为 0.5μm，球壁厚度为 10～20nm。但是，如果在上述制备过程中没有添加模板剂磺化 PS 的话，是无法得到空心微球的，只能得到 TiO$_2$ 纳米颗粒[图 3-25(c)、(d)]。

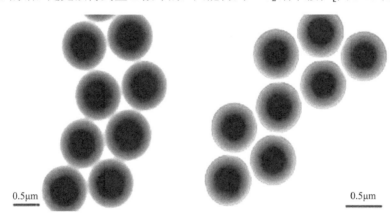

(a)聚苯乙烯的透射电镜图像　　(b)磺化聚苯乙烯模板的透射电镜图像

图 3-24　聚苯乙烯和磺化聚苯乙烯模板的透射电镜图像

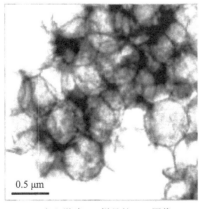

(a)空心微球TiO$_2$样品的SEM图像　　(b)空心微球TiO$_2$样品的TEM图像

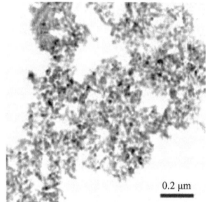

(c)纳米颗粒TiO₂样品的SEM图像　　　　(d)纳米颗粒TiO₂样品的TEM图像

图 3-25　TiO₂ 样品的扫描与透射电镜图像

图 3-26 所制备的 TiO₂ 空心微球和纳米颗粒均为锐钛矿相(JCPDS No. 21-1272)(Yu J G et al., 2008)。根据谢乐公式，经过 500℃高温煅烧的 TiO₂ 空心微球和纳米颗粒的晶粒尺寸分别为 13.5nm 和 26.2nm(表 3-3)。由模板法制备所得到的 TiO₂ 空心微球，其晶粒尺寸更小。这是由于钛酸四丁酯与 PS 模板上磺酸基之间的吸附，抑制了它的水解反应，不利于其晶化。

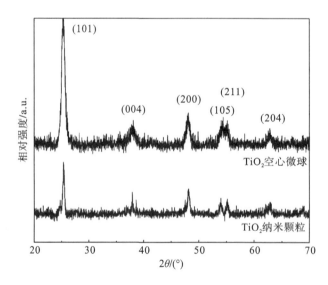

图 3-26　TiO₂ 空心微球和纳米颗粒的 XRD 谱图

表 3-3　催化剂的物理性质

光催化剂	相结构	晶体尺寸/nm	比表面积/(m²/g)	孔容/(cm³/g)	孔径/nm
纳米颗粒	锐钛矿相	26.2	14.0	0.071	9.8
空心微球	锐钛矿相	13.5	32.9	0.12	14.2

3.2.4.2　表面积和孔结构

TiO_2 空心微球和纳米颗粒的氮吸附-脱附等温线均为 VI 型(图 3-27)。相对于纳米颗粒,TiO_2 空心微球在低压下的吸附等温线显示出更大的吸附容量。这说明,TiO_2 空心微球具有更丰富的微孔结构。这些丰富的微孔,与空心微球更小的晶粒尺寸(13.5nm)密切相关(表 3-3)。

在压力相对较高的区域(P/P_0=0.4~1.0),催化剂的吸附-脱附等温线出现滞后环,反映出催化剂的介孔结构(VI 型)(Balek V et al., 2005; Zhou M H et al., 2006)。TiO_2 纳米颗粒滞后环更为明显,说明其孔径分布范围更窄(图 3-27)。这些微孔和小的介孔,是由空心微球 TiO_2 颗粒内部结构引起的,大的介孔则来源于这些空心微球之间的堆积(Yu J G et al., 2005; Yu J G et al., 2006)。相对于纳米颗粒(表 3-3),TiO_2 空心微球具有更大的比表面积(32.9m²/g)、孔容(0.12cm³/g)和孔径(14.2nm)。TiO_2 纳米颗粒的相应表征数值分别为 14.0m²/g、0.071cm³/g 和 9.8nm。

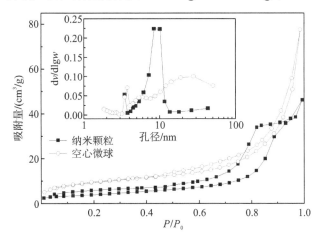

图 3-27　TiO_2 空心微球与纳米颗粒的氮吸附-脱附等温线以及相应的孔径分布曲线

注:v 代表孔容,w 代表孔径,后同。

3.2.4.3　X-3B 的吸附

有毒有机污染物在光催化剂表面的暗吸附,对其光催化降解和降解速率的计算都有重要影响(Xu Y M and Langford C H, 2001)。在中性(pH=7)溶液中,对 X-3B

在两种 TiO_2 表面的吸附情况进行了研究。图 3-28 为 X-3B 的吸附等温线（吸附量 n_2^s 对 X-3B 的液相平衡浓度 C_2^b 作图）。从中可以看出，TiO_2 空心微球的吸附能力要比纳米颗粒强很多，与它们比表面积的相对大小秩序一致。大的比表面积，意味着有更多的吸附位点来吸附 X-3B。X-3B 在催化剂表面的吸附可以用 Langmuir 吸附等温方程 $n_2^s/n^s=KC_2^b/(1+KC_2^b)$ 进行拟合(Lv K L and Xu Y M, 2006; Xu Y M and Langford C H, 2001)。该方程中，n^s 为最大吸附量，K 为吸附常数。通过该方程的直线形式(图 3-29)，很容易求得这两个吸附参数。从表 3-4 中可以看出，TiO_2 空心微球的这两个吸附参数(n^s 和 K)均比纳米颗粒催化剂的要大。这与空心微球 TiO_2 更大的比表面积和更小的晶体尺寸有关。Xu Y M 和 Langford C H(2001)的研究表明，吸附常数 K 随着颗粒尺寸的减小而增大。因为颗粒越小，对有机污染物吸附的驱动力越大。

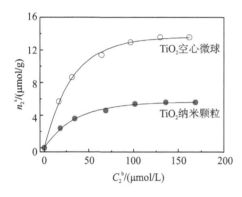

图 3-28 X-3B 在 TiO_2 空心微球和纳米颗粒上的 Langmuir 吸附等温线(pH=7 和 25℃)

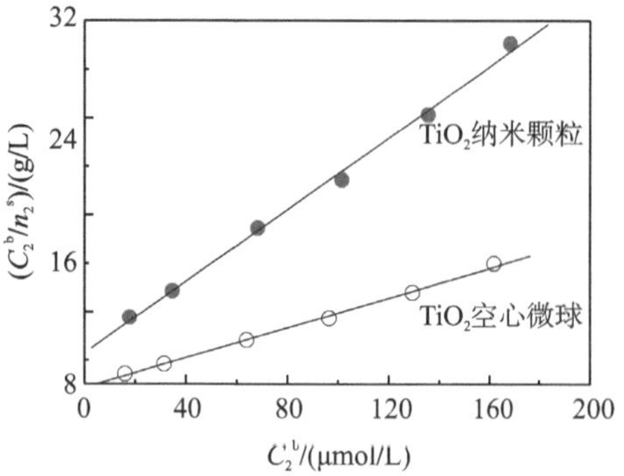

图 3-29 X-3B 在 TiO_2 空心微球和纳米颗粒上的 Langmuir 吸附等温线直线形式(pH=7 和 25℃)

表 3-4 催化剂的吸附与光催化活性比较

光催化剂	n^s/(μmol/g) [a]	K/(L/mol) [a]	n_{ad}/(μmol/g) [b]			k_{app}/(10^{-3}min^{-1})		
			pH7	pH3	pH3/F	pH7	pH3	pH3/F
纳米颗粒	6.80	3.24×10^4	5.38	31.9	6.30	7.87	6.68	14.63
空心微球	16.2	3.64×10^4	12.9	49.8	12.4	26.59	21.02	33.80

注：a. 根据 Langmuir 模型，在 pH 为 7 时，X-3B 在 TiO_2 表面的最大吸附量和吸附常数的关系为 $n_2^s/n^s=KC_2^b/(1+KC_2^b)$。
b. 达到吸附-解吸平衡后吸附在 TiO_2 表面的 X-3B 量(X-3B 的初始浓度为 1.0×10^{-4} mol/L)。

3.2.4.4 固体漫反射

文献报道，TiO_2 形貌影响光吸收性能，进而对其光催化活性产生影响。特别是空心微球 TiO_2 材料，因为其直径与光的波长相当，而产生强的光吸收黑洞效应。为此，对 TiO_2 空心微球和纳米颗粒的光吸收性能进行了测试，相应的固体漫反射光谱如图 3-30 所示。从图中可以看出，相对于纳米颗粒，TiO$_2$ 空心微球的吸收带边蓝移了大约 10nm。也就是说，空心结构并没有增强 TiO$_2$ 对光的吸收。

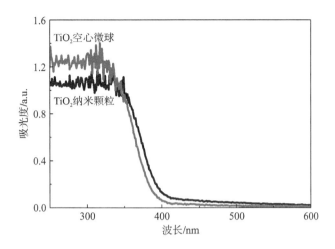

图 3-30　TiO$_2$ 空心微球和纳米颗粒样品的固体漫反射谱图

3.2.4.5　光催化降解

X-3B 是一种非常稳定的有机化合物，即使受波长大于 320nm 紫外光的照射，它也几乎不发生降解(Lv K L and Xu Y M, 2006)。X-3B 在 TiO$_2$ 体系中的光催化降解，符合一级动力学方程。中性环境中，TiO$_2$ 空心微球显示出比纳米颗粒更强的光活性(图 3-31)。TiO$_2$ 空心微球的表观反应速率常数(26.59×10^{-3}min^{-1})是纳米颗粒(7.87×10^{-3} min^{-1})的 3.38 倍。这是由于空心微球具有较小的晶粒尺寸和较大的比表面积，导致其显示出对 X-3B 更强的吸附性能(表 3-4)。在水溶液中，TiO$_2$ 纳米粉体表面不饱和钛原子会发生水解(羟基化)，变成≡Ti—OH。如果溶液呈酸性，该羟基化的表面会结合质子，变成带正电荷的≡Ti—OH$_2^+$物种。模型计算结果显示，在 pH=3.0 的溶液中，以≡Ti—OH$_2^+$形式存在的表面钛物种占 89%(Xu Y M et al., 2007)。因此在酸性溶液中(pH=3.0)，X-3B 在 TiO$_2$ 表面的吸附要比在中性溶液(pH=7)中强很多。相对于 OH$^-$，F$^-$与表面钛原子的配位能力更强。因此，F$^-$可以取代≡Ti—OH 中的氢氧根，生成表面钛氟物种≡Ti—F。研究表明(Lv K L et al., 2009；Lv K L and Lu C S, 2008；Park J S and Choi W, 2004)，酸性环境更有利于该取代反应的发生(最佳 pH=3.0，平衡常数为 $10^{7.8}$)。模型计算结果显示，在 pH=3.0 和 1.0mmol/L 的 NaF 溶液中，以≡Ti—F 形式存在的表面钛原子占绝大部分(Lv K L et al., 2009)。表面氟化引起 TiO$_2$ 表面正电荷密度减小，导致其对 X-3B 的吸附性能减弱。

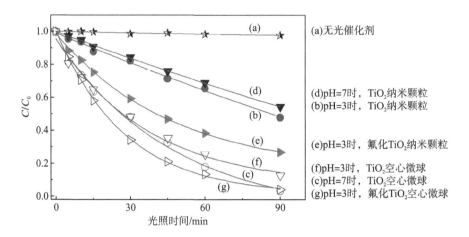

图 3-31　不同条件下，X-3B 的紫外光催化降解曲线

为了考察空心结构和表面氟化是否对 TiO_2 的光催化活性的促进存在协同效应，选择 X-3B 为模型污染物，并在 pH=3.0 的溶液中对其进行了光催化降解。需要注意的是，在 pH=3.0 的没有 TiO_2 光催化剂存在时，氟离子不会引起 X-3B 的光催化降解[图 3-31(a)]。虽然这里没有测定酸性(pH=3.0)条件下，X-3B 在 TiO_2 空心微球和纳米颗粒表面的吸附等温线。但是，通过比较光照前它们对相同起始浓度 X-3B($1.0×10^{-4}$mol/L)溶液的吸附情况(n_{ad})，可以知道这两个催化剂相对的吸附能力。表 3-4 列出了中性(pH=7)和酸性(pH=3.0)氟化前后环境中，X-3B 分别在这两个催化剂表面的吸附情况。可以看出在 pH=3.0 的酸性溶液中，X-3B 在 TiO_2 空心微球光催化剂表面的吸附要比相应的纳米颗粒强，相应的降解曲线也显示出 TiO_2 空心微球更高的光催化活性(图 3-31)。在 pH=3.0 的环境中，X-3B 在 TiO_2 空心微球和纳米颗粒中的光催化表观反应速率常数分别为 $21.02×10^{-3}min^{-1}$ 和 $6.68×10^{-3}min^{-1}$，TiO_2 空心微球的光活性是纳米颗粒的 3.15 倍。表面氟化以后，X-3B 在 TiO_2 空心微球和纳米颗粒中的降解进一步加快(图 3-31)。表观反应速率常数分别增加到氟化前的 1.61 倍和 2.19 倍，高达 $33.84×10^{-3}min^{-1}$(空心微球)和 $14.63×10^{-3}min^{-1}$(纳米颗粒)。

文献报道(Lv K L et al., 2009)，游离羟基自由基的活性比空穴的要更强一些。TiO_2 表面氟化，导致有机污染物的氧化途径从空穴氧化转向游离羟基自由基氧化，从而使催化剂的光催化活性得以提高[式(3-1)和式(3-2)]。TiO_2 空心微球表面氟化后，显示出最高的光催化活性。这说明空心结构和表面氟化对 TiO_2 光活性的提高有协同作用。有研究认为，空心结构 TiO_2 具有高活性的原因，是存在黑洞效应(光线在空心球里面多次反射而增强了光吸收能力)(Janczyk A et al., 2006; Lv K L and Xu Y M, 2006; Yu J G et al., 2006; Zhou M H et al., 2009)。但是，固体漫反射的结果显示，空心微球 TiO_2 对光的吸收性能并没有纳米颗粒好(图 3-30)。这也就是说,空心微球 TiO_2 高活性的原因,不在于其增强了对光的吸收,而在于别的一些原因(如其对有机污染物更强的吸附性能)。

3.2.5 小结

通过对比研究空心结构和表面氟化对 TiO_2 光活性的影响得出,相对于纳米颗粒而言,TiO_2 空心微球因为具有更小的晶粒尺寸和更大的比表面积,而显示出更强的吸附性能和光催化活性。表面氟化可以进一步促进 TiO_2 空心微球的光催化活性,显示出空心结构效应和表面氟效应的协同作用。

3.3 氟诱导高能面 TiO_2 的晶面调控与光催化活性

3.3.1 引言

众多研究表明,TiO_2 的光催化活性是其物理参数的函数。这些参数包括晶型、晶化程度、颗粒尺寸、比表面积、晶面及生长取向(Ohno T et al., 2002;Wang D H et al., 2006;Dai Y Q et al., 2009;Lv K L et al., 2009;Lv K L and Xu Y M, 2006;Murakami N et al., 2009)。用通常方法制备得到的 TiO_2,其暴露的晶面为热力学稳定的(101)面,而不是更活泼的某些晶面,如(001)和(010)面(Wu B H et al., 2008;Yang H G et al., 2008)。Yang H G 等(2008)在制备技术方面取得了重大突破,成功合成了高能(001)面暴露的锐钛矿相 TiO_2。他们通过结构导向剂氟离子的氟化作用,颠倒了(101)和(001)晶面的相对热稳定性,从而合成了有47% 高能(001)面暴露的 TiO_2(Yang H G et al., 2009、2008)。在该工作的指引下,研究人员开始研究晶面,如(001)(Yang H G et al., 2009;Hu X Y et al., 2009;Wu B H et al., 2008;Liu M et al., 2010;Zhang D Q et al., 2009;Yu J G et al., 2010)、(010)(Wu B H et al., 2008)和(110)(Liu M et al., 2010)面 TiO_2 的调控合成。Ohno T 等(2002)和 Murakami N 等(2009)的研究认为,由于不同晶面的原子排列不同,这些晶面具有不同的价带和导带能级。因此,受光激发以后,光生电子和空穴将向不同的晶面迁移。这种类似于异质结效应的载流子分离,非常有利于 TiO_2 光活性的提高。因此,通过对暴露晶面的调控,有望实现 TiO_2 光活性的优化。

在本节中(Lv K L et al., 2010b),利用氢氟酸(HF)为结构导向剂,合成系列高能(001)面暴露的纳米晶 TiO_2。用香豆素作为羟基俘获剂,用荧光法评价催化剂的光活性。在此基础上,研究高能(001)面比例与催化剂光活性之间的关系。

3.3.2 催化剂制备

在磁力搅拌下,将一定量的 HF 和/或水溶液滴加到 50g 钛酸四丁酯(TBT)中。所得溶液转移到 100mL 的有四氟乙烯内胆的水热釜中,于 200℃水热反应 24h。需要注意的是,HF 的腐蚀性很强,使用时要非常小心。待水热釜冷却后,去掉上层废液,将下层所得的白色沉淀加水洗涤多次到中性。然后将样品于 80℃真空干燥 10h。为方便起见,将样品标记为 HFx。其中,x 代表样品制备时,使用的 HF 体积(表 3-5)。

表 3-5 催化剂的物理性能

催化剂	材料			表征结果			
	$Ti(OC_4H_9)_4$/g	HF/mL	H_2O/mL	(001)面的百分比/%	比表面积/(m^2/g)	孔容/(cm^3/g)	平均孔径/nm
HF0	50	0	8	6	138	0.31	8.8
HF2	50	2	6	41	82	0.26	10.0
HF4	50	4	4	63	74	0.23	11.9
HF8	50	8	0	88	63	0.43	24.1
HF12	50	12	0	93	45	0.25	19.2
HF16	50	16	0	96	36	0.14	15.0
HF20	50	20	0	—	9.3	0.05	14.5

3.3.3 表征测试

TiO_2 样品的相结构用 D8 型 X 射线粉末多晶衍射仪(德国 Bruker)进行测定。使用 Cu 的 Kα 射线源,扫描速度为 0.02°/s,加速电压和电流分别为 15kV 和 20mA。催化剂的晶粒尺寸用谢乐公式计算。样品的比表面积用美国产的 Micromeritics ASAP 2020 型氮吸附-脱附仪测定。在进行氮吸附-脱附等温线测试前,所有样品均先在 180℃下进行脱气处理。用日本产的 Hitachi 扫描电镜(SEM)和美国产的 Tecnai G20 型透射电子显微镜(TEM)进行样品形貌观测。催化剂表面元素组成采用 Multilab 2000 型 X 射线光电子能谱(XPS)进行测定。测试时使用 Mg 的 Kα 射线源,并用表面残留碳的 1s 峰位(284.4eV)对仪器进行结合能校正。

催化剂光活性评价:以香豆素为探针分子,它可以俘获溶液中的羟基自由基反应,生成具有荧光性能的 7-羟基香豆素(Guan H M et al., 2008;Czili H and Horvath A, 2008)。向装有 50.0mg 催化剂的三角瓶中,加入 50.0mL 浓度为

0.50mmol/L 的香豆素溶液。混匀并超声 5min 后，于暗室的振荡器中振荡过夜，以达到吸附-脱附平衡。光源采用高压汞灯(发射光主波长 365nm)，光催化反应过程中，玻璃反应器夹套通水冷却。在光照一定时间后，进行取样。膜过滤后(滤膜孔径 0.45μm)，滤液用 F-7000 型荧光光谱仪进行分析(激发波长 332nm)。

3.3.4 结果与讨论

3.3.4.1 相结构与形貌

TiO_2 的相结构、晶粒尺寸和形貌(暴露晶面)对其光活性的影响很大(Dai Y Q et al., 2008；Yu J G et al., 2007b)。图 3-32 为所制备样品的 XRD 谱图。从图中可以看出，HF0 样品在衍射角为 25.3°处出现了锐钛矿相 TiO_2(101)面的特征衍射峰(JCPDS No. 21-1272)(Yu J G et al., 2007b；Zuo H S et al., 2007)。这个衍射峰相对较宽，说明 HF0 催化剂晶化得不是很好。随着 HF 的用量增加到 2mL 和 4mL，样品相应的锐钛矿相特征衍射峰强度明显增加，表明催化剂的晶化程度提高。该结果与 Yu J C 等(2002)报道的氟离子促进 TiO_2 晶化的结论一致。在酸性溶液中，氟离子可以促进 TiO_2 的原位溶解-重结晶反应，从而使 TiO_2 晶格的缺陷和杂质得以去除[式(3-10)和式(3-11)]。因此，不难理解 HF 促进单晶 TiO_2 形成的原因。

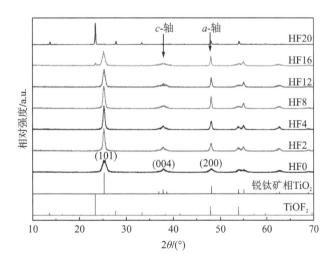

图 3-32 样品的 XRD 谱图以及锐钛矿相 TiO_2 和 $TiOF_2$ 的标准谱图

$$4H^+ + TiO_2 + 6F^- \longrightarrow TiF_6^{2-} + 2H_2O \quad (溶解) \qquad (3\text{-}10)$$

$$TiF_6^{2-} + 2H_2O \longrightarrow 4H^+ + TiO_2 + 6F^- \quad (重结晶) \qquad (3\text{-}11)$$

但是，当将 HF 的用量进一步从 8mL 增加到 16mL 时，结果发现样品锐钛矿相的特征衍射峰开始减弱。这是由于氟离子与钛离子之间强烈的配位作用，抑制了 Ti—O—Ti 链的增长，从而阻止了 TiO_2 晶粒的生长。当 HF 的用量增加到 20mL 时，锐钛矿相 TiO_2 的特征衍射峰消失，且在衍射角为 23.4°处出现了新的峰位。该衍射角对应于 $TiOF_2$ 的(100)面特征衍射峰（JCPDS No. 01-049）。这说明，高浓度的 HF 有利于 $TiOF_2$ 的生成。

图 3-33 和图 3-34 分别为样品的透射和高倍透射电镜图像。从图 3-34(a)中可以反映出，HF0 样品呈八面体双锥状，宽度 10nm 左右(a 轴方向)，厚度约 15nm(c 轴方向)。其暴露的八个面，为稳定乌尔夫(Wulff)结构中的稳定低能(101)晶面[(图 3-34(c)](Dai Y Q et al., 2009)。由于高能面的不稳定性，TiO_2 晶粒在生长过程中要减小表面能，导致最终高能面的消失(Yang H G et al., 2008)。

HF2 样品的透射电镜图像显示，其形貌变为两端去掉顶角的八面体双锥[图 3-33(b)和图 3-34(b)]。样品侧面的高倍透射电镜图像显示，c 轴方向的晶格间距为 0.235nm，对应于锐钛矿相 TiO_2(001)晶面的间距。这说明其上下两个暴露的晶面分别为(001)和(101)面。上面和侧面之间的夹角为 111.7°，与 TiO_2(001)和(101)晶面之间的夹角完全一致，说明 HF2 样品上面和侧面分别为(001)和(101)面。因此，HF2 催化剂晶粒的上下两个面为高能(001)面，八个侧面为(101)面[图 3-34(b)]。与 HF0 样品相比，HF2 变得更宽(宽度大约 20nm)，但厚度变薄一些(厚度大约 10nm)。通过谢乐公式计算，HF2 样品沿[001]和[100]方向的晶粒尺寸分别为 12.7nm 和 21.5nm，这与高倍透射电镜图像测试结果基本一致[图 3-34(b)]。该结果也反映出，在结构导向剂 HF 的作用下，HF2 样品有沿 a 轴([100]方向)优先生长的趋势，导致了高能(001)面的暴露。

HF4 样品的形貌与 HF2 相似，但更薄更宽一些[图 3-33(c)和图 3-34(c)]。图 3-35(a)～(c)分别为 HF0、HF2 和 HF4 样品的扫描电镜图像。从图中可以看出，随着 HF 用量的增加，催化剂的颗粒增大，与透射电镜表征结果一致。

结构导向剂 HF 引起 TiO_2 纳米晶沿 a 轴优先生长，使高能(001)面暴露的趋势在 HF8 样品中得到更为明显的体现。HF8 样品因为很薄，而呈四边形片状结构。该纳米片边长约 100nm，厚度约为 6nm [图 3-33(d)]。与 HF2 样品相似，从 HF8 样品的侧面高倍透射电镜图像也可以清晰地看到 0.235nm 的晶格指纹，对应于(001)面的晶面间距。图 3-34(d)进一步给出了平躺在铜网上的 HF8 纳米片的高倍透射电镜图像。相应的晶格指纹和晶面轴夹角，反映出对应的两个侧面分别为(020)和(200)晶面。对应的傅里叶变换谱图，也反映出垂直于铜网的方向为[001]面的晶面轴方向[图 3-34(e)和(f)]。从上述数据，用几何方法可以计算出 HF8 样品暴露的(001)面比例约为 88%。

进一步增加 HF 的用量，使得催化剂边长变得更长，同时厚度变得更薄。HF12 和 HF16 样品的边长分别约为 130nm 和 200nm，而相应的厚度减小到 5nm 和

4nm（图 3-33 和图 3-35）。这两个样品高能（001）面的暴露比例，也分别增加到 93% 和 96%。理论和实验证据都表明，一般情况下 TiO_2 纳米颗粒（001）面的暴露比例小于 10%（HF0 为 6%）（Han X G et al., 2009）。因此，结构导向剂 HF 可以促进 TiO_2 纳米晶优先沿 a 轴生长，抑制其 c 轴方向的生长，导致高能（001）面的暴露（图 3-37 内插图）。

图 3-37 为催化剂沿[100]和[001]方向的晶粒尺寸（根据谢乐公式计算）与 HF 用量之间的关系曲线。从图中可以看出，[100]方向的晶粒尺寸随着 HF 用量的增加而逐渐增大。但是，[001]方向的晶粒尺寸，却是先增大后减小。这进一步说明 HF 促进 TiO_2 纳米晶沿 a 轴方向生长（图 3-37 内插图）。当用量从 0mL 增加到 4mL 时，HF 促进[001]方向的晶粒长大，这是由于 HF 促进了 TiO_2 样品的晶化。值得注意的是，当 HF 用量超过 8mL 后，所得高能面 TiO_2 纳米晶沿[100]方向的晶粒尺寸，比在透射电镜和扫描电镜下观察到的要小。这是由于在高浓度 HF 的作用下，催化剂的晶化减弱。

TiO_2（001）面的表面能为 $0.90J/m^2$，比（101）面的表面能大（$0.440J/m^2$）。因此，TiO_2 纳米晶通常暴露的晶面，为热力学稳定能量相对较小的（101）面（大于 94%），而不是高能的（001）面（Yang H G et al., 2008）。但是，由于氟离子很强的电负性以及 Ti—F 键强的键能（569.0kJ/mol），结构导向剂 HF 的加入，引起原子间排斥力（O—O/F—O）和吸引力（Ti—O/Ti—F）之间建立新平衡，稳定表面的 Ti 和 O 原子。氟离子在洁净的（001）和（101）面上的吸附能，分别为 4.4eV 和 2.8eV（Yang H G et al., 2009）。因此，表面吸附氟离子后，（001）和（101）面表面能大小的相对次序发生了颠倒。即相对于（101）晶面，表面氟化后（001）面的表面能更低。氟离子优先在（001）面吸附，抑制了晶体沿 c 轴方向的生长（Yang H G et al., 2008）。因此，在结构导向剂 HF 的作用下，可以得到（001）面暴露的高能面 TiO_2 纳米晶。图 3-37 内插图表示了 HF 对 TiO_2 纳米晶形貌的影响。需要注意的是，当 HF 的用量进一步增加到 20mL 时，由于氟浓度太高，无法得到高能面 TiO_2，而是 $TiOF_2$（图 3-32 和图 3-37）。

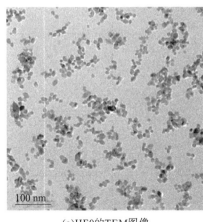
(a)HF0的TEM图像

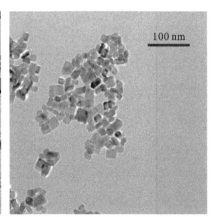
(b)HF2的TEM图像

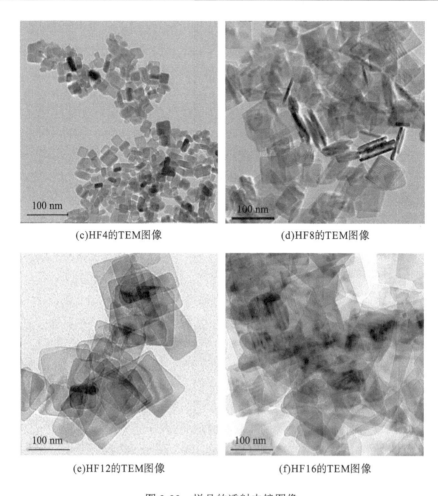

(c) HF4的TEM图像 (d) HF8的TEM图像

(e) HF12的TEM图像 (f) HF16的TEM图像

图 3-33　样品的透射电镜图像

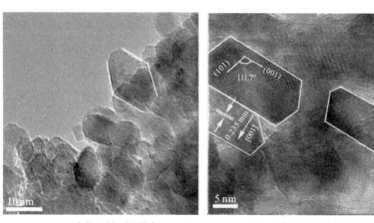

(a) HF0高倍透射电镜照片 (b) HF2高倍透射电镜照片

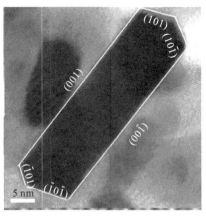

(c) HF4高倍透射电镜照片　　　　(d) HF8高倍透射电镜照片

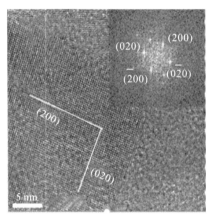

(e) HF8傅里叶变换图　　　　(f) HF8傅里叶变换图

图 3-34　样品的高倍透射电镜图像

(a) HF0的SEM图像　　　　(b) HF2的SEM图像

(c)HF4的SEM图像　　　　(d)HF8的SEM图像

(e)HF12的SEM图像　　　　(f)HF16的SEM图像

图 3-35　样品的扫描电镜图像

(a)HF20的SEM图像　　　　(b)HF2的SEM图像

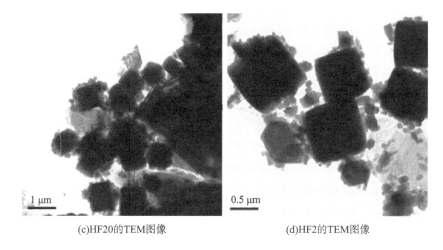

(c)HF20的TEM图像 (d)HF2的TEM图像

图 3-36 HF20 和 HF2 样品的扫描电镜及透射电镜图像

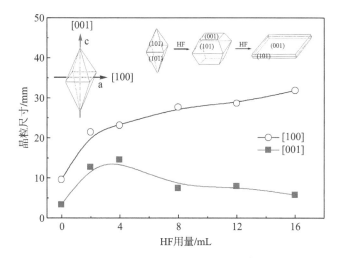

图 3-37 样品沿[001]和[100]方向的晶粒尺寸与 HF 用量之间的关系
(内插图显示 HF 对 TiO_2 纳米晶形貌的影响)

3.3.4.2 比表面积和孔分布

图 3-38 和图 3-39 为不同样品的氮吸附-脱附等温线以及相应的孔分布曲线。从图中可以看出,HF0 样品显示 IV 型吸附等温线。其脱附线的滞后环出现在相对压力较大的 0.6~0.9 处,表明催化剂有介孔存在,对应于墨水瓶状大肚小口状的孔(H2 型)(Yu J G et al., 2009a)。该介孔来源于一次颗粒之间的堆积[图 3-35(a)]。随着 HF 的用量从 2mL 增加到 8mL,所得催化剂的吸附等温线下移,滞后环也向高压处移动。这说明催化剂的比表面积逐渐减小以及平均孔径

增大(图 3-39)。特别需要注意的是,HF8 样品的吸附回线为 H3 型,对应于片状堆积而产生的孔,这与其纳米片结构完全吻合[图 3-33(d)和 3-35(d)]。进一步增加 HF 用量,滞后环逐渐消失。这是由于纳米片长大,最终形成了立方体形状的 $TiOF_2$ 微晶[图 3-35(d)~(f)和图 3-36]。

表 3-5 列出了这些催化剂的物理性能数据。从中可以直观地看出,TiO_2 的比表面积随 HF 用量的增加而减小(从 138 m^2/g 减小到 36 m^2/g)。值得注意的是,纳米片催化剂的平均孔径(如 HF8 为 24.1nm)均小于其边长(如 HF8 为 100nm)。这是由于这些纳米片没有分散开来,而是沿[001]方向堆积在一起来减小表面能[图 3-34(d)]。HF20 的比表面积最小,仅为 9.3 m^2/g。这是由于其形成了立方体 $TiOF_2$。该数值与文献报道 $TiOF_2$ 样品的比表面积数据基本相当(Zhu J et al., 2009)。

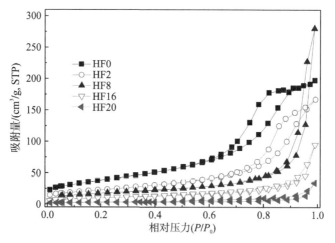

图 3-38　不同样品的氮吸附-脱附等温线

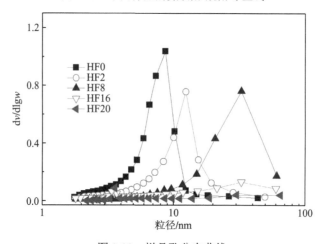

图 3-39　样品孔分布曲线

3.3.4.3 XPS 分析

图 3-40 为结构导向剂使用前后,样品 HF0 和 HF8 的 XPS 全谱的对照图。从中可以看出,HF0 样品仅含有 Ti、O 和 C 元素,对应的结合能分别为 459eV(Ti2p)、530eV(O1s) 和 285eV(C1s)(Yu J G et al., 2006;Zhou M H and Yu J G, 2008)。C 的峰来源于样品的碳残留以及仪器的油污染。与预想的一致,样品 HF8 中还检测到了额外的一个峰,结合能为 684eV,对应于 F1s 的信号。

氟的信号(图 3-41),归属于催化剂表面吸附的氟(≡Ti—F)。氟离子可以通过与催化剂表面的—OH 基团发生交换而吸附在催化剂表面[式(3-12)](Yang H G et al., 2008;Yu J G et al., 2010;Yu J C et al., 2002;Park H and Choi W, 2004)。没有检测到结合能为 688.5eV(掺杂氟离子)的 XPS 信号(Yu J C et al., 2002)。这也不难理解,因为水热反应过程是一个溶解-重结晶过程,同时也是晶体缺陷减少和杂质排出的过程。随着 HF 用量的增加,所得催化剂表面 XPS 检测到的氟含量也逐渐增大,这是由 F 的吸附量增加引起的[式(3-12)和式(3-13)]。文献报道(Kim H and Choi W, 2007;Lv K L et al., 2010a),表面氟化后的 TiO_2(F-TiO_2)光活性大大增强。这是由于在紫外光的照射下,表面氟化导致体系大量游离自由基在溶液中扩散[式(3-14)]。因此,高能面 TiO_2 的表面氟化,对其光活性的提高有促进作用。这将在下面进行讨论。

$$\equiv Ti\text{—}OH + HF \longrightarrow \equiv Ti\text{—}F + H_2O \quad (3\text{-}12)$$

$$\equiv Ti\text{—}OH + h_{VB}^+ \longrightarrow \equiv Ti\text{—}OH^+ (\cdot OH_{吸附}) \quad (3\text{-}13)$$

$$\equiv Ti\text{—}F + H_2O + h_{VB}^+ \longrightarrow \equiv Ti\text{—}F + \cdot OH_{游离} + H^+ \quad (3\text{-}14)$$

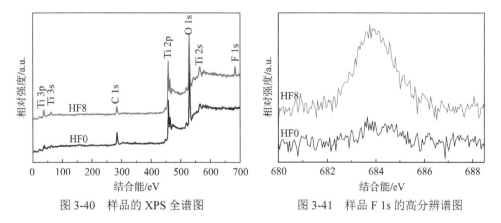

图 3-40 样品的 XPS 全谱图   图 3-41 样品 F 1s 的高分辨谱图

3.3.4.4 光催化活性评价

近年来,一些本身没有荧光或荧光很弱的分子,如羟基苯甲酸(Ishibashi K et al., 2000;Xiao Q et al., 2008;Lv K L and Xu Y M, 2010b)和香豆素(Guan H M et al.,

2008; Czili H and Horvath A, 2008; Ishibashi K et al., 2000),被用来作为俘获羟基自由基的荧光试剂。因为它们可以与溶液中的·OH$_{游离}$反应,生成具有强荧光性能的分子。本研究采用香豆素作为探针分子,评价催化剂的光催化活性。图 3-42 为 HF8 样品的香豆素溶液的荧光光谱随光照时间的变化情况。从中可以看出,反应生成的 7-羟基香豆素的荧光发射光谱在 450nm 具有最大峰值(激发波长 332nm),且该处的荧光强度随光照时间的延长而线性增加。图 3-43 给出了这些催化剂体系产生的 7-羟基香豆素在 450nm 处的荧光强度与光照时间之间的关系曲线。从中可以看出,荧光强度与光照时间之间呈线性关系,即 7-羟基香豆素的生成符合零级动力学。因此,线性拟合所得直线的斜率,可以代表这些催化剂的相对光活性。从直线的斜率可以看出,随着 HF 用量的增加,所得高能面 TiO$_2$ 的光催化活性也逐渐增强。其中,HF12(79.74min^{-1})和 HF16(95.50min^{-1})的速率常数,要大于 P25 TiO$_2$(75.38min^{-1})催化剂体系的速率常数(图 3-44)。

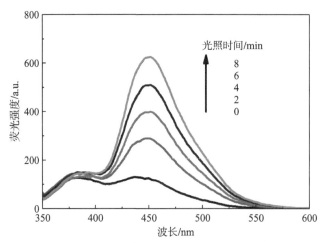

图 3-42　HF8 样品溶液在不同光照时间检测到的荧光光谱图

考虑到 HF 不仅在高能面 TiO$_2$ 的制备过程中起到结构导向剂的作用,它同时也造成了催化剂表面的氟化,因而促进 TiO$_2$ 的光催化活性。为了考察表面氟离子对高能面 TiO$_2$ 纳米晶光活性的影响,考察了表面清洁(去氟)的高能面 TiO$_2$ 的光催化活性。文献报道(Xiang Q J et al., 2010),TiO$_2$ 表面吸附的氟离子可以通过碱洗的方式去除,不会影响其相结构和形貌。在本节中,先采用 1.0mol/L 的 NaOH 对 HF8 和 HF16 这两个高能面 TiO$_2$ 样品进行处理,然后再用蒸馏水洗到中性。活性测试结果表明,HF8 和 HF16 样品反映光活性的速率常数分别由 60.67min^{-1} 和 95.50min^{-1} 减小到 29.48min^{-1} 和 44.31min^{-1}(图 3-45)。这说明,表面残余氟离子确实对高能面 TiO$_2$ 的光活性有促进作用。扫描和透射电镜图像显示(这里没给出),催化剂的形貌并没有因为 NaOH 溶液洗涤而发生变化。

据文献报道(Ohno T et al., 2002; Murakami N et al., 2009)，对于锐钛矿相 TiO_2 纳米晶，光催化氧化反应主要发生在(001)面，而还原反应则主要发生在(101)面。从几何学角度来看，TiO_2 纳米晶的片状结构有利于光生载流子的有效分离而抑制其复合，因而有利于催化剂光活性的提高。理论和实验结果都表明，锐钛矿相 TiO_2 纳米晶(001)面的光活性，要比热力学相对稳定的(101)面活性强。因此，这里高能面 TiO_2 的高活性是其暴露的高能(001)面及其表面氟化的结果。

与预想的结果一样，HF20 催化剂因为是 $TiOF_2$ 相，因而显示出很差的光催化活性(速率常数仅为 $4.99min^{-1}$)。空白实验(没有 TiO_2)结果显示，香豆素在没有催化剂存在的条件下，表现得比较稳定(速率常数仅为 $0.68min^{-1}$)。

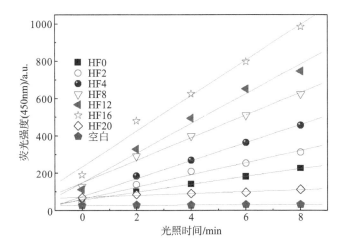

图 3-43　不同催化剂溶液在 450nm 处的荧光强度随光照时间的关系图

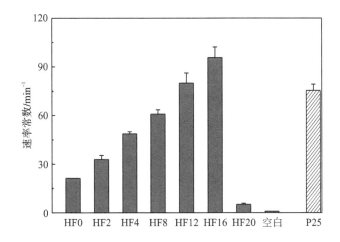

图 3-44　不同催化剂溶液在 450nm 处的荧光强度随光照时间的速率常数对比

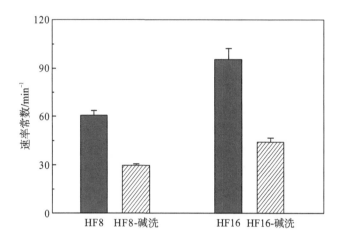

图 3-45 催化剂表面碱洗去氟前后的光催化活性对比

3.3.5 小结

氟离子对 TiO_2 的微结构和光催化活性有重要影响。结构导向剂 HF 通过晶面吸附的方式,使能量较低的(101)面和高能的(001)面的相对表面能大小发生反转,因此有利于形成高能(001)面暴露的 TiO_2 纳米晶,最终生成高能面 TiO_2 纳米片。高能面 TiO_2 的光催化活性,随着结构导向剂 HF 用量的增加而增强。高能面 TiO_2 的高光活性,是其高能(001)面和表面氟化双重作用的结果。但是,太高浓度的 HF 会导致 $TiOF_2$ 的生成($TiOF_2$ 显示出很差的光催化活性)。该研究结论为新型高效光催化材料的开发提供了新的思路。

3.4 热处理对高能面氟掺杂 TiO_2 形貌和光催化活性的影响

3.4.1 引言

一直以来,市场都迫切需要开发某些具有较高热稳定性的商用 TiO_2,使它们可以在高热环境里制备和使用(Lim M et al., 2009; Periyat P et al., 2008; Periyat P et al., 2009; Liu S W et al., 2009)。普通 TiO_2 的热稳定性比较差,通常在 600℃下即发生热相变,转化为活性很差的金红石相,失去应用价值(Periyat P et al., 2009; Lv K L et al., 2010a)。因此,开发具有高热稳定性的高活性锐钛矿相 TiO_2 非常重要(Lv Y Y et al., 2009)。文献报道的提高锐钛矿相 TiO_2 热稳定性的方法主要是掺杂。非金属元素,如 S(Periyat P et al., 2008)、N(Periyat P et al., 2009)和 F(Liu S W et al., 2009; Lv Y Y et al., 2009; Yu J C et al., 2002; Lokshin E P et al., 2006;

Todorova N et al., 2008)的掺杂可以有效提高 TiO_2 锐钛矿相到金红石相的热相变温度。在这些掺杂的元素里面，F 元素能有效提高锐钛矿相 TiO_2 的热稳定性。Yu J C 等(2002)的研究表明，F 不仅可以促进 TiO_2 颗粒的晶化，还可以提高其热相变温度。Padmanabhan S C 等(2007)以钛酸异丙酯和三氟乙酸为原料，制备了氟掺杂 TiO_2。他们发现，催化剂的热相变温度提高到了 900℃，并把其热稳定性的提高归因于少量氟离子掺入 TiO_2 的晶格。

Yang H G 等(2009)在高能面 TiO_2 制备方面取得了重大突破。他们以四氟化钛(TiF_4)为形貌控制剂和钛源，通过氟离子吸附改变了低能(101)面和高能(001)面能量的相对次序，合成了具有 47%的(001)面暴露的高能面 TiO_2 微晶。通过 F1s 的高分辨 XPS 谱图分析，他们发现氟离子仅吸附在催化剂表面(形成表面≡Ti—F 等)，而没有掺杂进入 TiO_2 的晶格。考虑到氟离子可以提高 TiO_2 的热稳定性，而高能面 TiO_2 表面有许多吸附的氟离子，因此这里对高能面 TiO_2 的热稳定性进行了研究，并考察了高温煅烧对其结构和光活性的影响(Liang L et al., 2017)。

3.4.2 催化剂制备

实验所有的化学试剂均为分析纯，没有经过进一步的纯化直接使用。首先，在磁力搅拌下将 8.0mL 的 HF(质量分数为 40%)缓慢滴加到 50.0g 的钛酸四丁酯中。然后将所得的溶液全部转移到 100mL 配有四氟乙烯内胆的水热釜中，于 200℃下反应 24h。需要注意的是，HF 具有很强的腐蚀性。因此，在使用过程中要特别注意安全。待水热釜冷却后，去掉上层废液，将下层所得白色沉淀用滤膜抽滤(膜孔径 0.45μm)，加水洗涤多次，直至滤液为中性。滤饼在 80℃下真空干燥 10h。为了研究催化剂的热稳定性，将 2.0g 样品置于坩埚中，盖上盖子。然后，分别在不同的温度(300~1250℃)下煅烧 2h。为方便起见，将样品标记为 Tx，x 代表煅烧温度。

3.4.3 表征测试

TiO_2 样品的相结构用 D8 型 X 射线粉末多晶衍射仪(德国 Bruker)进行测定。使用 Cu 的 Kα 射线源，扫描速度为 0.02°/s，加速电压和电流分别为 80kV 和 40mA。催化剂的晶粒尺寸用谢乐公式计算。样品的比表面积用美国产的 Micromeritics ASAP 2020 型氮吸附-脱附仪测定。在进行氮吸附-脱附等温线测试前，所有样品均先在 180℃下进行脱气处理。用日本产的 Hitachi 扫描电镜和美国产的 Tecnai G20 型透射电子显微镜进行样品形貌观测。催化剂表面元素组成采用 Kratos XSAM8000 型 X 射线光电子能谱进行测定。测试时使用 Mg 的 Kα 射线源，并用表面残留碳的 1s 峰位(284.4eV)对仪器进行结合能校正。

光催化活性评价：催化剂的光催化活性，用甲醛气体的紫外光催化降解来评价。用沉淀法将 0.3g 催化剂的水溶液平均分配在 3 个直径约为 7cm 的表面皿中，于 80℃下烘干镀膜。待表面皿冷却后，放入容积为 15L 的气相光催化反应装置中。通过微量注射器往反应器内注入约 10µL 的甲醛溶液后，开动反应器的风扇和检测器。待甲醛的浓度基本稳定后，打开光源进行光催化降解反应。反应过程中，甲醛和 CO_2 的浓度通过 INNOVA Air Tech Instruments 公司生产的红外光声谱气体监测仪（1412 型）进行在线检测。光照前，甲醛的平衡浓度约为 300mg/kg。光源为紫外光灯管，波长范围 310~400nm（主波长为 365nm）。甲醛的气相光催化降解反应进行 60min。光催化活性用甲醛气体光催化分解的一级动力学速率常数来表示。

3.4.4 结果与讨论

3.4.4.1 相结构与形貌

图 3-46 为样品 T200~T1250 的 XRD 谱图。从该谱图中，可以观察到未经煅烧处理的样品 T200 在衍射角为 25.3°和 48.1°的位置有明显的衍射峰。这两个衍射峰分别对应于锐钛矿相 TiO_2(101) 和 (200) 晶面的衍射（JPCDS 21-1272），说明所合成的样品为纯的锐钛矿相 TiO_2（Han X G et al., 2009）。图 3-47(a) 和图 3-48(a) 分别为 T200 样品的扫描电镜和透射电镜图像。从中可以看出 T200 呈规则的矩形片状形貌，边长约 100nm。平躺在铜网上的纳米片相应的傅里叶变换图[图 3-48(a) 内插图]，反映出该纳米片为单晶，且上下两个面为高能 (001) 面。图 3-48(b) 的高倍透射电镜图像显示，该纳米片的厚度约为 6nm，其晶格间距为 0.235nm，对应于 (001) 面的晶面间距（Han X G et al., 2009）。通过以上结构信息，可以计算出该高能面 TiO_2 纳米片 (001) 面的暴露比例约为 88%。

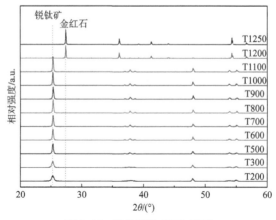

图 3-46 催化剂的 XRD 谱图

图 3-47 样品的扫描电镜图像

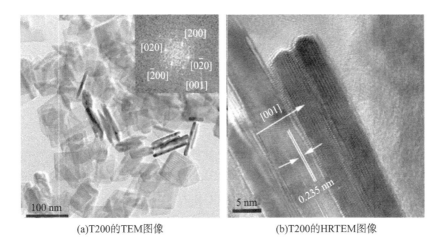

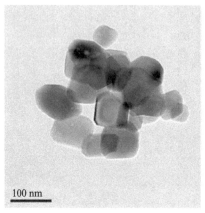
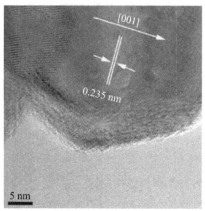

(c)T800的TEM图像　　　　　　　　(d)T800的HRTEM图像

图3-48　样品的透射电镜和高分辨率透射电镜图像

文献报道(Yu J C et al., 2002；Yu J G et al., 2010；Liu S W et al., 2010)，在酸性溶液中，氟离子可以促进 TiO_2 的原位溶解-重结晶反应，从而使 TiO_2 晶格的缺陷和杂质得以去除[(式(3-15)和式(3-16)]。因此，不难理解 HF 促进单晶 TiO_2 形成的原因。

$$4H^+ + TiO_2 + 6F^- \longrightarrow TiF_6^{2-} + 2H_2O \quad (溶解) \qquad (3-15)$$

$$TiF_6^{2-} + 2H_2O \longrightarrow 4H^+ + TiO_2 + 6F^- \quad (重结晶) \qquad (3-16)$$

为了研究高能面 TiO_2 的热稳定性，将其在不同温度下进行煅烧。随着煅烧温度的提高(300～1100℃)，锐钛矿相 TiO_2 的特征衍射峰增强，说明热处理导致 TiO_2 晶粒长大，晶化增强。图3-47(b)和图3-47(c)分别为T800和T1100的扫描电镜图像。可以明显地看到晶粒逐渐由纳米片转变为纳米颗粒(与 XRD 表征结果一致)。当煅烧温度进一步增加到1200℃时，样品的XRD谱图在27.5°处出现金红石相特征衍射峰，对应于金红石(110)晶面的间距(JPCDS 87-920)。这说明在该温度下，锐钛矿相 TiO_2 开始向金红石相转变(图3-46)(Yu J G et al., 2010)。此时，该 TiO_2 样品金红石相为主要晶型(质量分数约为92%)。当温度提高到1250℃时，高能面 TiO_2 全部转变为金红石相(图3-46)。扫描电镜图像显示，T1250样品因为高温烧结而呈无规则的大颗粒状。因此，高能面 TiO_2 显示出很强的热稳定性(相变温度高达1100℃)。

图3-49为样品沿[001](c 轴)和[100]方向(a 轴)的晶粒尺寸与煅烧温度之间的关系。有趣的是，晶粒沿[001]方向的增长比[100]方向的增长要快很多。这说明，热处理有导致高能面 TiO_2 纳米片优先沿 c 轴方向增长的趋势(图3-49 内插图)。该结果与相应的扫描和透射电镜图像反映的信息一致(图3-47和3-48)。从图3-49还可以看出，根据催化剂在[001]和[100]方向的晶粒尺寸数据以及Wulff结构模型，计算得到的样品(001)面暴露比例与煅烧温度之间的关系曲线。从中可以看出，高

能面 TiO_2 暴露的(001)面比例,随煅烧温度的提高而减小。当煅烧温度由 200℃ 增加到 800℃时,样品(001)面暴露比例由 88%下降到 64%。

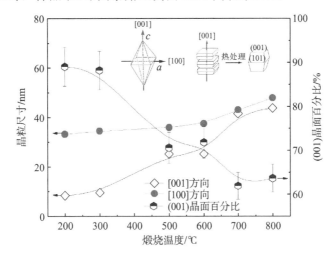

图 3-49 催化剂沿[001]和[100]方向的晶粒尺寸、纳米晶(001)面暴露比例与煅烧温度之间的关系

图 3-48 给出了 T800 样品的透射电镜图像。从图中可以看出,T800 样品的厚度增加到约 50nm,与谢乐公式计算得到的 c 轴方向晶粒尺寸大小基本一致。但是,与煅烧前的样品 T200 比较,T800 的宽度基本没变,还是 100nm 左右。这暗示着 T800 样品厚度的增加,是 T200 样品相邻纳米片之间受热熔合所致。T800 样品的 HRTEM 图像[图 3-48(d)]显示,上下晶面之间的晶格间距为 0.235nm,对应于(001)面的晶面间距。这进一步说明,纳米片之间的熔合发生在[001]方向,或热处理导致纳米片沿 c 轴方向优先生长(图 3-49 内插图)。

3.4.4.2 样品的比表面积和孔径分布

图 3-50 为样品的氮吸附-脱附等温线及对应的孔径分布曲线。从图中可以看出,T200 的吸附等温线为 IV 型,脱附线的回滞环线出现在相对高压区(P/P_0=0.8~1.0)。这说明样品存在介孔(2~50nm)和大孔(>50nm)(Yu J G et al., 2010; Yu J G et al., 2009b)。回滞环线为 H3 型,表明该孔为狭缝孔。狭缝孔通常来源于片状材料的堆积,这从 T200 的片状结构得到很好的验证[图 3-47(a)和图 3-48(a)]。孔径分布曲线(图 3-50 内插图)说明 T200 的孔径分布范围比较广(20~60nm)。样品煅烧前(T200)的孔容为 0.43cm^3/g(表 3-6)。实际上,纳米片本身没含有介孔和大孔。因此,孔径分布曲线得到的纳米孔(或回滞环线)来源于纳米片之间的堆积孔。在光催化过程中,这些孔洞为有机分子的吸附和扩散提供通道,因此非常有用(Yu J

G et al., 2007a; Park H and Choi W, 2004)。值得一提的是，T200 的平均孔径仅为 24.1nm，远远小于其平均边长 100nm。这是由于这些纳米片并没有被很好地分散，而是沿着[001]方向相互聚集在一起[图 3-47(a)和图 3-48(a)]来减小表面能。它们的这种聚集，导致了介孔的生成。

随着煅烧温度的提高，样品的吸附等温线下移，高压区的回滞环逐渐消失。这表明样品的比表面积逐渐减小和孔坍塌。特别地，T1250 样品因为严重烧结[图 3-47(d)]，无法得到它的孔径分布曲线。从表 3-6 中可以看出，随着温度的升高，T200、T800 和 T1250 样品的比表面积逐渐从 $62.4m^2/g$ 下降到 $13.6m^2/g$ 和 $1.41m^2/g$，孔容也从 $0.43cm^3/g$ 下降到 $0.13cm^3/g$ 和 $0.004cm^3/g$。

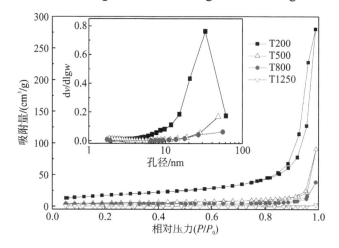

图 3-50　催化剂的氮吸附-脱附等温曲线以及相应的孔径分布曲线（内插图）

表 3-6　煅烧温度对催化剂物理性能的影响

样品	煅烧温度/℃	相含量[a]	比表面积/(m^2/g)	平均孔径/nm	孔容/(cm^3/g)
T200	—	A	62.4	24.1	0.43
T300	300	A	42.8	31.7	0.39
T500	500	A	16.8	32.1	0.14
T600	600	A	15.6	26.5	0.14
T700	700	A	14.4	33.8	0.13
T800	800	A	13.6	33.5	0.13
T900	900	A	12.0	31.0	0.14
T1000	1000	A	11.6	20.7	0.13
T1100	1100	A	11.0	20.4	0.12
T1200	1200	A∶R=8∶92	1.48	21.6	0.008
T1250	1250	R	1.41	13.1	0.004
P25	—	A∶R=80∶20	55.1	3.9	0.06

注：a. A 和 R 分别代表锐钛矿相和金红石相。

3.4.4.3 样品的 XPS 分析

图 3-51 给出了煅烧前后两个样品(T200 和 T800)的 XPS 谱图对照。从中可以看出,两个样品均含有 Ti、O 和 C 元素,对应的结合能分别为 459eV(Ti2p)、530eV(O1s)和 285eV(C1s)。C 的峰来源于样品的碳残留以及仪器的油污染(Yu J G et al., 2010)。与预想的一致,样品 HF8 中还检测到了额外的一个峰,结合能为 684eV,对应于 F1s 的信号。氟的信号(图 3-52),归属于 T200 样品表面吸附的氟 (≡Ti—F)。氟离子可以通过与催化剂表面的—OH 发生交换而吸附在催化剂表面 [式(3-14)](Yu J C et al., 2002;Yu J G et al., 2010;Zhang J et al., 2006;Devi L G et al., 2009)。从 T200 样品中,没有检测到结合能为 688.5eV(掺杂氟离子)的 XPS 信号。根据 XPS 分析结果,Ti:O:F 的原子比为 1:1.65:0.18,与 TiO_2 分子的原子比有所不同,这是由于氟离子取代了 TiO_2 表面的部分 O 原子(Liu S W et al., 2009)。对煅烧后的样品 T800 而言,其 Ti:O:F 的原子比为 1:2.1:0.012,这个结果非常接近于 TiO_2 分子的原子比。这是由于高温煅烧,引起催化剂表面氟离子被去除(Padmanabhan S C et al., 2007)。文献报道(Yang H G et al., 2009),表面氟化的锐钛矿相单晶 TiO_2 经过 600℃ 高温煅烧处理后,其表面的氟离子很容易被去除,得到非常干净的 TiO_2 表面。

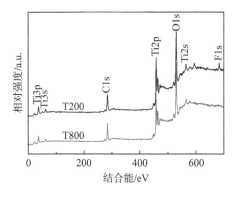

图 3-51 T200 和 T800 样品的 XPS 全谱比较

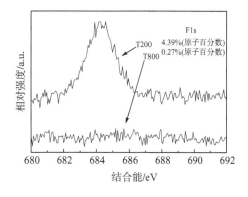

图 3-52 T200 和 T800 样品的 F1s 的高分辨谱比较

Devi L G 等(2009)的研究发现,锐钛矿相 TiO_2 在经过热处理发生相变时,处于团聚纳米颗粒接触界面处的原子,最先发生相变(转化为金红石相)。这是由于相对于晶体内部的原子而言,界面原子的缺陷和杂质更多。这些原子的能量更高,也更活泼一些,因而成为相变发生的中心(Yu J G et al., 2007b)。因此,从锐钛矿到金红石的相变温度,随着晶体缺陷的减小而升高。这里所制备的高能面 TiO_2 纳米片,因为氟促进其晶化[式(3-15)和式(3-16)],缺陷少,所以它可以显示出良好的热稳定性。TiO_2 晶粒的长大，源于相邻 TiO_2 颗粒之间表面—OH 之间脱水，引起 Ti—O—Ti 链的增长[式(3-18)]。而表面氟化引起表面—OH 被氟离子取代[式(3-17)]，导致后续 Ti—O—Ti 链的生长受到抑制。随着煅烧温度的提高，表面氟离子被净除，导致 TiO_2 表面的 O 原子缺位[式(3-19)]。O 缺位也阻碍 Ti—O—Ti 链的生长，进而影响 TiO_2 颗粒的生长。缺位 O 原子，可以由空气中的 O_2 来补充[式(3-20)]，也可以由晶体内部 O 原子的扩散来提供。晶体内部 O 原子扩散到表面，需要额外的能量，导致相变温度提高。Ti—O 键的键能为 (672 ± 9) kJ/mol，比 Ti—F 键的键能 (569 ± 33) kJ/mol 要大一些(Liu S W et al., 2009)。因此，高温下空气中的 O_2 完全可以补充缺位 O 原子的位置，进而引起晶体生长和发生相变(图 3-53 和图 3-54)。

$$\equiv Ti-OH + HF \longrightarrow \equiv Ti-F + H_2O \tag{3-17}$$

$$\equiv Ti-OH + HO-Ti\equiv \longrightarrow \equiv Ti-O-Ti\equiv + H_2O \quad (纳米晶生长) \tag{3-18}$$

$$\equiv Ti-F \xrightarrow{煅烧} \equiv Ti-\square (氧空位) \tag{3-19}$$

$$\equiv Ti-\square + O_2 + \square-Ti\equiv \longrightarrow \equiv Ti-O-Ti\equiv \quad (纳米晶生长) \tag{3-20}$$

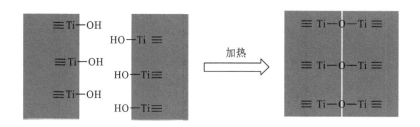

图 3-53 锐钛矿相 TiO_2 晶粒的长大示意图

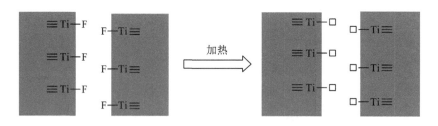

图 3-54 表面吸附的氟离子阻止 Ti—O—Ti 链的增长和锐钛矿相 TiO_2 晶粒的长大示意图

文献报道(Yang H G et al., 2009; Han X G et al., 2009)，TiO_2 表面吸附的氟离子可以用 NaOH 溶液清洗除掉，且清洗过程不会影响催化剂的结构和形貌。为了进一步考察表面吸附氟离子对 TiO_2 热相变的影响，采用 0.1mol/L 的 NaOH 溶液对 T200 样品进行了清洗，得到表面基本无氟的 TiO_2 纳米片。热处理结果显示，表面无氟的纳米片 TiO_2 的热稳定温度下降到了 1000℃。这充分说明，表面吸附氟离子对高能面 TiO_2 热稳定性的提高有积极作用。

3.4.4.4 光催化活性

这里用丙酮的气相光催化分解来评价不同温度下煅烧样品的光催化活性。丙酮的光催化氧化分解反应方程为式(3-21)(Yu J G et al., 2009a; Minero C et al., 2000a)。

$$CH_3COCH_3 + 4O_2 \longrightarrow 3CO_2 + 3H_2O \qquad (3-21)$$

$$\equiv\!\!Ti\!-\!F + h^+ + H_2O \longrightarrow \equiv\!\!Ti\!-\!F + \cdot OH_{游离} \qquad (3-22)$$

在丙酮的光催化分解过程中，可以监测到丙酮浓度不断下降，而容器中 CO_2 的浓度不断上升(图 3-55)。从图中可以看出，丙酮和 CO_2 浓度的变化速率之比接近 3∶1，说明丙酮基本上被完全矿化。P25 是公认的高光催化活性 TiO_2 催化剂(Yu J C et al., 2002)。出于对照目的，在相同条件下测试了丙酮在 P25 催化剂中的光催化分解。结果发现，丙酮在 T200 催化剂上的光催化降解速率常数为 $12.5\times10^{-3}min^{-1}$，是在 P25 上降解速率常数($5.94\times10^{-3}min^{-1}$)的 2.1 倍。这得益于 T200 的表面氟化后有更大的比表面积($62.4m^2/g$)以及高能(001)面的暴露。表面氟化导致体系游离羟基自由基的大量生成，因此大大促进了 TiO_2 的光催化活性[式(3-22)](Kim H and Choi W, 2007; Liu S W et al., 2010; Zhang J et al., 2006; Lv K L et al., 2010a; Cheng X F et al., 2008; Lv K L and Lu C S, 2008; Lv K L et al., 2010b)。有机污染物在 TiO_2 表面的光催化降解速率，是催化剂物理参数如晶型、晶化程度、颗粒尺寸、比表面积和表面化学状态等的函数(Cheng X F et al., 2008; Lv K L and Lu C S, 2008)。但是，这些参数对光催化活性的影响往往相互冲突，如更大的比表面积意味着更多活性位点暴露而有利于光催化活性的提高。但是，具有大比表面积的催化剂晶化得比较差，催化剂表面缺陷多，导致载流子容易复合因而对有机污染物的光催化分解不利(Yu J G et al., 2009a)。

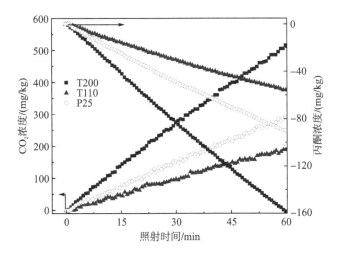

图 3-55 丙酮的光催化降解以及 CO_2 生成的曲线

图 3-56 显示了煅烧温度对催化剂光催化活性的影响。当煅烧温度从 200℃逐渐增加到 600℃左右时，TiO_2 的光催化活性下降。丙酮在 T600 上光催化降解的速率常数为 $2.19×10^{-3}min^{-1}$，仅为在 T200 上降解速率常数的 18%。这可以通过煅烧导致的表面去氟和比表面积减小来解释（表 3-6）。T600 样品的比表面积为 $15.6m^2/g$，仅为 T200 样品比表面积（$62.4m^2/g$）的 1/4。当煅烧温度提高到 700℃时，催化剂活性增大（T700 样品的降解速率常数为 $4.79×10^{-3}min^{-1}$）。这归因于 TiO_2 的晶化程度提高（Yu J G et al., 2007a）。进一步提高煅烧温度，催化剂活性因为比表面积和高能(001)面比例减小而下降。令人吃惊的是，即使经过 1100℃高温的煅烧，T1100 样品依然保持有 P25 催化剂 60%的光催化活性（降解速率常数为 $3.44×10^{-3}min^{-1}$）。当煅烧温度提高到 1200℃时，因为烧结和金红石相的生成，催化剂光催化活性（降解速率常数为 $0.68×10^{-3}min^{-1}$）急剧下降（Yu J G et al., 2009a）。

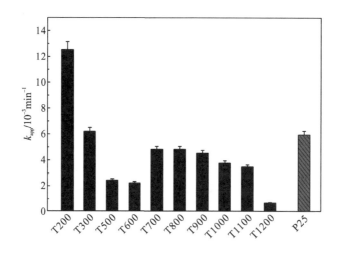

图 3-56 煅烧温度对催化剂光催化活性的影响

3.4.5 小结

氟离子不仅能促进 TiO_2 的光催化活性，还能提高锐钛矿高能(001)面 TiO_2 纳米片的热稳定性。煅烧引起氧缺位，使纳米片沿[001]方向熔合生长，以减小表面能。所制备的 88%高能(001)面暴露的 TiO_2 纳米片，显示出高热稳定性(1100℃)和高光催化活性。良好的晶化和氧缺位，阻止了 Ti—O—Ti 链的增长和晶粒的长大，从而提高了高能面 TiO_2 纳米片的热稳定性。

通过研究氟离子对 TiO_2 形貌及光催化性能的影响，具体内容包括：①相组成对 TiO_2 表面氟效应的影响；②空心结构效应和表面氟效应的协同；③高能面 TiO_2 的结构与光催化活性；④高能面 TiO_2 的热稳定性。得到以下结论。

(1) 相组成对 TiO_2 的表面氟效应有重要影响。氟修饰促进锐钛矿相 TiO_2 的光催化活性，但抑制金红石相 TiO_2 的光活性。只有当锐钛矿含量大于 40%时，混晶 TiO_2 才显示出表面氟修饰正效应。氟离子修饰抑制金红石相 TiO_2 光催化活性的原因，在于金红石相 TiO_2 的光生载流子寿命太短，空穴没有足够的时间氧化溶剂水产生羟基自由基。

(2) 相对于纳米颗粒而言，TiO_2 空心微球因为更小的晶粒尺寸和更大的比表面积，而显示出更强的吸附性能和更高的光催化活性。表面氟化可以进一步促进 TiO_2 空心微球的光催化活性，显示出空心结构效应和表面氟效应的协同作用。

(3) 氟离子对 TiO_2 的微结构和光催化活性有重要影响。结构导向剂 HF 通过晶面吸附的方式，使能量较低的(101)面和高能的(001)面的相对表面能大小发生反转，因此有利于形成高能(001)面暴露的 TiO_2 纳米晶，最终生成高能面 TiO_2 纳米片。高能面 TiO_2 的光催化活性，随着结构导向剂 HF 用量的增加而增强。高能面 TiO_2 的高光催化活性，是其高能(001)面和表面氟化双重作用的结果。

(4) 氟离子不仅能促进 TiO_2 的光催化活性，同时也提高了锐钛矿高能面 TiO_2 纳米晶的热稳定性。煅烧使表面氟离子挥发而引起氧缺位，使纳米片沿[001]方向熔合生长，以减小表面能。高能面 TiO_2 纳米晶显示出高热稳定性(1100℃)和高光催化活性。

纵观氟效应对 TiO_2 光催化产生的积极作用和取得的进展，氟在光催化材料中的引入依然存在以下几方面的问题。

(1) 氟离子修饰显著增强 TiO_2 的光催化活性，这为 TiO_2 的实际应用展示了美好蓝图。但是，其增强光催化活性的机理还不是很清楚。对氟离子修饰增强 TiO_2 光催化活性机理的深刻认识，将对开发新型高效光催化材料，具有非常重要的指导意义。因此，需要对氟效应的作用机理进行更为深入的研究。

(2) 氟离子表面修饰，虽然可以提高 TiO_2 的光催化活性，但氟效应只有在酸性体系里才能得到体现(最佳 pH 为 3)。如何拓展氟效应的 pH 范围，是一个值得进一步研究的课题。

(3) 氟离子在 TiO_2 表面的吸附和脱附是一个动态平衡。在 TiO_2 催化剂表面氟化过程中，溶液中同时存在大量的氟离子。氟离子作为一种环境污染物，也为后续水处理带来很大负担。因此，如何实现光催化体系氟离子的高效循环利用，以减轻后续水处理工段的负担，值得研究。从环保角度来说，表面氟化的 TiO_2 更适合于应用到气相光催化体系中。因为气相光催化过程不会导致表面氟离子的流失，也没有非常复杂的后处理工序。

(4) 有机污染物在 TiO_2 表面的光催化降解速率，是催化剂物理参数如晶型、晶化程度、颗粒尺寸、比表面积和表面化学状态等的函数。氟离子很容易吸附在 TiO_2 表面，因此，所有用含氟试剂制备得到的 TiO_2 纳米材料，其表面残余的氟离子，会影响 TiO_2 表面的化学状态。由于表面氟化可以大大增强催化剂的光催化活性，这些残留在催化剂表面的氟离子导致的 TiO_2 表面氟化，对催化剂光催化活性的影响不容忽略。这就会对 TiO_2 纳米材料的活性评价带来干扰，进而影响 TiO_2 结构与光催化性能之间模型的建立。因此，在这方面我们需要特别注意，以免得出错误结论。

(5) 近期的研究(如氟离子化学诱导自转变法制备 TiO_2 空心微球和氟离子作为结构导向剂制备高能面 TiO_2)表明，氟离子在 TiO_2 纳米结构的调控与制备方面，起着非常大的作用。如何通过氟离子和其他组分(如溶剂)共同作用，以实现 TiO_2 新纳米结构的调控和制备，也是一个很有吸引力的研究方向。

(6) 虽然许多研究都表明，高能面 TiO_2 具有高的光催化活性，但是一旦表面去氟以后，TiO_2 纳米晶暴露出来的高能面是否可以稳定存在？这些高能面上的原子是否会发生重构，或纳米晶之间发生作用，以进一步减小高能面的暴露？对这些问题的研究，无论是对表面化学还是对半导体光催化理论，都有非常重要的意义。

参 考 文 献

Balek V, Todorova N, Trapalis C, et al., 2005. Thermal behavior of Fe_2O_3/TiO_2 mesoporous gels. J. Therm. Anal. Calorim., 80(2): 503-509.

Chen Y M, Chen F, Zhang J L, et al., 2009. Effect of surface fluorination on the photocatalytic and photo-induced hydrophilic properties of porous TiO_2 films. Appl. Surf. Sci., 255(12): 6290-6296.

Cheng H, Ma J M, Zhao Z G, et al., 1995. Hydrothermal preparation of uniform nanosize rutile and anatase particles. Chem. Mater., 7(4): 663-671.

Cheng X F, Leng W H, Liu D P, et al., 2008. Electrochemical preparation and characterization of surface-fluorinated TiO_2 nanoporous film and its enhanced photoelectrochemical and photocatalytic properties. J. Phys. Chem. C, 112(23): 8725-8734.

Czili H, Horvath A, 2008. Applicability of coumarin for detecting and measuring hydroxyl radicals generated by photoexcitation of TiO_2 nanoparticles. Appl. Catal. B, 81(3-4): 295-302.

Dai Y Q, Cobley C M, Zeng J, et al., 2009. Synthesis of anatase TiO_2 nanocrystals with exposed {001} facets. Nano Lett., 9(6): 2455-2459.

Deng Z W, Chen M, Gu G X, et al., 2008. A facile method to fabricate ZnO hollow spheres and their photocatalytic property. J. Phys. Chem. B, 112(1): 16-22.

Devi L G, Kottam N, Kumar S G, 2009. Preparation and characterization of Mn-doped titanates with a bicrystalline framework: correlation of the crystallite size with the synergistic effect on the photocatalytic activity. J Phys Chem C, 113(35): 15593-15601.

Guan H M, Zhu L H, Zhou H H, et al., 2008. Rapid probing of photocatalytic activity on titania-based self-cleaning materials using 7-hydroxycoumarin fluorescent probe. Anal. Chim. Acta, 608(1): 73-78.

Han X G, Kuang Q, Jin M S, et al., 2009. Synthesis of titania nanosheets with a high percentage of exposed (001) facets and related photocatalytic properties. J. Am. Chem. Soc., 131(9): 3152-3153.

Hoffmann M R, Martin S T, Choi W, et al., 1995. Environmental applications of semiconductor photocatalysis. Chem. Rev., 95(1): 69-96.

Hu X Y, Zhang T C, Jin Z, et al., 2009. Single-crystalline anatase TiO_2 dous assembled micro-sphere and their photocatalytic activity. Cryst. Growth Des., 9(5): 2324-2328.

Ishibashi K, Fujishima A, Watanabe T, et al., 2000. Detection of active oxidative species in TiO_2 photocatalysis using the fluorescence technique. Electrochem. Commun., 2(3): 207-210.

Janczyk A, Krakowska E, Stochel G, et al., 2006. Singlet oxygen photogeneration at surface modified titanium dioxide. J. Am. Chem. Soc., 128(49): 15574-15575.

Jung H S, Kim H, 2009. Origin of low photocatalytic activity of rutile TiO_2. Electron. Mater. Lett., 5(2): 73-76.

Kim H, Choi W, 2007. Effects of surface fluorination of TiO_2 on photocatalytic oxidation of gaseous acetaldehyde. Appl. Catal. B, 69(3-4): 127-132.

Kittaka S, Matsuno K, Takahara S, 1997. Transformation of ultrafine titanium dioxide particles from rutile to anatase at negatively charged colloid surfaces. J. Solid State Chem., 132(2): 447-450.

Li H X, Bian Z F, Zhu J, et al., 2007. Mesoporous titania spheres with tunable chamber stucture and enhanced photocatalytic activity. J. Am. Chem. Soc., 2007, 129(27): 8406-8407.

Li Y Z, Kunitake T, Fujikawa S, et al., 2006. Efficient fabrication and enhanced photocatalytic activities of 3D-ordered films of titania hollow spheres. J. Phys. Chem. B, 110(26): 13000-13004.

Liang L, Li K N, Lv K L, et al., 2017. Highly photoreactive TiO_2 hollow microspheres with super thermal stability for acetone oxidation. Chinese J. Catal., 38(12): 2085-2093.

Lim M, Zhou Y, Wood B, et al., 2009. Highly thermostable anatase titania-pillared clay for the photocatalytic degradation of airborne styrene. Environ. Sci. Technol., 43(2): 538-543.

Liu M, Piao L Y, Zhao L, et al., 2010. Anatase TiO_2 single crystals with exposed {001} and {110} facets: Facile synthesis and enhanced photocatalysi. Chem. Commun., 46(10): 1664-1666.

Liu S W, Yu J G, Mann S, 2009. Spontaneous construction of photoactive hollow TiO_2 microspheres and chains. Nanotechnology, 20(32): 325606.

Liu S W, Yu J G, Jaroniec M, 2010. Tunable photocatalytic selectivity of hollow TiO_2 microspheres composed of anatase polyhedra with exposed {001} facets. J. Am. Chem. Soc., 132(34): 11914-11916.

Lokshin E P, Sedneva T A, 2006. On stabilization of anatase with the fluoride ion. Russ. J. Appl. Chem., 79(8): 1220-1224.

Luo H, Wang C, Yan Y, et al., 2003. Synthesis of mesostructured titania with controlled crystalline framework. Chem. Mater., 15(20): 3841-3846.

Lv K L, Xu Y M, 2006. Effects of polyoxometalate and fluoride on adsorption and photocatalytic degradation of organic dye X-3B on TiO_2: The difference in the production of reactive species. J. Phys. Chem. B, 110(12): 6204-6212.

Lv K L, Lu C S, 2008. Different Effects of fluoride surface modification on the photocatalytic oxidation of phenol in anatase and rutile TiO$_2$ suspensions. Chem. Eng. Technol., 31(9): 1272-1276.

Lv K L, Zuo H S, Sun J, et al., 2009. (Bi, C and N) codoped TiO$_2$ nanoparticles. J. Hazard. Mater., 161(1): 396-401.

Lv K L, Li X F, Deng K J, et al., 2010a. Effect of phase structures on the photocatalytic activity of surface fluorinated TiO$_2$. Appl. Catal. B, 95(3-4): 383-392.

Lv K L, Yu J G, Deng K J, et al., 2010b. Effect of phase structures on the formation rate of hydroxyl radicals on the surface of TiO$_2$. J. Phys. Chem. Solid, 71(4): 519-522.

Lv K L, Yu J G, Deng K J, et al., 2010c. Synergistic effects of hollow structure and surface fluorination on the photocatalytic activity of titania. J. Hazard. Mater., 173(1-3): 539-543.

Lv Y Y, Yu L H, Huang H Y, et al., 2009. Preparation of F-doped titania nanoparticles with a highly thermally stable anatase phase by alcoholysis of TiCl$_4$. Appl. Surf. Sci., 255: 9548-9552.

Maurino V, Minero C, Mariella G, et al., 2005. Sustained production of H$_2$O$_2$ on irradiated TiO$_2$ - Fluoride systems. Chem. Commun., 20: 2627-2629.

Minero C, Mariella G, Maurino V, et al., 2000b. Photocatalytic transformation of organic compounds in the presence of inorganic ions. 2. Competitive reactions of phenol and alcohols on a titanium dioxide-fluoride system. Langmuir, 16(23): 8964-8972.

Minero C, Mariella G, Maurino V, 2000a. Photocatalytic transformation of organic compounds in the presence of inorganic anions. 1. Hydroxyl-mediated and direct electron-transfer reactions of phenol on a titanium dioxide -fluoride system. Langmuir, 16(6): 2632-2641.

Mrowetz M, Selli E, 2005. Enhanced photocatalytic formation of hydroxyl radicals on fluorinated TiO$_2$. Phys. Chem. Chem. Phys., 7(6): 1100-1102.

Murakami N, Kurihara Y, Tsubota T, et al., 2009. Shape-controlled anatase titanium(iv) oxide particles prepared by hydrothermal treatment of peroxo titanic acid in the presence of polyvinyl alcohol. J. Phys. Chem. C, 113(8): 3062-3069.

Ohno T, Sarukawa K, Matsumura M, 2002. Crystal faces of rutile and anatase TiO$_2$ particles and their roles in photocatalytic reactions. New J. Chem., 26(9): 1167-1170.

Padmanabhan S C, Pillai S C, Colreavy J, et al., 2007. A simple sol-Gel processing for the development of high-temperature stable photoactive anatase titania. Chem. Mater., 19(18): 4474-4481.

Pan J H, Zhang X W, Du A J, et al., 2008. Self-etching reconstruction of hierarchically mesoporous F-TiO$_2$ hollow microspherical photocatalyst for concurrent membrane water purifications. J Am Chem Soc, 130(34): 11256-11257.

Park H, Choi W, 2004. Effects of TiO$_2$ surface fluorination on photocatalytic reactions and photoelectrochemical behaviors. J. Phys. Chem. B, 108(13): 4086-4093.

Park J S, Choi W, 2004. Enhanced remote photocatalytic oxidation on surface-fluorinated TiO$_2$. Langmuir, 20(26): 11523-11527.

Periyat P, Pillai S C, McCormack D E, et al., 2008. Improved high-temperature stability and sun-light-driven photocatalytic activity of sulfur-doped anatase TiO$_2$. J. Phys. Chem. C., 112(20): 7644-7652.

Periyat P, McCormack D E, Hinder S J, et al., 2009. One-pot synthesis of anionic (nitrogen) and cationic (sulfur) codoped high-temperature stable, visible light active, anatase photocatalysts. J. Phys. Chem. C, 113(8): 3246-3253.

Sun Z S, Chen Y X, Ke Q, et al., 2002. Photocatalytic degradation of cationic azo dye by TiO_2/bentonite nanocomposite. J. Photochem. Photobiol. A, 149(1-3): 169-174.

Todorova N, Giannakopoulou T, Romanos G, et al. 2008. Preparation of fluorine-doped TiO_2 photocatalysts with controlled crystalline structure. Int. J. Photoenergy, 2008: 534038.

Wang D H, Liu J, Huo Q S, et al., 2006. Surface-mediated growth of transparent, oriented, and well-defined nanocrystalline anatase titania films. J. Am. Chem. Soc., 128(42): 13670-13671.

Wu B H, Guo C Y, Zheng N F, et al., 2008. Nonaqueous production of nanostructured anatase with high-energy facets. J. Am. Chem. Soc., 130(51): 17563-17567.

Wu M M, Long J B, Huang A H, et al., 1999. Microemulsion-mediated hydrothermal synthesis and characterization of nanosize rutile and anatase particles. Langmuir, 15(26): 8822-8825.

Xiang Q J, Lv K L, Yu J G, et al., 2010. Pivotal role of fluorine in enhanced photocatalytic activity of anatase TiO_2 nanosheets with dominant (001) facets for the photocatalytic degradation of acetone in air. Appl. Catal. B, 96(3-4): 557-564.

Xiao Q, Si Z C, Zhang J, et al., 2008. Photoinduced hydroxyl radical and photocatalytic activity of samarium-doped TiO_2 nanocrystalline. J. Hazard. Mater., 150(1): 62-67.

Xu Y M, Langford C H, 2001. UV- or visible-light-induced degradation of X-3B on TiO_2 nanoparticles: The influence of adsorption. Langmuir, 17(3): 897-902.

Xu Y M, Lv K L, Xiong Z G, et al., 2007. Rate enhancement and rate inhibition of phenol degradation over irradiated anatase and rutile TiO_2 on the addition of NaF: New insight into the mechanism. J. Phys. Chem. C, 111(51): 19024-19032.

Yan M C, Chen F, Zhang J L, et al., 2005. Preparation of controllable crystalline titania and study on the photocatalytic properties. J. Phys. Chem. B, 109(18): 8673-8678.

Yang H G, Sun C H, Qiao S Z, et al., 2008. Anatase TiO_2 single crystals with a large percentage of reactive facets. Nature, 453(7195): 638-641.

Yang H G, Liu G, Qiao S Z, et al., 2009. Solvothermal synthesis and photoreactivity of anatase TiO_2 nanosheets with dominant {001} facets. J. Am. Chem. Soc., 131(11): 4078-4083.

Yu J C, Yu J G, Ho W K, et al., 2002. Effects of F- doping on the photocatalytic activity and microstructures of nanocrystalline TiO_2 powders. Chem. Mater., 2002, 14(9): 3808-3816.

Yu J G, Zhou M H, Cheng B, et al., 2005. Ultrasonic preparation of mesoporous titanium dioxide nanocrystalline photocatalysts and evaluation of photocatalytic activity. J. Mol. Catal. A, 227(1-2): 75-80.

Yu J G, Zhou M H, Cheng B, et al., 2006. Preparation characterization and photocatalytic activity of in situ N, S-codoped TiO_2 powders. J. Mol. Catal. A, 246(1-2): 176-184.

Yu J G, Su Y R, Cheng B, et al., 2007a. Template-free fabrication and enhanced photocatalytic activity of hierarchical macro-/mesoporous titania. Adv. Funct. Mater., 17: 1984-1990.

Yu J G, Zhang L J, Cheng B, et al., 2007b. Hydrothermal preparation and photocatalytic activity of hierarchically sponge-like macro-/mesoporous titania. J. Phys. Chem. C, 111(28): 10582-10589.

Yu J G, Liu W, Yu H G, 2008. A One-pot approach to hierarchically nanoporous titania hollow microspheres with high photocatalytic activity. Cryst. Growth Des., 8(3): 930-934.

Yu J G, Wang W G, Cheng B, et al., 2009a. Enhancement of photocatalytic activity of mesporous TiO_2 powders by hydrothermal surface fluorination treatment. J. Phys. Chem. C, 113(16): 6743-6750.

Yu J G, Xiang Q J, Zhou M H, et al., 2009b. Preparation, characterization and visible-light-driven photocatalytic activity of Fe-doped titania nanorods and first-principles study for electronic structures. Appl. Catal. B, 90(3-4): 595-602.

Yu J G, Xiang Q J, Ran J R, et al., 2010. One-step hydrothermal fabrication and photocatalytic activity of surface-fluorinated TiO_2 hollow microspheres and tabular anatase single micro-crystals with high-energy facets. CrystEngComm, 12(3): 872-879.

Zhang D Q, Li G S, Yang X F, et al., 2009. A micrometer-size TiO_2 single-crystal photocatalyst with remarkable 80% level of reactive facets. Chem. Commun., 29: 4381-4383.

Zhang J, Li M J, Feng Z C, et al., 2006. UV Raman Spectroscopic study on TiO_2. I. Phase transformation at the surface and in the bulk. J. Phys. Chem. B, 110(2): 927-935.

Zhang Q H, Gao L, 2003. Preparation of oxide nanocrystals with tunable morphologies by the moderate hydrothermal method: insights from rutile TiO_2. Langmuir, 19(3): 967-971.

Zhou M H, Yu J G, 2008. Preparation and enhanced daylight-induced photocatalytic activity of C, N, S-tridoped titanium dioxide powders. J. Hazard. Mater., 152(3): 1229-1236.

Zhou M H, Yu J G, Cheng B, 2006. Effects of Fe-doping on the photocatalytic activity of mesoporous TiO_2 powders prepared by an ultrasonic method, J. Hazard. Mater., 137(3): 1838-1847.

Zhou M H, Yu J G, Liu S W, et al., 2009. Spray-hydrolytic synthesis of highly photoactive mesoporous anatase nanospheres for the photocatalytic degradation of toluene in air. Appl. Catal. B, 89(1-2): 160-166.

Zhu J, Zhang D Q, Bian Z F, et al., 2009. Aerosol-spraying synthesis of SiO_2/TiO_2 nanocomposites and conversion to porous TiO_2 and single-crystalline $TiOF_2$. Chem. Commun., 36: 5394-5396.

Zuo H S, Sun J, Deng K J, et al., 2007. Preparation and characterization of Bi^{3+}-TiO_2 and its photocatalytic activity. Chem Eng Technol, 30(5): 577-582.

第 4 章　TiO_2 的微纳结构调控及光催化作用机制

4.1　多孔 TiO_2 纳米片降解 X-3B 及 NO 的性能增强机制

4.1.1　引言

减小晶粒尺寸通常会导致比表面积增大，以获得更多的活性位点，促进对污染物分子的吸附，同时还可以加快光生载流子的分离和传输，从而提高光催化活性(Liao J Y et al., 2012)。近年来，有很多关于纳米 TiO_2 材料的报道，包括纳米颗粒(Mou Z G et al., 2014)、纳米线(Lai L L et al., 2016；Xu F Y et al., 2019)、纳米管(Dong Z B et al., 2018；Low J X et al., 2019)、纳米片(Meng A Y et al., 2019)等。然而，材料的结构纳米化并非万能的。TiO_2 纳米材料由于具有较高的表面能，通常存在聚集、尺寸失控和均匀性较低的问题。此外，当 TiO_2 颗粒尺寸过小时，它变得几乎透明，不能捕获入射光(Wang K X et al., 2015)。相比之下，分级结构的 TiO_2 纳米材料因其优异的性能而备受关注。

三维多孔纳米结构通常被有效用于光催化体系中，这是因为多孔结构表面积较大可提供丰富的活性位点，同时减少大部分表面扩散和传输距离，加快光生电子-空穴对的分离效率(Zhou X J et al., 2018；Hashemizadeh I et al., 2018；Yong S M et al., 2018)。因此，在分级多孔材料表面的光催化反应更容易发生。较大的孔径加速了传质的过程，而较小的孔径因比表面积大，能够提供更多活性位点，使光催化剂和目标污染物分子之间具有良好的吸附和脱附性能。据报道(Zheng Y et al., 2014；Liang L et al., 2017；Li X F et al., 2009)，与分散 TiO_2 颗粒相比，由纳米颗粒或纳米片组装而成的空心微球具有更大的比表面积和更强的光吸收能力。研究还发现，与一般催化剂相比(Yang R W et al., 2017)，三维多孔纳米结构光催化剂具有更高的催化活性。因此，制备具有分级纳米孔结构的 TiO_2 材料以实现高效光催化活性具有重要意义。虽然自组装技术较为成熟，为制备多种分级结构提供了可能性，但制备具有复杂分级纳米结构的高效半导体光催化剂仍然面临着巨大的挑战。

Li X F 等(2020)通过在碱性溶液中进行水热反应，可将 TiO_2 纳米立方体转化

为三维多孔 TiO_2 纳米片组装体。通过调整水热反应时间可以调整其比表面积和孔隙结构。具有独特结构的 TiO_2 纳米片组装体在活性艳红(X-3B)染料降解和 NO 氧化方面均表现出优异的光催化活性。

4.1.2　光催化剂的制备

TiO_2 纳米立方体的制备：所有具有分析纯的化学试剂均购自国药化学试剂有限公司，使用过程中并未作进一步纯化处理。Low J X 等(2018)采用改性水热法制备了 TiO_2 纳米立方体。具体操作是，在磁力搅拌作用下，将 15mL 钛酸四丁酯(tetrabutyl titanate，TBT)醇溶液(含 3.4g 的 TBT)滴加到 30mL NH_4HF_2 水溶液(含 0.285g 的 NH_4HF_2)中。随后，加入 30mL H_2O_2(质量分数为40%)生成深橙色溶液。最后，将以上悬浮液转移到 100mL 的有聚四氟乙烯内胆的水热釜中，在 150℃下水热反应 10h。待自然冷却到室温后，将获得的白色沉淀过滤、水洗，并在烘箱中于 60℃下干燥 12h，即可获得 TiO_2 纳米立方体(S0 样品)。

TiO_2 纳米片组装体的制备：TiO_2 纳米立方体在碱性溶液中水热反应组装成 TiO_2 纳米片组装体。具体来说，将 1.0g TiO_2 纳米立方体分散在 100mL 的 NaOH 溶液(10mol/L)中，然后转移到有聚四氟乙烯内胆的水热釜中，于 120℃下水热反应 1.5h。冷却至室温后，将所获得的样品分散到 1.2L 盐酸溶液(0.1mol/L)中，搅拌 12h。随后过滤上述混合液，并用蒸馏水进行多次洗涤。在烘箱中 60℃下干燥 12h 后，收集所得粉末，并在 400℃下煅烧 1h，得到二维 TiO_2 纳米片组装体(S1.5 样品)。

表征测试：所制备得到的样品的结构和晶型采用 X 射线衍射仪(德国 Bruker)进行测定；形貌和结构用场发射扫描电子显微镜(field emission scanning electron microscope, FESEM)(S-4800，日立，日本)和透射电子显微镜(TEM)(Tacnai G20，美国)进行观察；元素组成和价态用 X 射线光电子能谱(XPS，采用 Kratos XSAM800 XPS 系统)进行分析。紫外-可见漫反射光谱(UV-Vis-DRS)在紫外-可见分光光度计(UV-2550，日本岛津)上进行。利用氮吸附-脱附装置(Micromeritics ASAP 2020)获得比表面积和孔径分布。在荧光分光光度计(F-7000，日立，日本)上检测光致发光(PL)光谱，激发波长为 310nm。对 DMPO-·OH 自由基和 DMPO-·O_2^- 自由基在水溶液和甲醇中分别进行了检测。电化学测量在标准三电极系统(CHI760E，电化学工作站，上海)上进行。

4.1.3　光催化活性评价装置

通过光催化降解有机染料 X-3B 和光催化氧化汽车尾气中的典型空气污染物 NO，评价所制备的 TiO_2 纳米片组装体的光催化活性。

对于 X-3B 的降解，将 50mg 的 TiO_2 纳米片组装体分散到 1.0g/L 的 X-3B 水溶液中，转移至 50mL 的圆底烧瓶中，避光超声搅拌过夜，使其达到吸附-脱附平衡。在特定的时间间隔内，取 3.0mL 悬浮液离心，在 554nm 处用紫外-可见光谱法检测上清液中 X-3B 的吸光度，根据预先做好的标准曲线计算相应的浓度。

光催化氧化去除 NO 是在 4.5L 流量的反应器中，于可见 LED(light emitting diode，发光二极管)灯下进行的，如图 4-1 所示。20mg 的光催化剂分散在 30mL 的去离子水中，将获得的悬浮液超声处理 30min，然后将其转移到直径为 11.5cm 的培养皿中，置于烘箱内在 70℃下加热 8h，使所有的去离子水完全蒸发。冷却至室温后，将装有 TiO$_2$ 光催化剂的培养皿转移至反应器中。然后密封反应器，将空气稀释到 600μg/kg 的压缩气体(N_2 平衡)中供应 NO 气体。当光催化体系达到气体吸附-脱附平衡后，打开 LED 灯激发光催化反应。通过氮氧化物分析仪在线检测出口的 NO 和 NO_2 浓度，计算 NO 去除率。

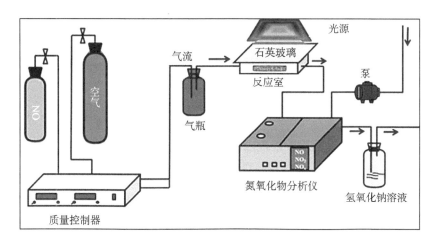

图 4-1　光催化氧化去除 NO 示意图

4.1.4　结果与讨论

4.1.4.1　相结构与形貌

图 4-2 对比了所制备得到的光催化剂的 XRD 谱图。可以看出，所有样品都有相似的 X 射线衍射峰，对应于 TiO_2(JCPDS No. 71-1167)(Jiao Y C et al., 2011)的锐钛矿相。在 2θ=25.3°、37.8°、48.1°、53.9°和 55.1°处的衍射峰分别归属于锐钛矿相 TiO_2 的(101)、(004)、(200)、(150)和(211)晶面。仔细观察发现，随着反应时间的延长，峰的宽度增大，而强度逐渐减弱。这说明 TiO_2 的结晶尺寸随着反应时间的增加而减小。较小的颗粒尺寸意味着所制备得到的光催化材料具有较大的比表面积，能够提供更丰富的活性位点，有利于 TiO_2 的光催化反应。

采用 TEM 和 SEM 观察 TiO$_2$ 光催化剂的形貌，如图 4-3 和图 4-4 所示。TiO$_2$ 的前驱体是相对分散的立方体，边长约为 100nm[图 4-3(a) 和图 4-4(a)]。在碱性溶液中水热反应 1.5h 后，TiO$_2$ 纳米立方体沿两侧转变为多层 TiO$_2$ 纳米片组装体[图 4-3(b) 和图 4-4(b)]。与纳米立方体相比，所形成的 TiO$_2$ 纳米片组装体应具有较大的比表面积，有利于光催化反应。

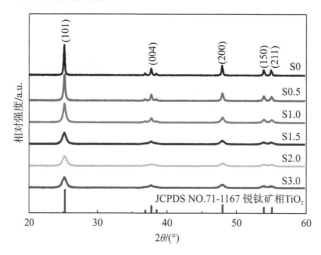

图 4-2　样品的 XRD 谱图

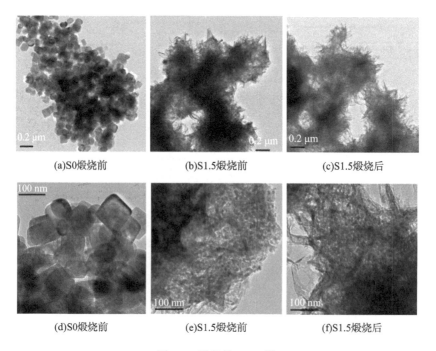

(a)S0煅烧前　　(b)S1.5煅烧前　　(c)S1.5煅烧后

(d)S0煅烧前　　(e)S1.5煅烧前　　(f)S1.5煅烧后

图 4-3　样品的 TEM 图

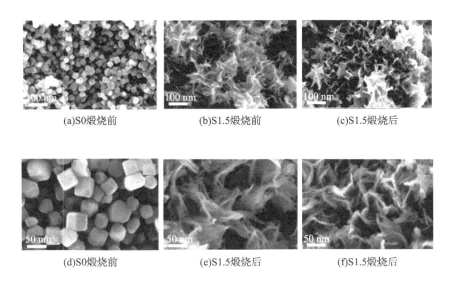

图 4-4 样品的 SEM 图

据文献报道(Yang R W et al., 2017；Sun J et al., 2013；Wu X F et al., 2019)，商用 TiO$_2$(P25)纳米颗粒在碱性溶液中通过水热反应[式(4-1)]可以转化为钛酸钠(Na$_2$TiO$_3$)纳米片，然后经过酸洗[式(4-2)]会生成片状的钛酸(H$_2$TiO$_3$)纳米片，煅烧后转化为锐钛矿相 TiO$_2$ 纳米片组装体[式(4-3)]。值得注意的是，在 H$_2$TiO$_3$ 向 TiO$_2$ 转变的过程中，TiO$_2$ 纳米片组装体的形貌略有变化[图 4-3(c)和图 4-4(c)]。

$$TiO_2(纳米颗粒) + 2NaOH \Longequal Na_2TiO_3(纳米片) + H_2O \qquad (4\text{-}1)$$

$$Na_2TiO_3(纳米片) + 2HCl \Longequal H_2TiO_3(纳米片) + 2NaCl \qquad (4\text{-}2)$$

$$H_2TiO_3(纳米片) \xrightarrow{加热} TiO_2(纳米片) + H_2O \qquad (4\text{-}3)$$

为了解释 TiO$_2$ 纳米片组装体的形貌变化过程，对 NaOH 溶液中水热反应的 TiO$_2$ 纳米立方体随时间(Sx 中 x 代表反应时间)的形貌变化进行了观察，结果如图 4-5(TEM 图)和图 4-6(SEM 图)所示。可以看出，锐钛矿相 TiO$_2$ 逐渐由纳米立方体向纳米片转变，并通过自组装成三维多孔结构。在 NaOH 溶液中反应 0.5h 后，TiO$_2$ 纳米管表面被小尺寸的纳米片包裹[图 4-5(a)和图 4-6(a)]。这些纳米片应该是由钛酸钠组成，钛酸钠是 TiO$_2$ 在高温下与 NaOH 水溶液相互作用后形成的纳米片[式(4-1)]。随着反应时间延长至 1.0h，形成越来越小尺寸的纳米片并相互交错[图 4-5(b)和图 4-6(b)]。当反应时间达到 2.0h，形成的 Na$_2$TiO$_3$ 纳米片迅速增多[图 4-5(c)和图 4-6(c)]。最后，在水热反应 3.0h 后，几乎所有前驱体 TiO$_2$ 纳米立方体都完全转变为 Na$_2$TiO$_3$ 纳米片，Na$_2$TiO$_3$ 纳米片进一步自组装成三维结构[图 4-5(d)和图 4-6(d)]。

图 4-5　样品的 TEM 图

图 4-6　样品的 SEM 图

根据上述分析,提出了由 TiO_2 纳米立方体组装为 TiO_2 纳米片组装体的形成机理(图 4-7)。首先,当 TiO_2 纳米立方体分散在 NaOH 溶液中时,TiO_2 纳米立方体表面的 Ti—O—Ti 键被打破,形成 Ti—O—Na 键;其次,形成的钛酸钠(Na_2TiO_3)晶核通过奥斯特瓦尔德(Ostwald)熟化进一步生长形成纳米片,TiO_2 纳米方块逐步被刻蚀减少。最后,TiO_2 纳米立方体全部溶解,形成的 Na_2TiO_3 纳米片相互聚集。经过酸洗和煅烧,形成 TiO_2 纳米片组装体。

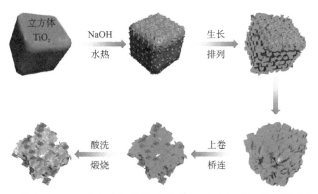

图 4-7 三维多孔 TiO_2 纳米片组装体光催化剂随反应时间的形貌变化过程图

4.1.4.2 氮气吸附-脱附和紫外-可见漫反射光谱

图 4-8 比较了光催化剂的氮气吸附-脱附等温线和相应的孔径分布曲线(内插图)。所有催化剂的氮气吸附-脱附等温线均为 Ⅳ 型，符合 BDDT(Brunauer-Deming-Deming-Teller，布鲁诺尔-戴明-戴明-特勒) 分类，对应于介孔(2~50nm) (Low J X et al., 2018)结构。在相对压力为 0.4~1.0 时，S0 的回滞环吸附等温线为 H2 型，表明 TiO_2 纳米晶(Meng A Y et al., 2018)聚集形成狭缝孔，符合其立方体结构。与 S0 不同，在相对压力为 0.9~1.0 时，S0.5 样品的回滞环吸附等温线为 H3 型。这些狭缝状孔隙通常对应于片状颗粒(Cheng J S et al., 2019)，与产物的片状结构相吻合。表 4-1 列出了所制备得到的光催化剂的比表面积和孔容。可以看出，随着反应时间的增加，TiO_2 纳米片组装体的比表面积逐渐增大。S3.0 样品的比表面积为 $168m^2/g$，是初始 TiO_2 纳米立方体 S0($44m^2/g$) 的 3.8 倍。比表面积的增大意味着能够提供更多的活性位点用于光催化反应。与初始 TiO_2 纳米立方体相比，光催化剂的孔容也有所增加。大孔容有利于目标污染物分子在光催化反应过程中的扩散，因此可促进光催化反应活性的提升(Zhu H Y et al., 2005)。

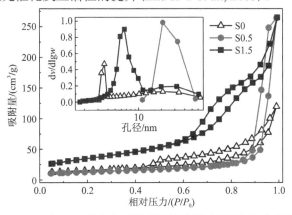

图 4-8 样品 S0、S0.5 和 S1.5 的氮气吸附-脱附等温线(插图为相应的孔径分布曲线)

表 4-1　催化剂的物理化学性质

样品	反应时间/h	比表面积/(m^2/g)	平均孔径/nm	孔容/(cm^3/g)
S0	0	44	14.0	0.18
S0.5	0.5	52	37.2	0.41
S1.0	1.0	94	18.8	0.44
S1.5	1.5	120	13.3	0.41
S2.0	2.0	124	13.1	0.39
S3.0	3.0	168	2.35	0.10

光利用率是另一个影响光催化材料性能的关键因素。因此，利用紫外-可见漫反射光谱，可对比分析初始 TiO_2 纳米立方体(S0 样品)和 TiO_2 纳米片组装体(S1.5 样品)的光吸收能力。从图 4-9(a)可以看出，与 S0 相比，S1.5 在紫外光区域的吸收急剧增加。所获得的 TiO_2 的光吸收能力增强，这可能与入射光在纳米片之间的多次折射有关(Duan Y Y et al., 2018)。根据对应的 K-M(Kubelka-Munk，库贝尔卡-孟克)函数可以得到 TiO_2 光催化剂的能带[图 4-9(b)]。由此可见，与 TiO_2 纳米立方体(3.30eV)相比，TiO_2 纳米片(3.38eV)的能带略有增加。

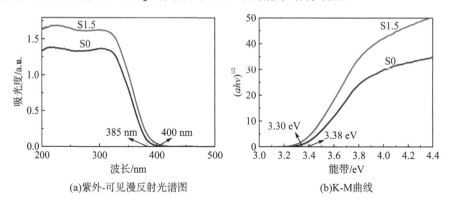

(a)紫外-可见漫反射光谱图　　(b)K-M 曲线

图 4-9　样品 S0 和 S1.5 的紫外-可见漫反射光谱图和相应的 K-M 曲线

4.1.4.3　XPS 分析

图 4-10(a)为 S0 和 S1.5 样品的 XPS 测量光谱。可以看出，两个样品均含有 Ti、O 和 C 元素，结合能分别为 458.6eV(Ti 2p)、529.9eV(O 1s)和 284.6eV(C 1s)。C 元素可能来自产物的残余碳和 XPS 设备本身的油污染(Lv K L et al., 2017)。经仔细观察，原始 TiO_2 纳米立方体中含有 F 元素，结合能为 683.8eV(F 1s)。值得注意的是，TiO_2 纳米立方体是在 HF 溶液中合成的。因此，S0 样品中 F 元素的存在是可以理解的。

S0 和 S1.5 样品在 Ti 2p 和 O 1s 区域的高分辨率 XPS 分别如图 4-10(b)和图 4-10(c)所示。对于 S1.5 样品，Ti2p 对应的峰从 458.4eV 正向移到 458.6eV [图 4-10(b)]，O 1s 的对应的峰也从 529.6eV 正向移动到 529.9eV[图 4-10(c)]。TiO_2 纳米片组装体中 Ti 2p 和 O1s 结合能在水热反应后均有轻微上升。这是因为 F 元素的电负性比 O 元素强(Lv K L et al.，2011a)。从图 4-10(d)可以看出，S0 样品的 F 1s 结合能为 683.8eV，这可以归因于表面吸附的氟离子，而不是晶格掺杂的氟离子(结合能为 688.4eV)(Lv K L et al.，2012)。在 NaOH 溶液中水热反应 1.5h，进而在 400℃下煅烧 1h 后，吸附的氟离子几乎能够全部被除去[图 4-10(d)]。

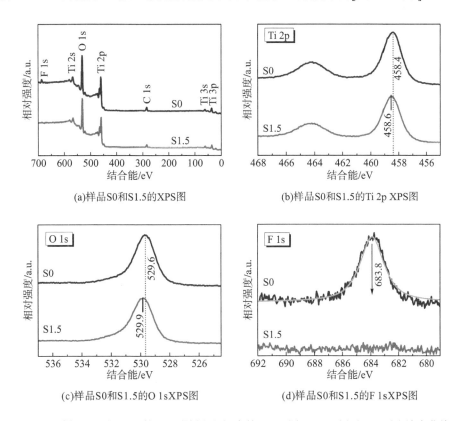

(a)样品S0和S1.5的XPS图

(b)样品S0和S1.5的Ti 2p XPS图

(c)样品S0和S1.5的O 1sXPS图

(d)样品S0和S1.5的F 1sXPS图

图 4-10 样品 S0 和 S1.5 的 XPS 图(a)和相应的 Ti 2p(b)，O 1s(c)和 F 1s(d)放大曲线

4.1.4.4 光催化活性

X-3B 是一种典型的有机偶氮染料，在没有添加光催化剂时(Li X F et al.，2009)，即使在紫外光照射下也非常稳定。从图 4-11(a)可以看出，加入 TiO_2 光催化剂后，X-3B 的降解效果显著，其中 S1.5 样品的光催化活性最高。X-3B 的降解曲线符合准一级动力学，其降解速率常数对比如图 4-11(b)所示。可以看出，

S1.5（0.203min^{-1}）的降解速率常数是 S0（0.025min^{-1}）的 8.12 倍。TiO$_2$ 纳米片组装体的光催化活性远优于以往文献报道（表 4-2）。这主要归结于比表面积和孔容的增大，促进了目标污染物分子的吸附和扩散。然而，随着水热反应时间的进一步延长，TiO$_2$ 纳米片组装体的光催化反应活性开始降低。S3.0 样品相应的降解速率常数为 0.068min^{-1}，仅为 S1.5 样品的 1/3。结晶度降低可能与 S3.0 样品的光催化反应活性有关（图 4-11）。

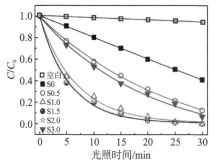 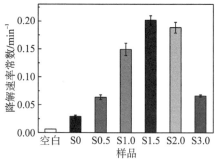

(a) 光照下 X-3B 浓度随时间变化曲线　　(b) 光照下 X-3B 浓度变化相应降解速率常数

图 4-11　紫外光照射下，X-3B 浓度随时间变化曲线（a）及相应降解速率常数（b）

表 4-2　TiO$_2$ 纳米片组装体光催化降解 X-3B 和氧化 NO 与文献值对比

催化剂	NO 最高去除率/%	X-3B 最大降解速率常数/min^{-1}	参考文献
TiO$_2$ 纳米片组装体	55	0.203	(Li X Γ et al., 2020)
TiO$_2$ 纳米催化剂	—	0.020	(Ye H P and Lu S M, 2013)
TiO$_2$ 纳米线	—	0.015	(Wu X F et al., 2016)
TiO$_2$ 纳米片组装体	—	0.039	(Lv K L et al., 2017)
N 掺杂 TiO$_2$/g-C$_3$N$_4$	46	—	(Jiang G M et al., 2018)
TiO$_2$ 空心纳米盒	20	—	(Wang D et al., 2019)
Ti^{3+} 自掺杂 TiO$_2$	60	—	(Zhao X et al., 2018)

光催化氧化 NO 也被用于进一步研究 TiO$_2$ 纳米片组装体的光催化性能 [图 4-12（a）]。与 X-3B 降解的结果不同，TiO$_2$ 纳米片组装体的光催化反应活性随水热反应时间的延长而逐渐增强。S3.0 样品的光催化活性最高，NO 去除率高达 55%，远远高于 S0（去除率为 11%）。NO 去除率越高，伴随反应产生的中间物种 NO$_2$ 反而更少，表明 NO 能够被深度氧化为硝酸盐 [图 4-12（b）]。事实上，NO$_2$ 是一种比 NO 毒性更强的大气污染物，其毒性为 NO 的 4~5 倍。NO$_2$ 中间产物的浓度能够得到有效抑制，意味着反应路径发生了变化，使得 NO 趋向于更为彻底地转化为硝酸盐。

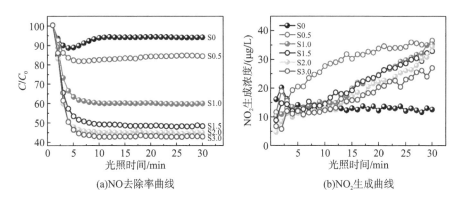

图 4-12 光催化氧化 NO 去除率曲线(a)和相应 NO$_2$ 生成曲线(b)

4.1.4.5 光电化学性质

光生电子-空穴对的有效分离对光催化剂的催化活性尤为重要(Hao L et al., 2019)。为了证明多孔 TiO$_2$ 纳米片组装体具有优异的光电化学性能，对 TiO$_2$ 光催化剂的稳态荧光(PL)和表面光电压进行了表征测试。从图 4-13(a)可以看出，随着水热反应时间的延长，光催化剂的荧光强度减弱，表明纳米片组装体结构可以抑制电子-空穴对的复合，提高光催化反应活性。与稳态荧光的结果一致，TiO$_2$ 纳米片组装体(S1.5 样品)的表面光电压为 0.586mV，是 TiO$_2$ 纳米立方体(S0 样品表面光电压为 0.028mV)的 21 倍[图 4-13(b)]。

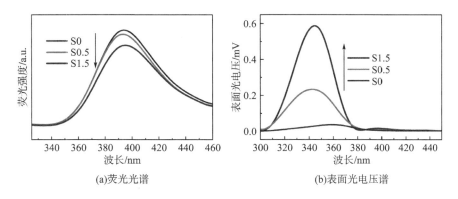

图 4-13 催化剂荧光光谱(a)和表面光电压谱(b)比较($\lambda_{激发}$ = 310nm)

羟基自由基(·OH)和超氧自由基($\cdot O_2^-$)均为重要的活性氧物种(reactive oxygen species, ROS)，它们可对有机物进行光催化氧化。为了研究光催化氧化机理，采用吡啶氮氧化物(DMPO)自旋俘获 ESR 信号光谱分别检测了水溶液和乙醇分散体系中的·OH[图 4-14(a)]和·O_2^-[图 4-14(b)]。由图 4-14 可以看出，与 TiO_2 纳米立方体(S0 样品)相比，在 TiO_2 纳米片组装体(S1.5 样品)中捕获的·OH 和·O_2^- 的信号强度都急剧增加。由此可见，TiO_2 纳米片组装体的光催化活性增强并不奇怪。

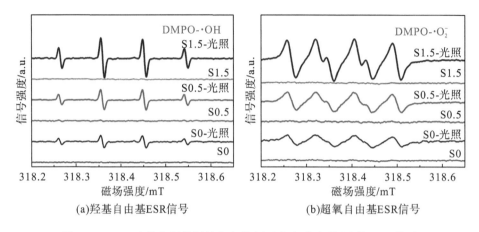

图 4-14　TiO_2 光催化剂的羟基自由基(a)和超氧自由基(b)的 ESR 信号

4.1.4.6　光催化剂的稳定性

从实际应用的角度来看，TiO_2 纳米片组装体的光催化稳定性能显得非常重要。从 S1.5 降解 X-3B 和 S3.0 氧化 NO 的循环测试曲线(图 4-15)可以看出，在相同的测试条件下，光催化剂连续使用 5 次后，X-3B 的降解曲线和 NO 的氧化曲线几乎保持不变，说明具有很好的稳定性。TiO_2 纳米片组装体的高稳定性使其在水处理和空气净化方面具有广阔的应用前景。

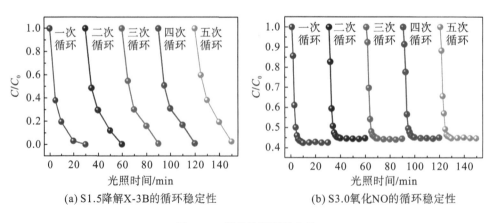

图 4-15　样品的循环稳定性

4.1.5 小结

综上所述,通过将 TiO_2 纳米立方体在碱性溶液中进行反应,成功地制备了多孔 TiO_2 纳米片组装体。与初始 TiO_2 纳米立方体相比,优化后的 TiO_2 纳米片组装体光催化降解 X-3B 和氧化 NO 的活性分别提高了 8.12 倍和 5.0 倍。多孔 TiO_2 纳米片组装体光催化活性提高的原因可归结为:①比表面积增大,提供了更多的活性位点和孔容,促进了目标污染物分子的扩散;②光吸收增强,组装体中的纳米片之间多重折射提高了对光的利用率。·OH 和 ·O_2^- 都是重要的 ROS,它们有利于有机染料的降解和 NO 的高效去除。该工作为制备高效半导体光催化剂提供了新的途径。

4.2 暴露(001)面 TiO_2 纳米片对丙酮的高效光催化氧化

4.2.1 引言

丙酮作为一种挥发性有机化合物,是一种应用广泛的溶剂,尤其是在化工领域。丙酮的排放不仅会给环境带来问题,也会给人类健康带来危害。当丙酮蒸气浓度高于 500mg/kg 时,会刺激眼睛,危害呼吸系统(Li Y H et al., 2018)。因此,探索一种高效的丙酮分解方法具有十分重要的意义。由于半导体光催化是一种环境友好的方法,因此可以利用半导体光催化技术去除丙酮。

光催化的量子效率与 TiO_2 的物理性质密切相关,如晶体结构、相对结晶度、颗粒大小和比表面积(Wen J Q et al., 2015;Liang L et al., 2017;Xu Y M et al., 2007;Lan J F et al., 2015;Lin S et al., 2018a;Lin S et al., 2018b;Li X et al., 2016;Sajan C P et al., 2016;Xia Y et al., 2017;Wang Q et al., 2016;Wang X F et al., 2015)。近年来,通过表面氟化降低 TiO_2 表面能来合成具有暴露的高能(001)表面的 TiO_2 纳米晶体越来越受到人们的关注(Liang L et al., 2017;Sajan C P et al., 2016;Xu Y M et al., 2007;Lan J F et al., 2015;Lin S et al., 2018a;Lin S et al., 2018b;Li X et al., 2016;Xia Y et al., 2017;Wang Q et al., 2016;Wang X F et al., 2015)。考虑到 $TiOF_2$ 立方体是含氟材料,在煅烧过程中更容易转化为高能 TiO_2 纳米晶体。在高温下去除表面吸附的氟离子后,光催化剂表面形成的氧空位(oxygen vacancy, Ov)会阻止邻近的锐钛矿相 TiO_2(A-TiO_2)纳米晶体的融合,从而提高 TiO_2 纳米晶体的热稳定性。本节(Shi T et al., 2018)系统研究了 $TiOF_2$ 立方体的结构和光催化活性与煅烧温度的关系。以丙酮为目标 VOC,评价所制备的光催化剂的光催化活性。

4.2.2 光催化剂制备

以钛酸四丁酯(tetrabutyl titanate，TBT)、乙酸(acetic acid，HAc)和氢氟酸(HF)(Huang Z A et al., 2013)为原料，通过溶剂热反应合成了前驱体 $TiOF_2$。在磁力搅拌作用下，将 20.0g TBT 滴加到含有 6.4mL HF(质量分数为 47%)和 40.0mL HAc 的混合溶液中。将得到的白色悬浮液转移到体积为 100mL 的高压釜中，于 200℃下反应 2h。将白色沉淀用乙醇和蒸馏水洗涤至滤液中性(pH=7)，于烘箱中 80℃干燥后，得到前驱体 $TiOF_2$。

在相同的升温速率(5℃/min)下，将前驱体 $TiOF_2$ 在一定温度(300~1200℃)下煅烧 2h。得到的光催化剂记为 Tx，其中 x 为煅烧温度(表 4-3)。例如，T500 是前驱体 $TiOF_2$ 在 500℃下煅烧 2h 制备的光催化剂。

表 4-3 光催化剂的物理性质

样品	煅烧温度/℃	相结构 [a]	比表面积 [b]/(m²/g)
T300	300	$TiOF_2$	5.7
T400	400	$TiOF_2$/A-TiO_2	6.4
T500	500	$TiOF_2$/A-TiO_2	5.6
T600	600	A-TiO_2	3.2
T700	700	A-TiO_2	2.4
T800	800	A-TiO_2	2.0
T900	900	A-TiO_2	2.0
T1000	1000	A-TiO_2/R-TiO_2	1.3
T1100	1100	A-TiO_2/R-TiO_2	1.2
T1200	1200	R-TiO_2	0.4

注：a. A-TiO_2 和 R-TiO_2 分别代表锐钛矿相 TiO_2 和金红石相 TiO_2；b. 在相对压力(P/P_0)为 0.05~0.3 的条件下，采用多点 BET 法测定了比表面积。

表征测试：采用 D8 型 X 射线粉末多晶衍射仪(德国 Bruker)对催化剂进行了物相分析，在加速电压为 15kV、外加电流为 20mA 的条件下，Cu-Kα 辐射扫描速率保持在 0.02°/s。采用加速电压为 20kV 的 FESEM(日本日立)和加速电压为 200kV 的 TEM (Tecnai G20，美国)观察制备的光催化剂的形貌。用紫外分光光度计(UV-2550，日本岛津公司)在 200~800nm 波长范围内，以硫酸钡为背景，测定了光催化剂的光学性质。用 KBr 球团技术在红外光谱仪 Nexus 470 上获得傅里叶变换红外光谱仪(Fourier transform infrared spectrometer, FTIR)光谱,利用真空下 2×10^{-6}Pa 的单色 Al-Kα 辐射在光电子能谱仪上(VG Multilab 2000,美国热电公司)测量 XPS。所有结合能以 284.8eV 处由表面外源碳产生的 C1s 峰为参考。在室温(频率为 100kHz,微波功率为 0.99mW)下,于 EPR 光谱仪(JES-FA 200, JEOL,日本电子)中记录光催化剂的 EPR 信号。氮吸附-脱附等温线在美国产的 Micromeritics ASAP 2020 型氮吸附-脱附设备上进行测定。在研究光催化剂的表面积之前,所有样品需首先在 200℃下进行脱气。

光电化学测量:使用 CHI760E(中国上海)作为电化学工作站,测量瞬态光电流、电化学阻抗谱(electrochemical impedance spectroscopy,EIS)能斯特图和莫特-肖特基(Mott-Schottky)图,Pt 丝作为对电极,制备的样品和饱和 KCl 中的 Ag/AgCl 分别作为工作电极和参比电极。测量时电解液采用 0.4mol/L 的 Na_2SO_4。在 Mott-Schottky 测量中,将直流电势极化保持在固定频率,并在玻碳电极上制备工作电极。在进行光电流测试前,将 50mg 光催化剂和 30μL 电解质分别分散于 1mL 水-无水乙醇混合溶液(体积比为 1∶1)中,然后将混合溶液超声均匀,形成均相催化剂胶体。以制备的光催化剂胶体为前驱体,采用滴涂法制备 ITO/TiO_2 电极。光源为 3W 的 LED 灯(LAMPLIC,中国深圳),发射波长为 365nm。

4.2.3 光催化活性评价装置

室温条件下,在紫外光照射下于 5L 反应器中对气态丙酮进行光催化氧化,考察光催化剂的光催化活性。先将 0.3g 粉末分散于 30mL 的蒸馏水中,超声处理 5min,然后将所得悬浮液均匀转移至 3 个直径约 7.0cm 的玻璃培养皿中。80℃下烘干 2h 后,将涂有一层光催化剂的培养皿放入反应釜中,用微注射器注入 10μL 丙酮。然后,蒸发的丙酮开始吸附在光催化剂的表面。30min 后,可达到丙酮的吸附-脱附平衡。打开培养皿上方 5cm 处的紫外光,激发丙酮的光催化氧化反应。利用红外光声谱气体监测仪(1412 型,INNOVA Air Tech Instruents)在线测定反应器中丙酮和生成的二氧化碳的浓度。丙酮吸附平衡后的初始浓度约为 300mg/kg,在打开 UV 灯(15W@365nm)前,初始浓度保持约 5min 不变。灯的辐照度为 0.41W/cm^2。

4.2.4 结果和讨论

4.2.4.1 煅烧温度对相结构的影响

煅烧温度对相结构的影响:光催化剂的相结构在光催化反应过程中起着重要作用。因此,利用 XRD 研究了光催化剂在煅烧过程中的相演变。由图 4-16 可知,制备的 TiOF$_2$ 前驱体在 $2\theta=23.4°$ 处有一个宽峰,对应于 TiOF$_2$ 的(100)面衍射,且 TiO$_2$ 相(A-TiO$_2$ 和 R-TiO$_2$)在此处没有衍射峰出现,说明成功制备得到 TiOF$_2$(Huang Z A et al., 2013)。在 300℃煅烧 2h 后,样品 T300 的相结构基本保持不变。随着煅烧温度升高至 400℃,TiOF$_2$ 的峰值强度减小。同时,样品 T400 在 $2\theta=25.3°$ 处有一个小峰,对应于 A-TiO$_2$ 的(101)面衍射,表明 TiOF$_2$ 开始向锐钛矿相变。TiOF$_2$ 在 500℃煅烧后,这种相变更加明显,在 600℃时,制备的 TiOF$_2$ 完全转变为 A-TiO$_2$。TiOF$_2$ 热诱导相变为 TiO$_2$ 的反应如式(4-4)所示(Zhao X et al., 2018)。

$$2\text{TiOF}_2 \xrightarrow{\text{高温}} \text{TiO}_2 + \text{TiF}_4\uparrow \tag{4-4}$$

随着煅烧温度的进一步升高(600~900℃),A-TiO$_2$ 的峰值强度增加,说明结晶度增强。同时,(101)面衍射峰宽度的减小表明 A-TiO$_2$ 晶粒尺寸的增大。A-TiO$_2$ 的(101)面峰强度在煅烧温度为 1000℃时开始下降,这是 A-TiO$_2$ 向 R-TiO$_2$ 转变的表现。T1100 样品在 $2\theta=27.3°$ 处形成了一个小峰,与 R-TiO$_2$ 的(110)平面衍射相对应。只有当煅烧温度达到 1200℃时,A-TiO$_2$ 才能全部转变为 R-TiO$_2$。

通常情况下,A-TiO$_2$ 纳米晶体在 600℃左右开始转变为 R-TiO$_2$。然而,在该研究工作中,锐钛矿相转变为金红石相的温度高达 1100℃,这表明这些样品能够适用于高温环境。

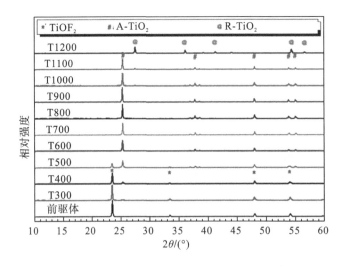

图 4-16 不同温度下光催化剂的 XRD 图谱

4.2.4.2 形态的演变

前驱体 TiOF$_2$ 的 SEM 和 HRSEM 图像如图 4-17 所示。这些 TiOF$_2$ 纳米颗粒呈立方状且相对分散[图 4-17(a)],这与文献报道的一致(Wang Z Y et al., 2012; Chen L et al., 2012)。从图 4-17(b)所示的 HRSEM 图像中,可以估测出 TiOF$_2$ 立

方体的边长约为250nm。

前驱体 TiOF$_2$ 在 300℃下煅烧后,得到的样品(T300)的形貌基本保持不变(SEM 图像此处未显示)。然而,从 T400 样品的 SEM 图像中可以清楚地看到一些内部中空的纳米盒[图 4-18(a)]。这些锐钛矿相 TiO$_2$ 纳米盒(TiO$_2$-HNBs)由 TiO$_2$ 纳米片(TiO$_2$-NSs)与暴露的高能(001)切面组装而成(Wen C Z et al., 2011)。TiO$_2$-NSs 的厚度约为30nm。已有文献(Yang H G et al., 2008;Lv K L et al., 2012)证明,使用氟离子作为形貌导向剂可以制备出(001)面暴露的高能 TiO$_2$ 纳米晶体,因此可以推断含氟材料 TiOF$_2$ 在煅烧过程中能够形成高能 TiO$_2$-NSs。

(a)SEM图像　　　　　(b)HRSEM图像

图 4-17　前驱体 TiOF$_2$ 的 SEM 和 HRSEM 图像

由于获得的 TiO$_2$-HNBs 的边长与这些前驱体 TiOF$_2$ 立方体相似,因此认为 TiO$_2$-NSs 组装 TiO$_2$-HNBs 是通过 Ostwald 熟化过程进行的(Huang Z A et al., 2013;Lou X W et al., 2008)。

在 500℃下煅烧后,大部分 TiOF$_2$ 立方体转化为 TiO$_2$-HNBs[图 4-18(c)]。图 4-18(d)为破碎的 TiO$_2$ 空心纳米盒的 HRSEM 图像,可以看到 TiO$_2$ 纳米片的厚度增加到约 50nm,比 T400 样品厚得多。

通过观察 T500 样品的 TEM 图像[图 4-19(a)],进一步证实了 TiO$_2$-HNBs 的结构,可以观察到一些竖立的片状 TiO$_2$-NSs 和一个尚未完全转化为锐钛矿相 TiO$_2$ 的 TiOF$_2$ 立方体,这与相应的 XRD 表征结果一致(图 4-16)。从离散 TiO$_2$-NSs 的侧面 HRTEM 图像[图 4-19(b)]中,可以清楚地观察到晶格间距为 0.235nm 的平行于底部和顶部的小平面,对应于 A-TiO$_2$ 的(001)面(Han X G et al., 2009)。这证实了 TiO$_2$-HNBs 是由高能量 TiO$_2$-NSs 与暴露的(001)面组装而成的(Wang Z Y et al., 2010)。

当煅烧温度升高到 600℃时,我们可以看到几乎所有的 TiO$_2$-HNBs 都分解为离散的 TiO$_2$-NSs[图 4-18(e)]。从 TiO$_2$ 纳米晶体的截断双锥体结构[图 4-18(f)]可以估测出 TiO$_2$-NSs 的厚度约为 100nm(T600 样品),而 T700 样品的厚度约为 150nm[图 4-18(g)和图 4-18(h)]。在 1100℃煅烧后,部分 TiO$_2$ 纳米晶仍保持双锥体(十面体)形状,并暴露出(001)和(101)面[图 4-18(i)和图 4-18(j)],进一步表明了高能 TiO$_2$-NSs 的热稳定性。

当 TiOF$_2$ 立方体在 1200℃下煅烧时,TiO$_2$ 纳米结构的双锥体形状消失[(图 4-18(k)和图 4-18(l)]。这与 A-TiO$_2$ 向 R-TiO$_2$ 相变导致的样品烧结有关(图 4-16)。通过对比图 4-19 中 TiO$_2$-NSs 的形貌,我们可以清楚地看到,TiOF$_2$ 立方体热处理后导致 TiO$_2$ 纳米片沿[001]方向生长。

(a)T400样品SEM图像

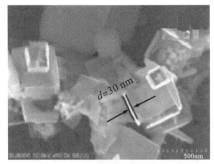
(b)T400样品HRSEM图像

(c)T500样品SEM图像

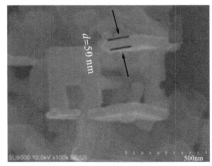
(d)T500样品HRSEM图像

(e)T600样品SEM图像

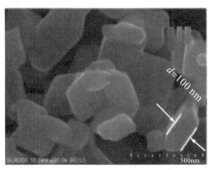
(f)T600样品HRSEM图像

第 4 章 TiO₂ 的微纳结构调控及光催化作用机制

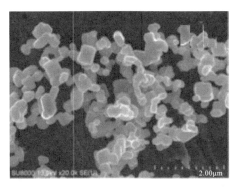

(g)T700样品SEM图像

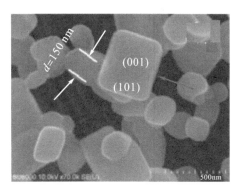

(h)T700样品HRSEM图像

(i)T1100样品SEM图像

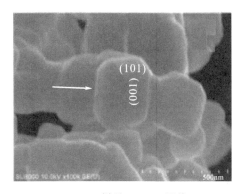

(j)T1100样品HRSEM图像

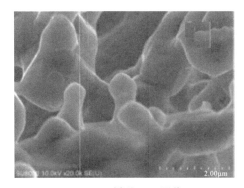

(k)T1200样品SEM图像

(l)T1200样品HRSEM图像

图 4-18 不同样品的 SEM 和 HRSEM 图像

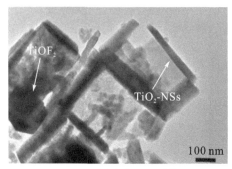 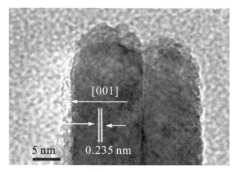

(a) T500样品的TEM图像   (b) T500样品的HRTEM图像

图 4-19　T500 样品的 TEM 和 HRTEM 图像

4.2.4.3　紫外-可见漫反射光谱和 FTIR

光吸收能力对光催化剂(Li Y H et al., 2017)的性能起着非常重要的作用。因此，对比分析了样品的紫外-可见漫反射光谱。从图 4-20 可以看出，当煅烧温度低于 1100℃时，所有样品展现出相似的吸收光谱。T400 样品的紫外-可见漫反射光谱开始于 389nm 处，对应的带隙为 3.19eV。而 T1200 样品的吸收带边有明显的红移。T1200 样品的光谱开始于 424nm，带隙为 2.92eV，这是由相变引起的。

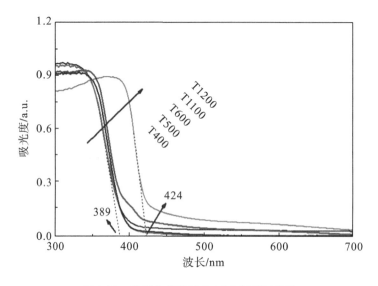

图 4-20　光催化剂的紫外-可见漫反射光谱

图 4-21 比较了不同煅烧温度下处理的光催化剂的红外光谱。从图中可以看出，所有样品都出现了强吸收峰，位于 3427cm^{-1}、1628cm^{-1}、1403cm^{-1} 和 554cm^{-1}。3427cm^{-1} 和 1628cm^{-1} 的峰可归属于空气中吸附的水分子中的—OH/H$_2$O，而 1403cm^{-1} 和 554cm^{-1} 的峰则可归因于 Ti—O 和 O—Ti—O 的伸缩振动。经过仔细观察，在 978cm^{-1} 处发现了一个较强的吸收峰，随煅烧温度的升高而减弱。该峰是由 TiOF$_2$ 中 Ti—F 键的振动引起的。当煅烧温度提高到 600℃时，Ti—F 的振动消失，是因为 TiOF$_2$ 已经完全转变为 A-TiO$_2$（图 4-16）(Zhao X et al., 2018)。

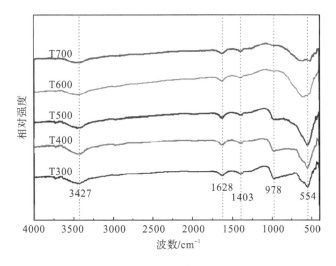

图 4-21　光催化剂的 FTIR

4.2.4.4　XPS 分析

图 4-22(a)比较了 T400、T500 和 T600 的 XPS 图像。不同煅烧温度下所制备得到的催化剂显示出相似的 XPS 图像。所有样品都含有钛(Ti)、氧(O)、氟(F) 和碳(C)元素。C 元素来源于 XPS 仪器本身的外来烃。当煅烧温度从 400℃升到 600℃时，F 元素的峰强随着煅烧温度的升高有减小的趋势。T400 样品中 F 和 Ti 的原子个数比为 1.19，T500 样品为 0.50，T600 样品为 0.17。F 含量随着煅烧量的增加而逐渐降低，这是由 TiOF$_2$ 向 A-TiO$_2$ 发生相变以及 A-TiO$_2$ 表面吸附氟离子的去除引起的。

图 4-22(b)和图 4-22(c)分别为 Ti2p 和 O1s 区域的高分辨率 XPS 图。随着煅烧温度的升高，样品的 Ti2p 和 O1s 结合能均稳定降低。这是由 TiOF$_2$ 到 TiO$_2$ 的相变[图 4-16 和式(4-4)]，以及煅烧后 TiO$_2$ 表面吸附氟离子被去除而形成的氧空位导致的(Lv K L et al., 2011)。500℃煅烧后，吸附在高能 TiO$_2$ 纳米晶表面的氟离子几乎全部被去除。

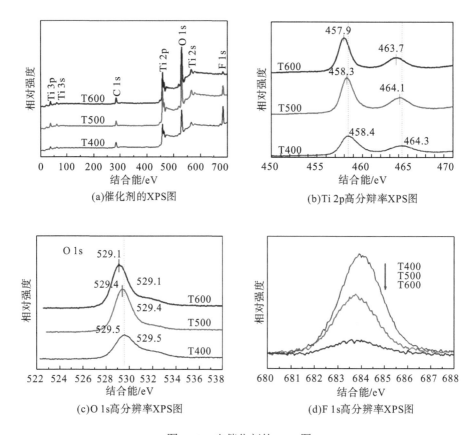

图 4-22 光催化剂的 XPS 图

以 684eV 为中心的 F 1s 结合能峰[图 4-22(d)]为表面氟(Ti-F)。所有光催化剂中均未发现与 TiO_2 晶格 F^- 对应的结合能约为 688.5eV 的峰,说明 $TiOF_2$ 的煅烧不会导致 $A-TiO_2$ 中氟的掺杂(Yu J C et al., 2002)。随着煅烧温度的升高,F 1s 的峰强稳定下降,这可能是由 $TiOF_2$ 向 $A-TiO_2$ 的热诱导相变和表面吸附氟离子的脱附引起的(Yang H G et al., 2008)。

4.2.4.5 丙酮的光催化氧化

采用丙酮光催化氧化来评价所制备的光催化剂的光催化活性。丙酮的光催化氧化反应如式(4-5)所示。

$$(CH_3)_2CO + 4O_2 \Longrightarrow 3CO_2 + 3H_2O \tag{4-5}$$

通过计算 2h 内分解的丙酮[图 4-23(a)],对比分析了光催化剂的相对光催化活性。结果表明,前驱体 $TiOF_2$ 的光催化活性可以忽略(仅分解 4.0mg/kg 的丙酮)。$TiOF_2$ 的光催化活性较差可能是由光生载流子复合率高所致。

光催化剂的光催化活性随着煅烧温度从 300℃ (12.8mg/kg) 到 500℃ (102.5mg/kg) 升高而增加,这是由 A-TiO_2 的生成造成的。当进一步升高煅烧温度时,从 600℃ (94.6mg/kg) 到 1100℃ (25.4mg/kg),光催化剂的光催化活性逐渐降低,可能是由比表面积下降造成的(表 4-3)。当煅烧温度为 1200℃时,所制备得到的 T1200 只有 5.9mg/kg 的丙酮发生了光催化降解。这是因为 A-TiO_2 完全转变为 R-TiO_2(图 4-16),比表面积最小(0.4m^2/g)。

从实际应用的角度来看,光催化剂的可重复利用也起着关键作用。因此,测定了 T500 样品在丙酮氧化过程中 5 次循环的稳定性[图 4-23(b)]。即使连续重复使用 T500 样品 5 次,其光催化活性也没有发生明显下降,意味着 T500 样品呈现出良好的实际应用前景。

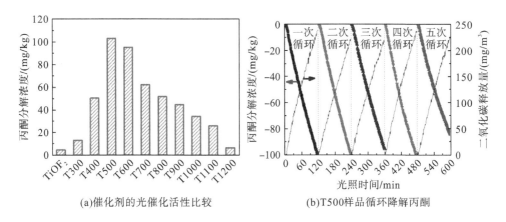

(a) 催化剂的光催化活性比较　　　　(b) T500 样品循环降解丙酮

图 4-23　催化剂的光催化活性对比和 T500 样品在光催化氧化丙酮中的循环稳定性

4.2.4.6　光催化作用机制

光电流通常用来评价半导体光催化剂产生和转移载流子的能力(Liang L et al., 2017; Huang T T et al., 2018)。因此,对制备的光催化剂的光电流进行了几个通断电周期的测试(图 4-24)。当 TiO_2 薄膜电极上有光照射时,产生了明显的瞬时光电流信号,并表现出良好的重现性。当灯关闭时,所有 TiO_2 薄膜电极的光电流密度值瞬间接近于零。此外,还可以观察到,随着煅烧温度从 400℃提高到 600℃,光催化剂的光电流密度先升高后降低。T500 样品的光电流密度高达 2.8μA/cm^2,远远高于 T400 (1.1μA/cm^2) 和 T600 (2.3μA/cm^2) 样品。半导体光催化剂的光催化活性与光生电子-空穴对的分离效率密切相关。因此可以预测 T500 的光催化活性高于 T400 和 T600 样品,这与实验结果一致[图 4-23(a)]。

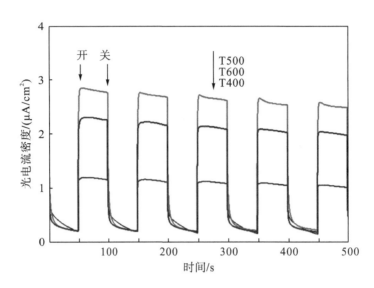

图 4-24 光催化剂的光电流密度测试

氟离子对钛具有较强的亲和力[式(4-6)]，引入表面氟化可以明显提高 TiO_2 纳米晶的光催化活性(Xu Y M et al., 2007；Cheng X F et al., 2008；Minero C et al., 2000)。Yu J G 等(2014)的研究表明，表面能的差异使得光生电子和空穴分别迁移到(101)和(001)晶面。聚集在(101)晶面上的导带电子被表面吸附的氧捕获产生超氧自由基($\cdot O_2^-$)，而聚集在(001)晶面上的价带空穴转化为羟基自由基($\cdot OH$)。$\cdot O_2^-$ 和 $\cdot OH$ 都是降解有机物的重要活性氧物种(ROS)。与原始 TiO_2 相比，TiO_2 的表面氟化使形成的羟基自由基由表面束缚的形式[式(4-9)]转变为游离的形式($\cdot OH_{游离}$)。这是因为 F^- 被表面的—OH[式(4-6)]置换，导致溶剂水被空穴直接氧化[式(4-10)]。

$$\equiv Ti-OH + F^- \longrightarrow \equiv Ti-F + OH^- \tag{4-6}$$

$$TiO_2 + h\nu \longrightarrow TiO_2\ (h^+ \cdots e^-) \tag{4-7}$$

$$O_2 + e^- \longrightarrow \cdot O_2^- \tag{4-8}$$

$$\equiv Ti-OH + h^+ \longrightarrow \equiv Ti\cdots OH \tag{4-9}$$

$$\equiv Ti-F + H_2O + h^+ \longrightarrow \equiv Ti-F + \cdot OH_{游离} \tag{4-10}$$

游离的 $\cdot OH$ 比表面束缚的 $\cdot OH$ 更活跃。由于 $\cdot O_2^-$ 和 $\cdot OH_{游离}$ 的双重进攻，丙酮氧化为 CO_2 和 H_2O 的反应能力得到极大提升[式(4-11)]。表面氟化 TiO_2 纳米片对丙酮氧化的光催化活性增强机制如图 4-25 所示。

$$C_3H_6O + \cdot O_2^-/\cdot OH_{游离} \longrightarrow CO_2 + H_2O \tag{4-11}$$

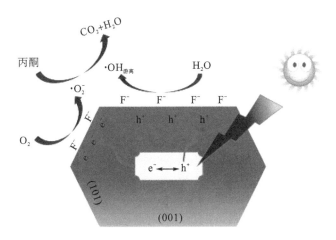

图 4-25 暴露高能(001)面的表面氟化 TiO₂ 纳米片光催化氧化丙酮活性增强的机制

近年来，由于 TiO₂ 纳米片独特的性能和广泛的应用前景，分级纳米结构的研究受到越来越多的关注。例如，与固体球相比，TiO₂ 空心微球通常表现出更强的光催化活性，这主要是因为它们具有更好的光吸收性能(Li X F et al., 2009)。在该研究中，由 TiO₂ 纳米片组装而成的 TiO₂ 空心纳米盒分级结构的 T500 样品也有利于光的利用(图 4-20)，从而提高光催化反应活性。

然而，TiO₂-NSs 的光催化反应活性随着煅烧温度的升高而逐渐降低，这是由于 TiO₂ 中空纳米盒的坍塌和表面吸附氟的去除，留下了表面氧空位(Cheng J S et al., 2018)。

电子顺磁共振(electron paramagnetic resonance, EPR)技术证实了表面氧空位的形成(图 4-26)。结果表明，在 400~600℃煅烧温度范围内，光催化剂的氧空位信号强度随煅烧温度的升高而增加，这是由表面吸附氟离子的热诱导脱附所致[式(4-12)]。

$$\equiv Ti\text{—}F \xrightarrow{\text{高温}} \equiv Ti\text{—}\square \qquad (4\text{-}12)$$

$$\equiv Ti\text{—}OH + HO\text{—}Ti\equiv \longrightarrow \equiv Ti\text{—}O\text{—}Ti\equiv + H_2O \qquad (4\text{-}13)$$

$$\equiv Ti\text{—}\square + \square\text{—}Ti\equiv \longrightarrow NO \text{ 反应} \qquad (4\text{-}14)$$

只有当纳米晶的晶体尺寸大于临界尺寸时，相变才会发生(Periyat P et al., 2009；Padmanabhan S C et al., 2007)。因此，TiO₂ 纳米晶体的生长是 A-TiO₂ 向 R-TiO₂ 发生相变的前提。通过在两个相邻的 TiO₂ 纳米颗粒之间形成≡Ti—O—Ti≡链，原始 TiO₂ 纳米晶体的生长相对容易[式(4-13)]。然而，由于表面氧空位的形成[式(4-14)]，阻止了≡Ti—O—Ti≡链的生长。只有当晶格氧在高温下从体相扩散到带有氧空位的 TiO₂ 纳米晶体表面时，相邻的 TiO₂-NSs 才有可能形成(Lv K L et al., 2011a)。因此，通过煅烧 TiOF₂ 立方体制备的 TiO₂-NSs 具有良好的热稳定性。

经煅烧去除表面吸附的氟离子后,TiO$_2$-NSs 倾向于沿[001]方向累积生长,高表面能降低(Lv K L et al., 2011),TiO$_2$-NSs 的厚度稳定增加(图 4-18)。

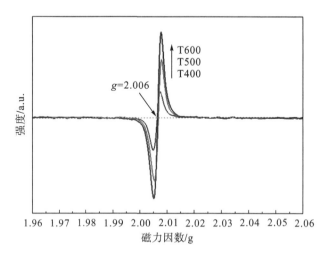

图 4-26 光催化剂的电子顺磁共振(EPR)光谱

4.2.5 小结

通过煅烧 TiOF$_2$ 立方体制备了热稳定性高的 TiO$_2$ 纳米晶体。锐钛矿-金红石相变温度高达 1100℃。由于表面氟化,500℃煅烧样品对丙酮氧化的光催化活性最高。TiO$_2$ 纳米晶体的高热稳定性是由去除了阻止晶体生长的表面吸附氟离子后,表面氧空位的引入所致。该研究结论为热稳定材料的设计提供了新的思路。

4.3 结合静电纺丝与水热法合成 TiO$_2$ 纳米纤维

4.3.1 引言

尽管零维(0D)TiO$_2$ 纳米颗粒因其大的比表面积而表现出较强的光催化反应活性,但它很难被回收进行再利用(Duan Y Y et al., 2018)。因此,一维(1D)TiO$_2$ 纳米线(Marimuthu T et al., 2017)或纳米管(Ning X et al., 2018; Low J X et al., 2018)、二维(2D)TiO$_2$ 纳米片(Ma X Y et al., 2018; Shi T et al., 2018)或阵列(Hu J H et al., 2016)、三维(3D)TiO$_2$ 空心微球(Yang R W et al., 2017; Li Q et al., 2018)和 TiO$_2$ 空心纳米盒(Zhao X et al., 2018; Zhang C J et al., 2018)的合成备受关注。

静电纺丝提供了一种制备 1D 半导体纳米纤维的技术,例如将离散的 0D 纳米粒子组装成纳米纤维,由于光生电子-空穴沿着不同的方向迁移,能够抑制光生载流子复合来提高光催化反应活性(Duan Y Y et al., 2018;Tang Q et al., 2018;Zhang Z Y et al., 2014;Formo E et al., 2008)。此外,静电纺丝制备的非纺织材料孔隙率高、透气性好,有利于光催化净化空气。

为进一步提高静电纺丝法制备的 TiO_2 纳米纤维(TiO_2-NFs)的比表面积和孔隙率,该研究在 NaOH 溶液中对 TiO_2-NFs 进行了进一步处理。锐钛矿相 TiO_2 纳米颗粒(TiO_2-NPs)与 NaOH 反应生成钛酸钠纳米片[式(4-15)],经过酸洗和煅烧[式(4-16)和式(4-17)]后转化为锐钛矿相 TiO_2 纳米片(TiO_2-NSs)(Yang R W et al., 2017;Zheng Z K et al., 2010)。通过该策略,可以获得 TiO_2-NSs 组装成的 TiO_2-NFs(TiO_2-NFs-NSs)。

$$锐钛矿相 TiO_2(纳米颗粒) + 2NaOH \longrightarrow Na_2TiO_3(纳米片) + H_2O \quad (4\text{-}15)$$
$$Na_2TiO_3(纳米片) + H_2SO_4 \longrightarrow H_2TiO_3(纳米片) + Na_2SO_4 \quad (4\text{-}16)$$
$$H_2TiO_3(纳米片) \xrightarrow{加热} 锐钛矿相 TiO_2(纳米片) + H_2O \quad (4\text{-}17)$$

Lin Y P 等(2013)的研究表明,将 TiO_2-NFs-NSs 应用于染料敏化太阳能电池(DSSC)时,其光电转换效率高于未改性的 TiO_2-NFs。然而,该报道并未对 TiO_2-NFs-NSs 的光电效率与水热反应时间之间的关系进行系统的研究。此外,DSSC 的性能是基于光敏原理,TiO_2 光阳极膜表面吸附的光敏剂(染料)被可见光激发产生高能电子,随后转移到 TiO_2 的导带。然而,在光催化氧化过程中,紫外光照下 TiO_2 光催化剂表面产生活性氧物种(ROS),如羟基自由基($\cdot OH$)和超氧自由基($\cdot O_2^-$),这些 ROS 可用于氧化有机污染物。因此,本节(Lu Y C et al., 2020)系统研究了水热反应时间对 TiO_2-NFs-NSs 光催化性能和光电转换效率的影响。

4.3.2 光催化剂的制备

(1)TiO_2-NFs 的制备。

采用静电纺丝技术制备 TiO_2-NFs。在磁力搅拌作用下,将 3.4g 钛酸四丁酯滴入含有 15.0g 无水乙醇和 4.0g 冰醋酸的烧杯中,然后在混合溶液中加入 1.0g 聚乙烯吡咯烷酮(相对分子质量 M =1300000)。进一步搅拌 6h 后,将产生的黏性溶液通过静电纺丝装置(QZNT-E01,中国佛山勒普顿)进行纺丝,其流速为 0.1mL/min,外加电压为 22kV,针尖与收集纤维用的铝箔板距离保持在 4.0cm 左右。最后将收集到的纳米纤维膜在 500℃下煅烧 2h,得到 TiO_2-NFs(标记为 T0)样品。

(2)TiO_2-NFs-NSs 的制备。

在碱性溶液中对 T0 进行进一步处理,然后进行酸洗和煅烧,合成了由纳米片组装成的滚轮刷状 TiO_2-NFs。通常情况下,将2.5g纺成的纳米纤维膜浸入160mL 的 NaOH(10mol/L)溶液中,然后转移到 200mL 有聚四氯乙烯内胆的高压釜中,在 120℃的烘箱中反应 3h。冷却至室温后,移除上清液,将收集得到的白色粉末重新分散于 900mL 稀 HCl 溶液(0.1mol/L)中。磁力搅拌 12h 后,对悬浮液进行过滤,用蒸馏水将滤饼洗涤至 pH 为中性。最后,样品在 400℃下煅烧 1h,得到 TiO_2-NFs-NSs(T3.0)样品。制备催化剂的流程如图 4-27 所示。

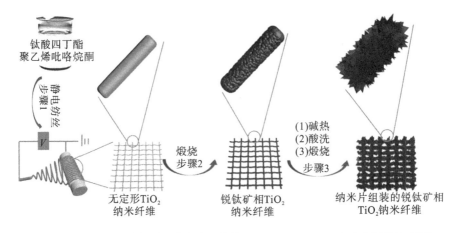

图 4-27 静电纺丝技术制备纳米片组装的 TiO_2(TiO_2-NFs-NSs)纳米纤维流程图

为了便于比较,除了水热反应时间外,在其他条件下制备了一系列 TiO_2-NFs-NSs 样品。制备的 TiO_2-NFs-NSs 样品记为"Tx",其中"x"表示在 NaOH 溶液中的反应时间(h)(表 4-4)。

表 4-4 TiO_2 纳米纤维的物理性质

样品	水热反应时间/h	晶粒尺寸/nm[a]	氮气吸附[b]			光电参数[c]			
			S_{BET}/(m^2/g)	PV/(cm^3/g)	APS/nm	I_{sc}/(mA/cm^2)	V_{oc}/V	FF	η/%
T0	0	17.1	28	0.09	13.6	2.25	0.780	0.649	1.14
T0.5	0.5	17.1	34	0.13	15.4	2.52	0.778	0.678	1.33
T1.0	1.0	16.1	62	0.31	19.8	3.01	0.764	0.630	1.45
T1.5	1.5	14.4	84	0.40	18.8	4.22	0.760	0.717	2.30
T2.0	2.0	14.7	91	0.41	17.7	4.62	0.765	0.724	2.56
T2.5	2.5	14.4	104	0.53	20.1	4.87	0.746	0.729	2.65
T3.0	3.0	13.4	106	0.54	20.0	2.75	0.747	0.735	1.51

注:a. 根据谢乐公式计算的 TiO_2 样品的晶粒尺寸。b. S_{BET}、PV 和 APS 分别表示光催化剂的比表面积、孔容和平均孔径。c. I_{sc}、V_{oc}、FF 和 η 分别为短路电流密度、开路电压、填充系数和光电阳极膜的光电转换效率。

4.3.3 光电转换效率测试

根据电流-电压(I-V)曲线测量了 TiO$_2$-NFs 的光电转换效率。首先，利用印刷技术将 TiO$_2$-NFs 浆料涂覆在 FTO 玻璃表面，制备了基于 TiO$_2$-NFs 薄膜的光阳极 (Yang R W et al., 2017; Wang W G et al., 2014)。为了使有机溶剂蒸发，将涂有一层 TiO$_2$-NFs 薄膜的 FTO 玻璃放入烘箱，在 80℃下加热处理 10min。冷却至室温后，将其置于管式马弗炉中，于 450℃煅烧 30min，去除所有的有机物。其次，将涂有 10 层 TiO$_2$-NFs 膜的煅烧 FTO 玻璃浸在 0.5mmol/L 的 N719 染料无水乙醇溶液中 24h，用以吸附敏化剂。最后，用乙醇清洗光阳极膜以除去物理吸附的敏化剂，然后在 80℃的烘箱中加热 2h 以蒸发溶剂。

为组装染料敏化太阳能电池(DSSC)，将敏化的 TiO$_2$-NFs 膜基光阳极与 Pt 对电极夹在一起。注入电解液后，即刻测试光电转换效率。

4.3.4 结果和讨论

4.3.4.1 形貌和相结构

图 4-28 为未经过碱热处理的 T0 样品的 SEM 图像。可以看出，T0 样品是直径为 80~100nm 的纳米纤维的聚集体[图 4-28(a)]。从放大的 SEM 图像[图 4-28(b)]中可以看出，这些 TiO$_2$ 纳米纤维(TiO$_2$-NFs)是由纳米颗粒组装而成的。碱热处理 0.5h 后，总体来看 TiO$_2$ 纳米纤维(T0.5)的形貌基本保持不变[图 4-29(a)]，但仔细观察发现，T0.5 样品的表面变得粗糙，一些纳米片附着在 TiO$_2$-NFs 表面[图 4-29(b)]，这应该来自 TiO$_2$ 纳米颗粒的转化(Yang R W et al., 2017)。

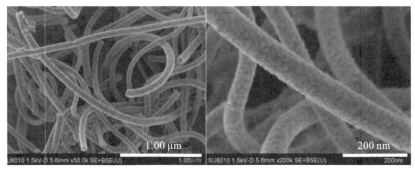

(a)分辨率1.00μm (b)分辨率200nm

图 4-28　TiO$_2$-NFs(T0 样品)在 NaOH 溶液中处理前的 SEM 图像

当反应时间延长到 1.0h 时，得到的 TiO$_2$-NFs 表面变得更加粗糙[图 4-29(c)]，这与 TiO$_2$-NSs 的生长有关[图 4-29(d)]。进一步增加反应时间至 1.5h[图 4-29(e)]、2.0h[图 4-29(f)]和 2.5h[图 4-29(g)]时，TiO$_2$-NFs 呈卷曲的刷子状。由于 TiO$_2$-NSs 的过度生长，在 T3.0 样品中很难观察到 TiO$_2$-NFs 的纤维结构[图 4-29(h)]。

(a)样品T0.5 SEM图像(2.00μm)

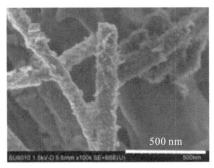
(b)样品T0.5 SEM图像(500nm)

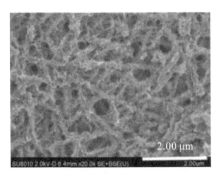
(c)样品T1.0 SEM图像(2.00μm)

(d)样品T1.0 SEM图像(500nm)

(e)样品T1.5 SEM图像(2.00μm)

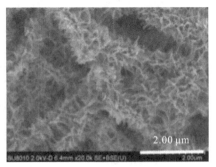
(f)样品T2.0 SEM图像(2.00μm)

(g)样品T2.5 SEM图像(2.00μm)　　　(h)样品T3.0 SEM图像(2.00μm)

图 4-29　样品 T0.5(a, b)、T1.0(c, d)、T1.5(e)、T2.0(f)、T2.5(g)和 T3.0(h)的 SEM 图像(箭头处表明存在 TiO₂ 纳米颗粒)

从 T0 样品[图 4-30(a)和(b)]和 T3.0 样品[图 4-30(c)和(d)]的 TEM 图像和 HRTEM 图像中也可以更清晰地观察到 NaOH 溶液中 TiO₂ 纳米颗粒向 TiO₂ 纳米片的转化。元素映射还记录了锐钛矿相 TiO₂ 纳米颗粒[图 4-31(a)]向 Na₂TiO₃[图 4-31(b)]、H₂TiO₃[图 4-31(c)]和锐钛矿相 TiO₂ 纳米片[图 4-31(d)]的转化过程。从图 4-31 中可以看出，经过 NaOH 处理的 TiO₂ 样品中含有高浓度的 Na 元素，这是由于 Na₂TiO₃[式(4-15)]的形成，酸洗后，由于 H₂TiO₃[式(4-16)]的产生，Na 的浓度急剧下降。因此，使用该策略，能够成功地将大部分 TiO₂-NFs 转换为 TiO₂-NFs-NSs。这种转变不仅可以使 TiO₂-NFs 的比表面积急剧增大，为吸附和光反应提供更多的活性位点，而且由于光在纳米片之间的多次反射，有利于光的吸收(Li X et al., 2018)。

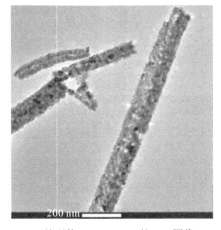

(a)处理前TiO₂-NFs(T0)的TEM图像　　　(b)处理前TiO₂-NFs(T0)的HRTEM图像

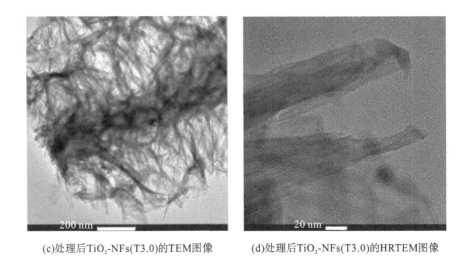

(c)处理后TiO₂-NFs(T3.0)的TEM图像　　(d)处理后TiO₂-NFs(T3.0)的HRTEM图像

图 4-30　TiO₂-NFs 的 TEM 和 HRTEM 图像

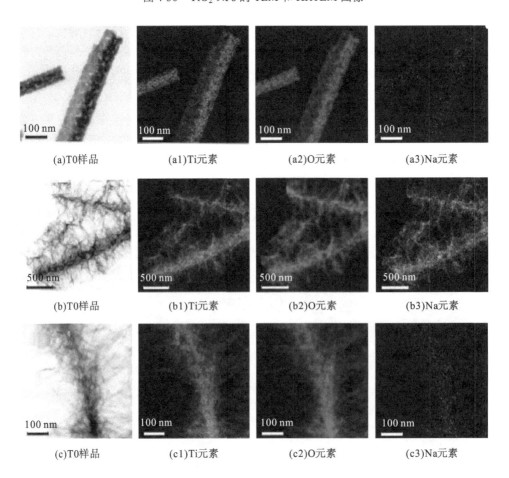

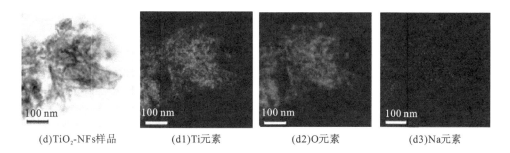

图 4-31　T0 样品(a)在 NaOH 溶液中处理 2 h(b)、在 HCl 溶液中洗涤(c)和煅烧后(d)得到的 TiO_2-NFs 样品的 TEM 元素分析图像

XRD 表征结果表明，所有纳米纤维均以锐钛矿相 TiO_2 为主，只含有少量金红石相(图 4-32)。通常锐钛矿相 TiO_2 比金红石相 TiO_2 具有更强的光催化活性，少量的金红石相 TiO_2 的存在有利于 TiO_2 同质结的形成(Yan M C et al.,2005)。

从图 4-32 中还可以看出，随着水热反应时间的延长，锐钛矿相 TiO_2 的 XRD 衍射峰越来越宽，越来越衰弱，其中以(101)面的峰强最为明显，表明其结晶度有所降低。根据谢乐公式，计算得到 TiO_2 样品的平均晶粒尺寸，结果如表 4-4 所示。可以看出，随着水热反应时间从 0h 增加到 3.0h，TiO_2 的平均晶粒尺寸从 17.1nm(T0 样品)稳定减小到 13.4nm(T3.0 样品)。结晶度低意味着缺陷较多，这会降低 TiO_2 光催化剂的光催化反应活性。

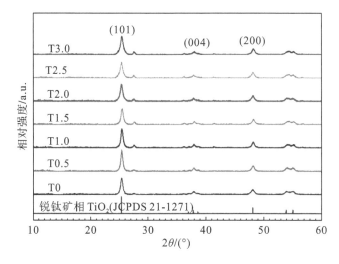

图 4-32　TiO_2 纳米纤维光催化剂的 XRD 图谱和锐钛矿相 TiO_2 的标准图谱

4.3.4.2 氮气吸附-脱附等温线

比表面积和孔结构是影响光催化剂光催化反应活性的重要因素。因此，比较了氮气吸附-脱附等温线的变化趋势。从图 4-33 可以看出，随着水热时间的延长，吸附等温线稳定向上移动，这表明 TiO_2-NFs-NSs 的比表面积增加(Yang R W et al., 2017)。TiO_2-NFs(T0 样品)的比表面积仅为 $28m^2/g$，在 NaOH 溶液中处理 1.0h、2.0h 和 3.0h 后分别增加到 $62m^2/g$、$91m^2/g$ 和 $106m^2/g$(表 4-4)。因此，通过在 NaOH 溶液中处理 TiO_2-NFs，然后进行酸洗和煅烧，可以达到提高 TiO_2-NFs 比表面积的目的。

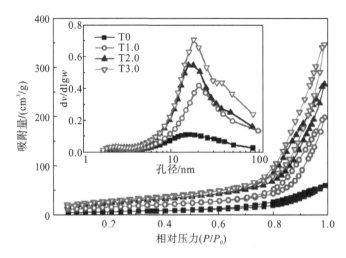

图 4-33 光催化剂的氮气吸附-脱附等温线和相应的孔径分布曲线(内插图)

通过仔细观察发现，相对压力为 0.6~0.9 的吸附-脱附等温线的滞后环由瓶状孔隙形成的 H2 型向狭缝状孔隙形成的 H3 型演变，这与 TiO_2-NFs 从纳米颗粒(T0)到纳米片(T3.0)的形状演变一致(Huang Z A et al., 2013；Wang Z Y et al., 2010)。图 4-33 内插图比较了不同处理时间下的光催化剂的孔径分布曲线。可以看出，随着水热反应时间的增加，样品的孔容稳定增大(表 4-4)，这与 TiO_2-NSs 的生长有关。T3.0 样品的孔容高达 $0.54cm^3/g$，是 T0 样品(仅 $0.09cm^3/g$)的 6.0 倍。孔容的增加有利于光催化反应中气体的传质和扩散，有利于光催化反应活性的提升(Li X et al., 2016)。

4.3.4.3 光催化氧化丙酮

丙酮是工业上广泛使用的有机溶剂，也是一种典型的可引起神经系统紊乱的有害挥发性有机化合物(VOCs)(Zhu X B et al., 2016；Liang L et al., 2017)。本节在紫外线照射下进行光催化氧化丙酮实验来评价 TiO_2-NFs 的光催化活性。丙酮的氧化过程根据以下反应式进行：

$$C_3H_6O + 4O_2 \rightleftharpoons 3CO_2 + 3H_2O \tag{4-18}$$

图 4-34(a)为丙酮在不同 TiO_2-NFs 上的光催化氧化曲线。可以看出，以 T0 样品为例，30min 内可分解 32mg/kg 的丙酮，同时产生 77mg/kg 的 CO_2，说明光照后还原的丙酮不是吸附在光催化剂表面，而是直接矿化。

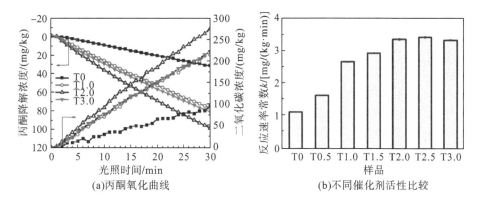

(a)丙酮氧化曲线　　(b)不同催化剂活性比较

图 4-34　丙酮的光催化氧化活性

丙酮的氧化曲线可以用伪零级动力学方程[式(4-19)]拟合。

$$dC/dt = k \tag{4-19}$$

式中，C 为光照时间 t(min)时丙酮的浓度，mg/kg；k 为反应速率常数，mg/(kg·min)。

接下来比较不同 TiO_2-NFs 的相对光催化活性与相应的反应速率常数。从图 4-34(b)可以清楚地观察到，TiO_2-NFs 的光催化反应活性随着水热反应时间从 0h 到 2.5h 而稳定地增加。T2.5 样品的光催化反应速率常数达到 3.41mg/(kg·min)，约是 T0 样品的 3.1 倍。但进一步增加水热反应时间至 3.0h 后，TiO_2-NFs 的反应速率常数降低到 3.32mg/(kg·min)。T3.0 样品的光催化反应活性下降可能是 TiO_2 晶粒尺寸减小所致(表 4-4)。

4.3.4.4　紫外-可见漫反射光谱、荧光光谱和光电流密度

为了阐明 TiO_2-NFs-NSs 光催化反应活性提高的原因，本节对比分析了光催化剂的光吸收能力。从图 4-35(a)的紫外-可见漫反射光谱可以看出，随着水热反应时间的增加，TiO_2-NFs 在紫外区域的吸收能力稳定提升，这可能是纳米片之间光的多次反射效应所致。进一步观察表明，所有样品在 410nm 以上的波长都表现出微弱的吸收。这可能是由于 TiO_2 中含有杂质，TiO_2-NFs 的前驱体含有一些有机物，如聚乙烯吡咯烷酮，在煅烧过程中可能无法完全去除。随着水热反应时间的延长，TiO_2-NFs 在可见光区的吸收逐渐减少，说明 TiO_2-NFs 与 NaOH 的水热反应有利于 TiO_2-NFs 中杂质的脱除。

从图 4-35(b)所示的荧光光谱可以看出，TiO$_2$-NFs 的荧光强度也随着水热反应时间的增加而稳定地增强，这些 400~500nm 的可见光荧光信号来自表面氧空位和缺陷(Lv K L et al., 2012)。TiO$_2$-NFs-NSs 荧光强度的增加也可归因于其在紫外光区域的光吸收能力的提高。

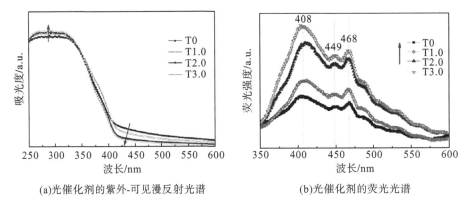

(a)光催化剂的紫外-可见漫反射光谱　　(b)光催化剂的荧光光谱

图 4-35　光催化剂的光谱对比

图 4-36 比较了原始 TiO$_2$-NFs(T0 样品)和分级 TiO$_2$-NFs-NSs(T3.0 样品)的瞬态荧光光谱。TiO$_2$-NFs-NSs 载流子的平均寿命为 4.3ns，略低于原始 TiO$_2$-NFs 载流子的 6.7ns。由于只有非常快的载流子才能复合，TiO$_2$-NFs-NSs 载流子较短的平均寿命意味着其载流子分离增强(Cheng J S et al., 2018)。因此，TiO$_2$ 纳米颗粒向 TiO$_2$ 纳米片的转化有利于载流子的分离和迁移。

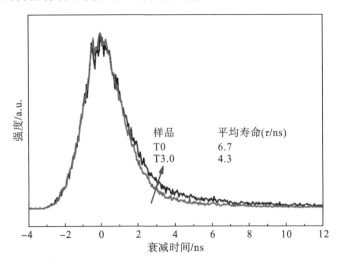

图 4-36　原始 TiO$_2$-NFs(T0 样品)和分级 TiO$_2$-NFs-NSs(T3.0 样品)的瞬态荧光光谱的比较(条件：$\lambda_{激发}$=310nm 和 $\lambda_{入射}$=410nm)

考虑到光生载流子的分离/迁移速率对半导体光催化剂的光催化反应活性至关重要，本节进一步比较了光催化剂的光电流密度。人们普遍认为，光电流密度越大，光产生载流子的分离和迁移效率越高(Zhang L et al., 2019)。T2.0 样品的光电流密度达到 0.156μA/cm², 几乎是 T0 样品光电流密度(0.085μA/cm²)的 2 倍。因此，与原始 TiO₂-NFs 相比，TiO₂-NFs-NSs 具有更高的光催化反应活性并不奇怪(图 4-37)。

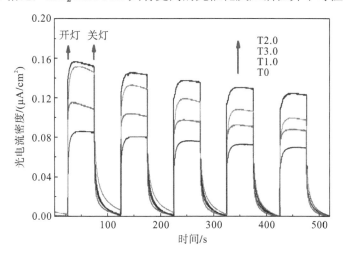

图 4-37　光催化剂的光电流密度

4.3.4.5　光电转换效率

本研究通过染料敏化太阳能电池的光电转换效率评价了 TiO₂-NFs 的光催化反应活性。光电转换效率(η)根据式(4-20)(Yang X J et al., 2019；Yu J G et al., 2010a)进行计算：

$$\eta = \frac{V_{oc} I_{sc} \mathrm{FF}}{P_{in}} \times 100\% \tag{4-20}$$

其中，V_{oc}、I_{sc}、FF、P_{in} 分别为开路电压、短路电流密度、薄膜填充系数和入射光能量。

图 4-38 比较了基于 TiO₂-NFs 薄膜的 DSSC 的电流-电压(I-V)曲线，表 4-4 总结了相应的光电参数。可以看到，所有样品的开路电压相似(0.746～0.780V)，而 TiO₂-NFs 基薄膜电池的短路电流随着水热反应时间从 0h 到 2.5h 逐渐增加，从 2.25mA/cm² 增加到 4.87mA/cm²。进一步增加水热反应时间至 3.0h，T3.0 样品的短路电流密度降至 2.75mA/cm²。因此，T2.5 样品基薄膜 DSSC 的光电转换效率最高(2.65%)，是原始 TiO₂-NFs 基 DSSC(1.14%)的约 2.3 倍。这一趋势与光催化剂对丙酮氧化的光催化反应活性一致(图 4-34)。

进一步研究表明，随着光催化剂水热反应时间的增加，敏化 TiO₂-NFs 薄膜在可见光区的吸收强度逐渐增加(图 4-39)，这可以归因于染料(敏化剂)在

TiO$_2$-NFs-NSs 上的吸附增强。由于 TiO$_2$-NFs 的比表面积与水热反应时间呈正相关(表 4-4)，因此与原始 TiO$_2$-NFs(T0 样品)相比，TiO$_2$-NFs-NSs(如 T3.0 样品)可以提供更多的染料吸附位点，有利于捕获可见光(Li H X et al., 2007)，提高光电转换效率(图 4-38)。

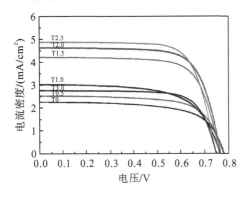
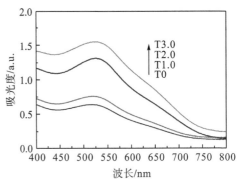

图 4-38　TiO$_2$ 纳米纤维光阳极 DSSC 的电流密度-电压曲线

图 4-39　敏化剂吸附后 TiO$_2$-NFs 膜电极的紫外-可见漫反射光谱

4.3.5　小结

将静电纺丝制得的 TiO$_2$-NFs 在 NaOH 溶液中进行水热处理，然后进行酸洗和煅烧，制备出高光催化活性的 TiO$_2$-NFs-NSs。采用这种策略，TiO$_2$ 纳米颗粒可转变为 TiO$_2$ 纳米片，极大提高了 TiO$_2$-NFs 的比表面积和孔容。与原始 TiO$_2$-NFs 相比，分级 TiO$_2$-NFs-NSs(T2.5 样品)对丙酮的光催化氧化活性和膜基 DSSC 的光电转换效率，约是 T0 样品的 3.1 倍和 2.3 倍。分级 TiO$_2$-NFs-NSs 光催化反应活性的增强归因于比表面积的增大，为目标污染物分子吸附和光催化反应提供了更多的活性位点；而孔容的增加，有利于气体的扩散/传质。由于光在纳米片之间的多重反射，提高了光吸收能力，而且与 TiO$_2$ 纳米颗粒相比，TiO$_2$ 纳米片光生载流子的分离效率更高。

4.4　TiO$_2$ 空心微球高光催化氧化丙酮性能增强机制

4.4.1　引言

近年来，一些研究小组开始关注空心结构 TiO$_2$ 的研究，如 TiO$_2$ 空心微球(TiO$_2$-HMSs)(Yang R W et al., 2017；Yu J G et al., 2006；Yang H G et al., 2004；

Li X X et al., 2006；Cheng X J et al., 2006；Dwivedi C and Dutta V, 2012；Guo N et al., 2014；Hu W Y et al., 2016；Xia Y et al., 2017；Wang X F et al., 2015）。这是因为 TiO_2-HMSs 具有反应活性高、密度低、透气性好、易回收等优点（Chen S F et al., 2014；Dai G T et al., 2012；Zheng Z K et al., 2010；Lan J F et al., 2015）。然而，在正常条件下，高光催化活性的锐钛矿相 TiO_2 在高于 600℃的温度下极易转化为活性较低的金红石相，这限制了 TiO_2-HMSs 在高温情况下的商业应用（Lv K L et al., 2011a）。为了提高锐钛矿相 TiO_2 的热稳定性，对金属离子掺杂的 TiO_2 进行了研究。Shutilov A A 等（2017）用叔丁基铝溶液浸渍干凝胶（锐钛矿相）制备了 Al 掺杂的锐钛矿相 TiO_2 纳米粒子，该纳米粒子在 950℃煅烧后仍保有锐钛矿相。然而，在煅烧过程中也会形成微量的 Al_2O_3。结果表明，在制备过程中使用硫代甘油作为包覆剂可以提高锐钛矿相 TiO_2 纳米粒子的热稳定性。然而，提高 TiO_2 纳米颗粒热稳定性的温度范围仅在 500~650℃（Kumari Y et al., 2017）。

非金属离子掺杂如硫离子（Periyat P et al., 2008）、氮离子（Periyat P et al., 2009）和氟离子（Lv K L et al., 2011a；Liu S W et al., 2009a；Lv Y Y et al., 2009）也被用来提高锐钛矿到金红石的相变温度。其中，氟化处理是获得高热稳定性锐钛矿相 TiO_2 的有效手段。根据 Yu J C 等（2002）的研究，氟离子的存在可以有效阻止锐钛矿相到金红石相的相变。Padmanabhan S C 等（2007）也报道了在三氟乙酸存在下制备的高温稳定的锐钛矿相 TiO_2（高达 900℃）的光催化活性。同样，锐钛矿相在高温下的存在可归因于晶格中存在少量的氟。据报道，可利用钛酸四丁酯和氢氟酸混合溶液进行水热反应，制备具有高热稳定性且含有高能（001）晶面的锐钛矿相 TiO_2 纳米片（Lv K L et al., 2011a）。锐钛矿相 TiO_2 纳米片的高热稳定性归因于其表面对氟离子的强吸附。然而，目前还没有关于制备高光催化活性、高热稳定性的 TiO_2-HMSs 的报道。

本节（Liang L et al., 2017）根据文献（Cai J H et al., 2013），对 $Ti(SO_4)_2$-NH_4F-H_2O_2 混合溶液进行水热处理，制备了 TiO_2-HMSs。考虑到表面氟化的 TiO_2-HMSs 应具有较高的热稳定性，研究了煅烧温度对制备的 TiO_2-HMSs 的结构和光催化活性的影响（图 4-40），并在紫外光照射下，通过光催化氧化丙酮来评价其光催化活性。

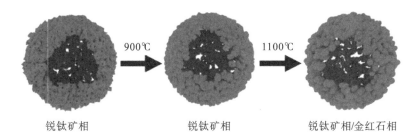

图 4-40　煅烧温度对 TiO_2-HMSs 形貌和相结构的影响

4.4.2 光催化剂的制备

根据之前的报道(Cai J H et al., 2013),本节在氟离子存在的条件下,制备了表面氟化的 TiO_2-HMSs 前驱体。首先,在磁力搅拌作用下,将 7.5mmol 的 $Ti(SO_4)_2$ 和 7.5mmol 的 NH_4F 溶解在 65mL 的去离子水中。接着,向混合溶液中滴加 10mL H_2O_2(质量分数为 30%)。然后,将形成的深棕色溶液转移到 100mL 有聚四氟乙烯的高压水热釜中,在 180℃下水热处理 3h,冷却到室温后,收集沉淀物,用蒸馏水洗涤,在真空炉中进行恒温干燥。最后将得到的白色粉末(TiO_2-HMSs 前驱体)在不同温度(300~1100℃)下煅烧 2h。为简单起见,将在一定温度下煅烧的样品记为 Tx,其中 x 表示煅烧温度(表 4-5)。

表 4-5 光催化剂的物理性能

样品	煅烧温度/℃	相组成 [a]	S_{BET}[b]/(m²/g)	PV[b]/(cm³/g)	APS[b]/nm	CS[c]/nm	RC[d]
前驱体	—	A	20.8	0.11	21.7	79.0	1.00
T300	300	A	15.1	0.09	23.4	78.5	0.98
T500	500	A	11.4	0.07	21.4	79.8	1.12
T700	700	A	10.7	0.06	24.6	82.9	1.31
T900	900	A	10.0	0.05	25.9	84.4	1.38
T1000	1000	A	7.6	0.04	22.3	97.7	1.53
T1100	1100	81.6%(A) 18.4%(R)	3.2	0.01	11.4	93.7(A) 74.3(R)	0.95

注:a. A 和 R 分别代表锐钛矿相和金红石相;b. S_{BET}、PV、APS 分别代表光催化剂的比表面积、孔容和平均孔径;c. 根据谢乐公式计算的光催化剂的晶体尺寸;d. 基于锐钛矿(101)峰强度的光催化剂相对结晶度。

表征测试:在 D8 型 X 射线粉末多晶衍射仪(德国 Bruker)上获取样品的 XRD 图谱。加速电压和施加电流分别为 15kV 和 20mA。样品的形态和结构通过加速电压为 10kV 的场发射扫描电子显微镜(S-4800,日立,日本)和加速电压为 200kV 的透射电子显微镜(Tecnai G20,美国)进行表征测定。氮吸附-脱附等温线是在 Micromeritics ASAP 2020 型氮吸附-脱附仪上进行测定的。测量前,所有样品在 150℃脱气。用多点法测定了 BET 比表面积(S_{BET}),用 BJH(Barret-Joyner-Halenda,巴雷特-乔伊纳-哈伦达)法得到了孔径分布。用 P/P_0=0.994 的氮气吸附容积来确定孔容和平均孔径。以 $BaSO_4$ 为参照物,在紫外-可见分光光度计(Lambda-35)上获得了紫外-可见漫反射光谱。样品的表面化学状态用 X 射线光电子能谱(XPS)分析,采用 Multilab 2000XPS 系统,用单色铝源和电荷中和剂,所有的结合能都是以位于 284.4eV 处的表面污染碳 C1s 峰为参照。

光电流的测量：光电流测量在电化学工作站(CHI660D，中国)上进行。用 3W 的 LED 灯作为激发 FTO/TiO$_2$ 电极的光源，主要发射波长为 365nm±5nm。这些测量是使用标准的三电极组件进行的。采用 FTO/TiO$_2$ 电极、铂片和饱和甘汞电极分别作为工作电极、计数电极和参比电极。以所制备得到的 TiO$_2$ 样品作为前驱体，采用刮刀法制备 FTO/TiO$_2$ 电极。以 Na$_2$SO$_4$(0.4mol/L)为电解液。

4.4.3 光催化活性评价装置

在 15L 反应器中，在室温条件下，通过紫外光照射，对气态丙酮进行光催化矿化来评价 TiO$_2$-HMSs 的光催化活性(Lv K L et al., 2011a)。先将 0.3g 的 TiO$_2$-HMSs 样品分散在 30mL 蒸馏水中，然后均匀涂布到直径为 7.0cm 的 3 个培养皿中。将 TiO$_2$ 样品于 80℃的烘箱中烘干(约 2h)，使水蒸发，然后冷却至室温后备用。将涂布了 TiO$_2$ 样品的培养皿放入反应器后，在紫外光照射前，将 10μL 丙酮与催化剂一起注入反应器中直至达到吸附-脱附平衡。反应器中丙酮和 CO$_2$ 的浓度用红外光声谱气体监测仪(INNOVA Air Tech Instruments，1412 型)在线监测。吸附平衡后丙酮的初始浓度约为 300mg/kg，在打开紫外灯(15W@365nm)前维持约 5min 的平衡状态。每组实验均进行 120min。通过比较 $\ln(C_0/C)=k_{app}t$ 的表观反应速率常数(k_{app})来评价样品的光催化活性，其中，C_0 和 C 分别为丙酮的初始浓度和反应浓度。

4.4.4 结果与讨论

4.4.4.1 相结构

相结构是影响半导体光催化剂光催化活性的重要因素之一。利用 XRD 研究 TiO$_2$-HMSs 的相结构和晶粒尺寸随煅烧温度的变化。从图 4-41 可以看出，前驱体 TiO$_2$-HMSs 在 2θ=25.3°处有一个锐利的峰，与锐钛矿相 TiO$_2$ 的(101)面衍射相对应，表明它们具有良好的结晶度(Rahimi R et al., 2015；Yin L L et al., 2017)。在 300~1000℃煅烧后，锐钛矿相峰强度增大，表明晶化程度增强。从表 4-5 可以看出，随着煅烧温度从 300℃增加到 1000℃，纳米晶的平均晶粒尺寸稳定地从 79.0nm 增加到 97.7nm，相对结晶度从 1.00 增加到 1.53。然而，T1100 样品的煅烧温度进一步提高到 1100℃，在 2θ=27.4°处出现一个小弱峰，对应于金红石相 TiO$_2$(Lv Y Y et al., 2009；Wu T T et al., 2015)(110)面的衍射峰。这表明锐钛矿相 TiO$_2$ 向金红石相转变的温度约为 1100℃，在此温度下，18.4%的锐钛矿相 TiO$_2$ 转变为金红石相。

通常，锐钛矿相 TiO$_2$ 在 600℃左右开始转变为光反应弱的金红石相(Lv K L et

al., 2010a; Yu J G et al., 2007)。然而，在本节中，所制备的 TiO$_2$-HMSs 前驱体具有很高的热稳定性，锐钛矿相到金红石相的相变温度高达 1100℃，这表明它在高温环境中有很好的应用前景。

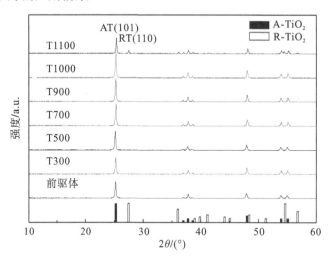

图 4-41　不同温度下煅烧的 TiO$_2$ 光催化剂的 XRD 图谱，以及锐钛矿相和金红石相 TiO$_2$ 的衍射峰

4.4.4.2　形貌转变

从相应的 SEM（图 4-42）和 TEM（图 4-43）图像可以清楚地看到 TiO$_2$-HMSs 的形貌随煅烧温度的变化。图 4-42(a) 显示了 TiO$_2$-HMSs 前驱体的中空结构，仔细观察发现中空微球实际上是由中空截断的双锥纳米粒子组装而成的，这表明暴露的晶面为高能的 (001) 面 (Lei C X et al., 2015)。Yang H G 等 (2008) 已经报道了通过逆转 (101) 和 (001) 晶面在氟离子存在下的相对稳定性来合成表面具有 47%(001) 晶面的锐钛矿相 TiO$_2$ 微晶。因此，从暴露的 (001) 晶面的纳米粒子中获得 TiO$_2$-HMSs 组装体并不奇怪。TiO$_2$ 纳米颗粒内部空心的形成可能是由氟离子的刻蚀所致 (Wang Y et al., 2011)。

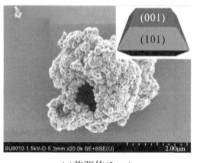
(a) 前驱体 (2μm)

(b) 前驱体 (1μm)

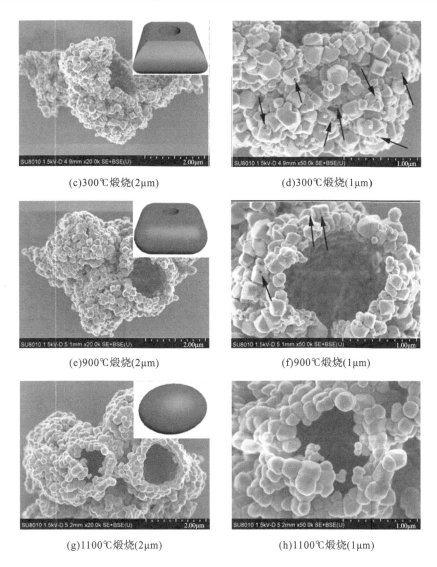

(c)300℃煅烧(2μm)　　　　　(d)300℃煅烧(1μm)

(e)900℃煅烧(2μm)　　　　　(f)900℃煅烧(1μm)

(g)1100℃煅烧(2μm)　　　　　(h)1100℃煅烧(1μm)

图 4-42　TiO_2-HMSs 前驱体和样品分别在 300℃、900℃和 1100℃下煅烧 2h 的 SEM 图像

注：箭头表示纳米孔的存在

随着煅烧温度从 300℃升高到 1100℃，空心微球的形貌基本保持不变。然而，堆积起来的块体从中空的截断的双锥纳米粒子演变为固体纳米球。据报道(Yang H G et al., 2008; Xiang Q J et al., 2010)，在 500℃下煅烧后，几乎所有表面吸附的氟离子都能被除去。因此，在高温条件下煅烧后，TiO_2 纳米颗粒中暴露的高能(001)面消失，并演化成固体纳米球，降低了表面能。

即使在 1100℃煅烧，仍然可以清晰地观察到 TiO_2-HMSs 的中空微结构[图 4-42(g)和图 4-43(d)]，进一步反映了 TiO_2-HMSs 较高的热稳定性。

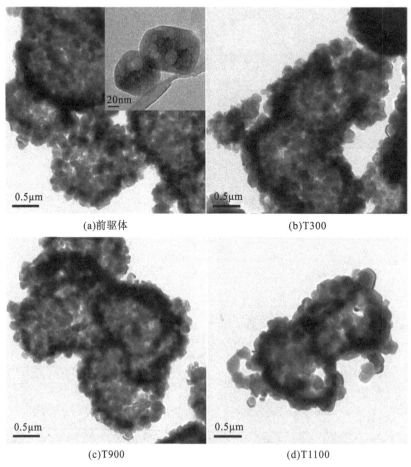

图 4-43　前驱体、T300、T900 和 T1100 样品的 TEM 图像
注：(a)的插图显示了纳米颗粒的多孔结构。

4.4.4.3　氮吸附-脱附等温线

比表面积和孔结构是影响光催化剂光反应活性的重要参数。图 4-44 显示了 TiO_2-HMSs 样品的氮吸附-脱附等温线和相应的孔径分布曲线。可以看出，TiO_2-HMSs 前驱体相对应的等温线为 IV 型（BDDT 分类），在 0.6～1.0 的高相对压力下有一个滞后环，表明存在中孔和大孔（Wang Z Y et al., 2010）。相应的孔径分布显示了从小到大约 100nm 的宽分布范围。煅烧前的锐钛矿相 TiO_2-HMSs 前驱体的比表面积和孔容分别为 $20.8m^2/g$ 和 $0.11cm^3/g$。现有的纳米孔（或滞后环的产生）是由纳米颗粒和截断的双锥纳米晶体的中空间隙聚集而成[图 4-42(b)中的箭头]（He F et al., 2017）。这种有序的多孔结构在光催化中非常有用，它将为反应物分子和光催化产物提供有效的传输途径。

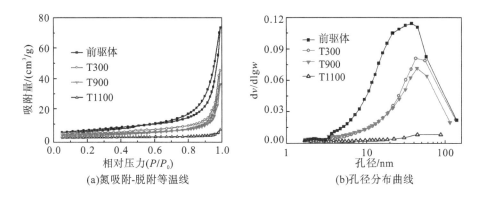

图 4-44 不同温度下煅烧前后 TiO$_2$-HMSs 的氮吸附-脱附等温线和相应的孔径分布曲线的比较

煅烧后,光催化剂的吸附等温线下移,滞后环面积变小,表明光催化剂的比表面积减小,孔容减小。从表 4-5 可以看出,随着煅烧温度从 300℃ 升高到 1100℃,BET 比表面积从 15.1m^2/g 降至 3.2m^2/g,孔容从 0.09cm^3/g 降至 0.01cm^3/g。

4.4.4.4 光学性质和 XPS 分析

图 4-45 比较了光催化剂的光吸收能力。可以看出,T300 和 T900 样品具有相似的光学性质,其吸收起始波长为 388nm(禁带宽度为 3.2eV),而 T1100 样品的吸收起始波长为 431nm(禁带宽度为 2.88eV)。T1100 的带隙缩小进一步证实了锐钛矿相 TiO$_2$ 向金红石相(Lv K L et al., 2010b)发生了转变,与 XRD 表征结果一致。前驱体、T300 和 T900 为锐钛矿相,但前驱体 TiO$_2$-HMSs 在可见光区(400~450nm)有明显的吸收。吸附性增强可能是由 H$_2$O$_2$ 与 Ti 离子之间的络合反应所致(Cai J H et al., 2013)。

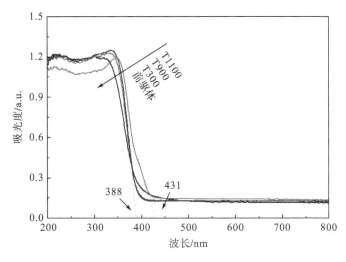

图 4-45 TiO$_2$-HMSs 样品的 UV-DRS 光谱

图 4-46(a)比较了煅烧前后 TiO$_2$-HMSs 的 XPS 测量光谱。结果表明，TiO$_2$-HMSs 前驱体和 T300 样品均含有 Ti(458eV)、O(530eV)、C(284eV)和 F(684eV)元素。碳峰归因于 XPS 仪器本身的外来碳氢化合物(Yu J C et al., 2003)。然而，在 T900 和 T1100 样品的 XPS 谱中，F 元素的峰消失了。这是由煅烧后 TiO$_2$-HMSs 表面的氟离子脱附所致。据报道(Yang H G et al., 2008)，当煅烧温度高于 500℃时，几乎所有吸附的氟离子都能被去除。

图 4-46(b)比较了 Ti 2p 的高分辨 XPS 谱。可以看出，在结合能为 458.6eV 和 464.4eV 处有两个峰，分别对应于 Ti^{4+}的 2p$_{3/2}$ 和 Ti^{4+}的 2p$_{1/2}$ 信号(Si L L et al., 2014; Cai J H et al., 2014)。在 F1s 区[图 4-46(c)]的高分辨 XPS 只有一个中心位于 683.8eV 的单峰，它来自表面吸附的氟离子。在结合能约为 688.6eV 的 TiO$_2$ 晶格中未观察到 F 掺杂信号(Yu J C et al., 2002; Lv K L et al., 2012)。因此，可以排除在 TiO$_2$-HMSs 中掺氟的可能性。图 4-46(d)显示了 TiO$_2$-HMSs 在 O 1s 区域的高分辨率 XPS。由此可见，O 1s 可去卷积拟合为两个峰。主峰(529.8eV)可归属于晶格氧，次峰(532.0eV)可归属于表面吸附的氧(或—OH 基团)(Yu J G et al., 2003; Zhang Z et al., 2006)。

与 T900 和 T1100 样品相比，TiO$_2$-HMSs 前驱体和 T300 样品的吸附氧 XPS 信号很弱。这是因为氟离子取代了表面—OH 基团[式(4-21)](Minero C et al., 2000)。表面吸附的氟离子可以在煅烧过程中脱附，形成表面氧空位[式(4-22)](Lv K L et al., 2011a)。然而，通过从空气中吸附水汽[式(4-23)](Nosaka A Y et al., 2006)，可以填补氧空位以生成表面吸附的—OH 基团。因此，从 T900 和 T1100 样品中检测到—OH 基团的强 XPS 信号并不奇怪[图 4-46(d)]。

$$\equiv \text{Ti}-\text{OH}_2^+ + \text{F}^- \longrightarrow \equiv \text{Ti}-\text{F} + \text{H}_2\text{O} \qquad (4\text{-}21)$$

$$\equiv \text{Ti}-\text{F} \xrightarrow{\text{加热}} \equiv \text{Ti}-\square \qquad (4\text{-}22)$$

$$\equiv \text{Ti}-\square + \text{H}_2\text{O} \longrightarrow \equiv \text{Ti}-\text{OH}_2 \qquad (4\text{-}23)$$

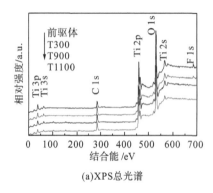

(a) XPS 总光谱

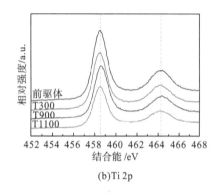

(b) Ti 2p

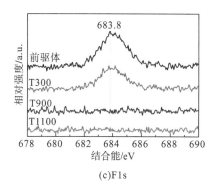
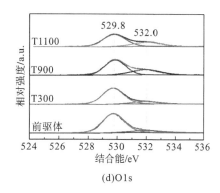

(c) F1s　　　　　　　　　　(d) O1s

图 4-46　TiO$_2$-HMSs 样品的 XPS，以及相应的 Ti 2p、F 1s 和 O 1s 区域的高分辨率 XPS

4.4.4.5　光电流

通常情况下，光电流值间接反映了半导体在光照条件下产生和传输光生载流子的能力(Hu W Y et al., 2016；Ren L et al., 2014)。图 4-47 比较了在光电化学电池中涂覆在 FTO 电极上的 TiO$_2$-HMSs 在几个开关灯循环中的光电流响应。可以清楚地观察到，在紫外光 LED 灯照射下，FTO/TiO$_2$ 电极产生了可循环的瞬态光电流。这表明大部分光生电子可以通过样品迁移到阴极，在光照下产生光电流。值得注意的是，除 T900 外，样品在初始照射时都可达到阳极光电流顶峰。最初的阳极光电流顶峰来自光电极内光生电子-空穴对的分离。然后空穴被转移到样品表面，并被电解液中的还原物种捕获或俘获，同时电子被传输到阴极。在获得顶峰电流之后，观察到在达到恒定电流之前，光电流密度持续下降。这表明，在样品表面积累的空穴与电子竞争性地重新复合，而不是被电解质中的还原物种捕获(Wang Y et al., 2014)。T900 样品没有观察到明显的顶峰光电流。这表明 T900(TiO$_2$-HMSs)表面的累积空穴数量急剧减少，表明光生电子-空穴对的复合速率较低。值得注意的是，TiO$_2$-HMSs 前驱体的光电流密度最小(小于 $0.2\mu A/cm^2$)，而 T900 样品的光电流密度最大($1.2\sim 1.6\mu A/cm^2$)。这说明煅烧有利于光生载流子的有效分离，从而提高催化剂的光催化活性。

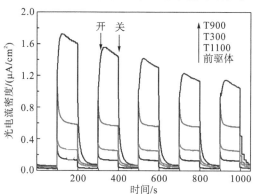

图 4-47　前驱体、T300、T900 和 T1100 样品的 TiO$_2$-HMSs 基薄膜的瞬态光电流响应

4.4.4.6 丙酮的光催化氧化

通过分析丙酮的光催化氧化情况，评价 TiO_2-HMSs 的光催化活性。图 4-48(a) 显示了使用 T900 样品作为光催化剂的反应器中丙酮的降解情况和同时生成 CO_2 的情况。丙酮的光催化氧化是以式(4-24)为基础的。

$$C_3H_6O + 4O_2 \longrightarrow 3CO_2 + 3H_2O \tag{4-24}$$

从图 4-48(a)可以看出，光照 120min 后，大约 40mg/kg 的丙酮被分解，并生成相应化学计量的 CO_2(约 120mg/kg)。丙酮与 CO_2 的物质的量之比接近 1∶3，表明丙酮在 TiO_2-HMSs 的照射下完全矿化，而不是简单的物理吸附。图 4-48(b) 比较了不同温度煅烧的 TiO_2-HMSs 的相对光催化活性。结果表明，在 300℃煅烧后，TiO_2-HMSs 的光催化速率常数由 $1.4min^{-1}$(前驱体)略降至 $0.76min^{-1}$(T300)，降低了 45.7%。这可以用表面氟离子在 TiO_2-HMSs 表面的脱附[式(4-22)]来解释。据报道(Park J S et al., 2004；Lv K L et al., 2010c)，表面氟化通过形成游离的·OH[·$OH_{游离}$，式(4-25)]而有利于 TiO_2 的光催化活性，这比表面吸附的·OH[·$OH_{吸附}$，式(4-26)]更具活性。

$$\equiv Ti-F + h^+ + H_2O \longrightarrow \equiv Ti-F + \cdot OH_{游离} + H^+ \tag{4-25}$$

$$\equiv Ti-OH + h^+ \longrightarrow \equiv Ti-\cdot OH_{吸附} \tag{4-26}$$

XPS 表征结果表明，TiO_2-HMSs 前驱体和 T300 样品对氟离子的吸附量(原子百分数)分别为 2.89%和 2.18%。因此，与 TiO_2-HMSs 前驱体相比，T300 的光催化活性降低是可以理解的。

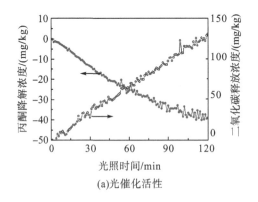
(a) 光催化活性

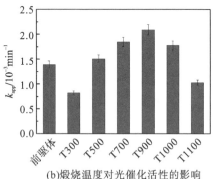
(b) 煅烧温度对光催化活性的影响

图 4-48 以 T900 为光催化剂的丙酮在紫外光照射下的光催化矿化，以及煅烧温度对 TiO_2-HMSs 光催化活性的影响

随着煅烧温度从 300℃升高到 900℃，TiO_2-HMSs 的光催化活性稳定提高。这可以归因于增强的结晶度(表 4-5)。然而，当煅烧温度从 900℃进一步提高到

1100℃时，光催化剂的活性下降。比表面积的急剧减小(表 4-5)和金红石相的出现应该是导致光催化反应活性降低的原因。

4.4.4.7 TiO$_2$-HMSs 热稳定性高的原因

当煅烧温度高于 600℃时，锐钛矿相 TiO$_2$ 将转变为光催化活性较差的金红石相。然而，在本研究中，锐钛矿相 TiO$_2$-HMSs 在高达 1100℃下煅烧后，仍具有热稳定性(图 4-42)。TiO$_2$-HMSs 前驱体的高热稳定性可归因于样品合成过程中的表面氟化。

据报道(Minero C et al., 2000a；Minero C et al., 2000b)，氟离子通过形成一层氟物种≡Ti—F[式(4-21)]对 TiO$_2$ 显示出很强的亲和力。氟离子在 TiO$_2$ 表面的强吸附使其难以去除。在 300℃煅烧后，吸附氟的含量(原子百分数)仅从 2.89%降至 2.18%。根据文献(Yang H G et al., 2008)，只有煅烧温度高于 500℃时，吸附的氟才能完全脱除。氟离子的去除导致表面氧空位的形成[式(4-22)]，通过阻止相邻的 TiO$_2$ 纳米颗粒之间形成≡Ti—O—Ti≡链[式(4-27)和式(4-28)](Lv K L et al., 2011a)，阻碍了 TiO$_2$ 纳米晶的生长。因此，晶格氧扩散到氧空位需要较高的温度。然后，相邻的 TiO$_2$ 纳米颗粒之间开始融合，从而发生相变。虽然氟离子的吸附有效地阻止了锐钛矿相向金红石相的转变，但在高温煅烧过程中，TiO$_2$ 纳米晶的结晶度大大提高。因此，得到了热稳定性好、光催化活性高的 TiO$_2$-HMSs。

$$\equiv Ti\text{—}OH + HO\text{—}Ti\equiv \longrightarrow \equiv Ti\text{—}O\text{—}Ti\equiv + H_2O \quad (4\text{-}27)$$
$$\equiv Ti\text{—}\square + \square\text{—}Ti\equiv \longrightarrow NO \text{ 反应} \quad (4\text{-}28)$$

4.4.5 小结

本研究利用空心纳米粒子成功制备了具有高光催化活性的 TiO$_2$-HMSs 复合体系，其热稳定性很高，锐钛矿到金红石的相变温度高达 1100℃。吸附的氟离子被认为是 TiO$_2$-HMSs 具有较高热稳定性的最重要因素。本研究为高热稳定性(光)催化剂的设计提供了一条新的途径。

4.5 暴露(001)晶面的锐钛矿相 TiO$_2$ 空心纳米盒及性能增强机制

4.5.1 引言

分级纳米结构因其独特的性质和潜在的实际应用价值而受到广泛关注(Lou X

et al., 2008; Yu J G et al., 2007)。到目前为止，已经报道了许多具有分级结构的纳米材料，例如纳米叶子(Wang L et al., 2010)、纳米管(Sun J et al., 2013)、空心纳米粒子(Lv K L et al., 2011b)、纳米粒子(Li H X et al., 2007)，甚至纳米网(Wang H T et al., 2010)。空心结构中的大量空隙空间已成功地运用于封装和控制药物、化妆品和脱氧核糖核酸(deoxyribonucleic acid，DNA)等敏感材料的释放。同样地，空心粒子中的空隙空间被用来调节折射率、降低密度、增加催化活性位点、提高粒子承受容积周期性变化的能力、扩大适合癌症早期检测的成像标记物阵列(Lou X et al., 2008)。许多研究还表明(Lv K L et al., 2011b; Li H X et al., 2007; Li X F et al., 2009; Liu S W et al., 2009b)，TiO_2 空心球比实心球具有更高的光催化活性，因为它们对目标污染物分子具有更强的吸附和/或更高的光吸收能力。据报道(Cai J H et al., 2013)，可利用空心纳米粒子合成具有增强的光催化活性的 TiO_2 空心微球。然而，制备具有复杂结构的分级纳米材料仍然是一个巨大的挑战。锐钛矿相 TiO_2 是一种极具发展前景的光催化剂，为了提高其光催化性能，人们对其进行了深入的研究(Chen X B et al., 2010)。近年来，由于 TiO_2 纳米晶具有优越的光催化活性，其(001)面暴露的晶体制备备受关注(Liu S W et al., 2011)。Yang H G 等(2008)利用 HF 作为形貌控制剂，取得了重要突破，成功合成了具有暴露47%(001)面的 TiO_2 单微晶。之后，很多相关研究工作都集中在暴露(001)面的 TiO_2 纳米晶体的合成与制备以及在太阳能利用方面的应用探索(Zheng Y et al., 2012; Yu J G et al., 2010b; Wen C Z et al., 2011)。

文献中已经报道过亚微米或纳米尺寸的 $TiOF_2$ 立方体(Chen L et al., 2012; Wang Z Y et al., 2013, 2012; Wen C Z et al., 2011)。例如，Xie S F 等(2011)、Wang Z Y 等(2013，2012)利用钛酸四丁酯(TBT)、氢氟酸(HF)和乙酸(HAc)在200℃下进行溶剂热反应12h(Xie S F et al., 2011)，成功合成了边长均匀的 $TiOF_2$ 立方体。然而，文献报道(Wang Z Y et al., 2010; Lv K L et al., 2011c; Wen C Z et al., 2011)显示，$TiOF_2$ 的光催化活性很差。考虑到 $TiOF_2$ 可以转化为尖晶石型 TiO_2 和氟离子，应有助于形成暴露的高活性(001)面 TiO_2 纳米晶，因此可以通过原位相变策略(自模板)制备高性能 TiO_2 纳米晶包裹的 TiO_2 中空纳米盒(TiO_2-HNBs)。Wen C Z 等(2011)将 $TiOF_2$ 立方体固体前驱体在 500~600℃下煅烧 2h，制备得到 TiO_2-HNBs。每一个 TiO_2-HNBs 单元都由六个暴露高活性(001)面的单晶 TiO_2 片包裹。然而，$TiOF_2$ 在 500~600°C 下煅烧 2h 是高度耗能的。Wang Z Y 等(2012)在碱性溶液(pH=11)中通过模板参与的拓扑转变水解 $TiOF_2$ 立方体制备得到具有分级结构的 TiO_2-HNBs，该材料由有序排列的 TiO_2 包覆。然而，制备的 TiO_2-HNBs 不具有暴露的高能(001)面。如何将 $TiOF_2$ 立方体转化为分级的 TiO_2-HNBs，在低温(低于 200℃)下使用高活性(001)晶面的 $TiOF_2$ 作为基材，仍然是一个巨大的挑战。

本节(Huang Z A et al., 2013)以乙醇为溶剂，在180℃的条件下，通过 $TiOF_2$ 立方体的原位转化，成功地制备了 TiO_2-HNBs 纳米片。结果表明，乙醇脱水产生的少量水对 TiOF$_2$ 的水解和 TiO$_2$-HNBs 的形成具有重要意义。在这项工作中，首次报道了通过溶剂热策略将 TiOF$_2$ 立方体原位转化为由 TiO$_2$-HNBs 组装的高能 TiO$_2$ 纳米片。

4.5.2 光催化剂的制备

TiOF$_2$ 前驱体的制备：采用微波辅助合成策略制备 TiOF$_2$ 前驱体。在磁力搅拌的作用下，将 34.0g 的 TBT(0.1mol) 滴入 12.5mL HF(质量分数为 40%，0.25mol) 和 60.0mL HAc(1.0mol) 的混合溶液中。搅拌约 20min 后，将获得的白色悬浮液转移到具有聚四氟乙烯内胆的双壁消解容器中，并使用微波消解系统(MDS-6，Sineo，中国)在 200℃下加热 60min。冷却至室温后，用孔径为 0.45μm 的膜过滤器过滤白色沉淀，用蒸馏乙醇和去离子水冲洗滤液中性(pH=7 左右)。收集得到的白色粉末，在 80℃的真空烘箱中干燥 6h。

制备 TiO$_2$-HNBs：以乙醇为溶剂，采用溶剂热法制备 TiO$_2$-HNBs。具体来说，将 2.0g 制备的 TiOF$_2$ 前驱体与 40mL 叔丁醇混合，在超声分散 10min 后转移到有聚四氟乙烯内胆的高压釜中。然后，反应物在 180℃的烘箱中加热一段时间(1~10h)。产品自然冷却至室温后，用孔径为 0.45μm 的膜过滤器过滤。为消除表面吸附的氟离子，用 0.1mol/L 的 NaOH 洗涤沉淀(Wang Z Y et al., 2010)，然后用蒸馏水洗涤，直到滤液 pH 约为 7。将得到的白色沉淀在 80℃的真空烘箱中干燥 6h。所得样品标记为 Tx，其中 x 为热处理时间(表 4-6)。例如，T4 样品表示 TiOF$_2$ 前驱体在叔丁醇中 180℃热处理 4h 后得到的光催化剂。T0 表示 TiOF$_2$ 前驱体。

表 4-6 光催化剂的物理性质

样品	相组成	比表面积/(m^2/g)	孔容/(cm^3/g)	平均孔径/nm
T0	TiOF$_2$	8.2	0.019	9.2
T1	TiOF$_2$	8.0	0.016	7.8
T2	TiOF$_2$/A-TiO$_2$	46.0	0.13	11.2
T3	A-TiO$_2$	56.0	0.22	16.8
T4	A-TiO$_2$	66.4	0.28	17.1
T5	A-TiO$_2$	51.8	0.28	21.3
T10	A-TiO$_2$	41.0	0.23	22.2

表征测试：在 D8 型 X 射线粉末多晶衍射仪(德国 Bruker)上，采用 Cu-Kα 辐射，以 0.05°/s 的扫描速率对样品进行 X 射线衍射(XRD)测定。电压为 40kV，施加电流为 80mA。利用加速电压为 200kV 的透射电子显微镜(TEM)(Tecnai G20,

美国)和加速电压为 20kV 的场发射扫描电子显微镜(FESEM,日立,日本)观察了光催化剂的形貌。氮吸附-脱附等温线在 ASAP 2020 (Micromeritics,美国)氮吸附装置上获得。所有样品在 120℃ BET 测量下脱气。在相对压力 P/P_0 为 0.05～0.30 范围内,采用多点法测定了 BET 比表面积(S_{BET})。借助脱附等温线通过 BJH 方法确定孔径分布。用 P/P_0= 0.994 时的氮气吸附容积来确定孔容和平均孔径。

光催化活性评价:以香豆素为探针分子,利用光致发光(PL)技术评价了该光催化剂的光催化活性,该光催化剂易于与·OH 反应生成高荧光产物 7-羟基香豆素(Wang Z Y et al., 2010; Lv K L et al., 2010a)。将含有香豆素(0.5mmol/L)的 TiO_2(1.0g/L)悬浮液在磁搅拌下混合,搅拌 12h。在一定的照射间隔时间内,采用注射器抽取小的等分物,通过孔径为 0.45μm 的膜过滤,过滤后的溶液在日立 F-7000 荧光分光光度计上进行分析,激发波长为 332nm。

4.5.3 结果与讨论

4.5.3.1 微波合成 $TiOF_2$ 前驱体

据报道(Wang Z Y et al., 2012),可以通过 TBT、HF 和 HAc 的混合溶液在 200℃ 热处理 12h 制备得到 $TiOF_2$。然而,这种传统的加热方法是费时的。微波辅助加热可以减少合成所需的时间,提高产物的结晶度(Zheng Y et al., 2012)。极性溶剂具有很好的吸收微波并将其转化为热能的潜力,与传统加热方法相比,可以加速反应。因此,试图通过微波辅助策略合成 $TiOF_2$。在 200℃微波辅助加热 60min 后,发现能够成功合成纯相 $TiOF_2$(图 4-49 中的 T0 样品)。

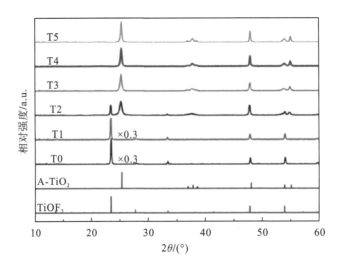

图 4-49 样品的 XRD 谱图,以及 $TiOF_2$ 和锐钛矿相 TiO_2(A-TiO_2)的预期衍射峰

TiOF$_2$ 立方体的 SEM 和 TEM 图像如图 4-50(a) 和 (b) 所示,立方体的边长为 200~300nm。单个 TiOF$_2$ 晶体对应的选区电子衍射(SAED)图证实了 TiOF$_2$ 前驱体典型的 $Pm3m$ 结构[(图 4-50(c)](Chen L et al., 2012)。实验结果表明,微波辅助合成 TiOF$_2$ 比传统的加热方法更高效。

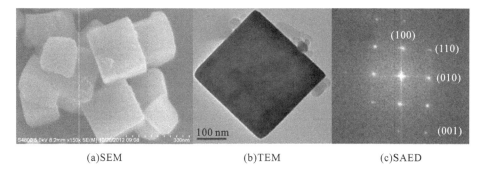

(a)SEM   (b)TEM   (c)SAED

图 4-50   TiOF$_2$ 立方体的 SEM 和 TEM 图像,以及单个 TiOF$_2$ 立方体对应的 SAED 模式

4.5.3.2   TiOF$_2$ 立方体在 TBA 中的相变和形貌演变

TiOF$_2$ 前驱体的水解是 TiOF$_2$ 向 TiO$_2$ 产生相变的必要条件。为了验证水对这一相变的影响,将 TiOF$_2$ 在无水溶剂(CCl$_4$)和水溶液中进行溶剂热处理比较。在无水 CCl$_4$ 溶剂中,即使 TiOF$_2$ 前驱体在 180℃下处理 24h,TiOF$_2$ 的形貌也没有发生变化(图 4-51),也没有观察到相变(这里没有显示)。

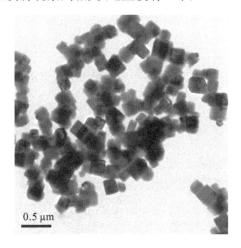

图 4-51   TiOF$_2$ 前驱体在四氯化碳(CCl$_4$)中,180℃溶剂热处理 24 h,制得样品的 TEM 图像

然而,XRD 谱图表明,在 180℃下水热处理 TiOF$_2$ 前驱体 1h(图 4-52)获得纯锐钛矿相 TiO$_2$,反映了水对 TiOF$_2$ 向 TiO$_2$ 相变的重要性。

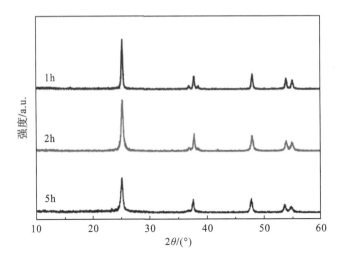

图 4-52　$TiOF_2$ 前驱体在 180℃水热处理 1h、2h 和 5h 后样品的 XRD 谱图

TEM 图像显示，在水热反应 1h 后，制备得到的是 TiO_2 纳米粒子与由纳米粒子组装的少量 TiO_2-HNBs 的混合物[图 4-53(a)和(b)]。所制备的 TiO_2-HNBs 不稳定，如果反应时间延长到 2~5h，就会坍塌成纳米颗粒[图 4-53(c)和(d)]。这说明 $TiOF_2$ 在水溶液中快速水解不利于 TiO_2-HNBs 的自模板形成，因为形貌演变过程中存在着快速的传质过程：

$$TiOF_2 + H_2O = TiO_2 + 2HF \tag{4-29}$$

从以上实验中可以得出结论，水是必要的，但在自模板制备 TiO_2-HNBs 时，需要控制水在较低的量。此外，过多的水会导致低氟离子浓度，也不利于 TiO_2 纳米晶中高活性(001)面的暴露。考虑到乙醇热处理(脱水)可以得到少量的水，因此本研究系统地研究了 $TiOF_2$ 在叔丁醇(TBA)和乙醇溶剂中的热处理。

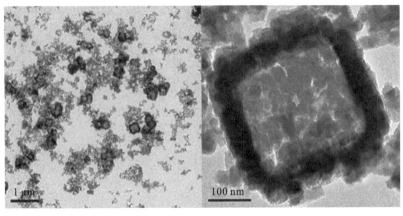

(a)水热处理1h(1μm)　　　　　　(b)水热处理1h(100nm)

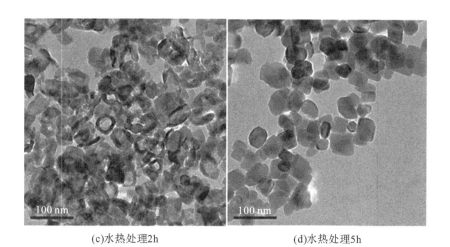

(c)水热处理2h　　　　　　　　　(d)水热处理5h

图 4-53　TiOF$_2$(T0)在 180 ℃水热处理 1h、2h 和 5h 后样品的 TEM 图像

图 4-54 为 180℃时反应时间对 TiOF$_2$ 前驱体在 TBA 溶剂中相变的影响。前驱体 T0 均有对应 TiOF$_2$(JCPDS No. 08-0060)的衍射峰,没有锐钛矿相 TiO$_2$ 的峰,说明前驱体为纯相。$2\theta=23.4°$处的宽峰对应于 TiOF$_2$ 的(100)面衍射峰(Chen L et al., 2012)。当反应时间从 0h 延长到 3h 时,$2\theta=23.4°$处的峰逐渐消失,说明 TiOF$_2$ 的水解可能是由于 TBA 脱水原位生成少量水而开始的。同时,T2 样品在 $2\theta=25.3°$处形成了一个宽峰,对应于锐钛矿相 TiO$_2$(JCPDS No. 21-1272)(Lv K L et al., 2010b)的(101)面衍射峰,表明 T2 样品为混合相。计算 T2 样品的 TiOF$_2$ 和锐钛矿相 TiO$_2$ 的质量分数分别为 15%和 85%。反应 3h 后,TiOF$_2$ 向锐钛矿相 TiO$_2$ 的相变完成。

进一步观察发现,随着反应时间的增加,锐钛矿相的 XRD 峰强度增强,XRD 峰宽度变窄,这是由于 TiO$_2$ 纳米晶在氟离子存在下溶解-重结晶。据报道(Lv K L et al., 2011b; Wang Z Y et al., 2010),由于快速的原位溶解-重结晶,在低 pH 下氟离子的存在加速了 TiO$_2$ 的结晶和生长,这减少了 TiO$_2$ 晶格中的缺陷和杂质的数量:

$$4H^+ + TiO_2 + 6F^- \Longleftrightarrow TiF_6^{2-} + 2H_2O \quad （溶解） \quad (4-30)$$
$$TiF_6^{2-} + 2H_2O \Longleftrightarrow 4H^+ + TiO_2 + 6F^- \quad （重结晶） \quad (4-31)$$

图 4-54 为溶剂热反应中 TiOF$_2$ 前驱体的形貌演变。与前驱体 T0 样品相比,反应 1h(T1)后 TiOF$_2$ 立方体的形状变得不那么规则[图 4-50 和图 4-54(a)]。这可能是由于 TiOF$_2$[式(4-29)]的水解,溶解从 TiOF$_2$ 立方体的边缘和角落开始[图 4-54(a)的内插图]。一般来说,晶体角或边缘的原子由于其特殊的微环境而比立方体其他部分的原子更活跃。

图 4-54(b)为 T2 样品的 TEM 图像。可以看出，T2 的形貌变为边长为 200～300nm 的空心纳米盒，其尺寸与 $TiOF_2$ 前驱体相同，这反映了空心纳米盒是通过 $TiOF_2$ 前驱体(自模板)的原位转化形成的。仔细观察可以发现，空心纳米盒中的核心($TiOF_2$)并没有完全溶解[图 4-54(b)内插图]，T2 样品为 $TiOF_2/A\text{-}TiO_2$ 混合相结构。当反应时间延长到 3～4h 时，$TiOF_2$ 向锐钛矿相 TiO_2 的相变完成，生成 TiO_2-HNBs[图 4-54(c)和(d)]。然而，如果进一步增加反应时间到 5h，几乎只能观察到纳米片[图 4-54(e)]，这可能是由于氟离子进一步腐蚀导致 TiO_2-HNBs 的坍塌[式(4-30)和式(4-31)]。图 4-54(f)为 T10 样品的 TEM 图像，T10 样品的片状结构进一步证实了 TiO_2-HNBs 在溶剂热反应过程中完全分解。

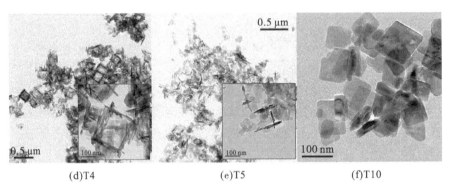

图 4-54 $TiOF_2$ 前驱体在 180℃ TBA 中分别经过 1h、2h、3h、4h、5h 和 10h 溶剂热处理后的 TEM 图像

为了获得更多关于形成的 TiO_2-HNBs 和纳米片的信息，采用高分辨率透射电镜(HRTEM)分析了样品的微观结构。图 4-55(a)、(b)为来源于 TiO_2-HNBs 的 T4 样品的图像。从图 4-55(b)可以看出，晶格条纹约为 0.235nm，对应于锐钛矿相 TiO_2 的(001)面，晶面夹角为 68.3°，对应于(001)面与(101)面的界面夹角。可以

肯定的是，TiO₂-HNBs 实际上是由具有暴露的高活性(001)晶面的 TiO₂ 纳米片组装而成的。TiO₂-HNBs 坍塌后得到的 TiO₂ 纳米片也暴露的是(001)晶面[图 4-55(c)和(d)]。

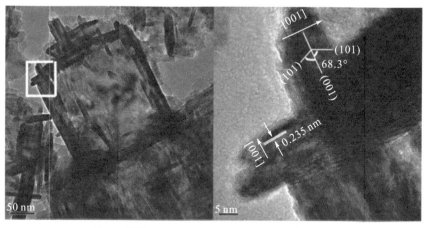

(a)T4的TEM图像　　　　　　(b)T4的HRTEM图像

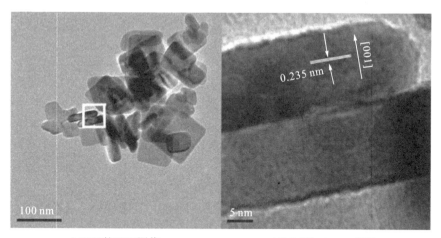

(c)T10的TEM图像　　　　　　(d)T10的HRTEM图像

图 4-55　T4、T10 样品对应的 TEM 和 HRTEM 图像

与 TEM 图像的结果一致，在相应的 SEM 图像中也可以清楚地看到 TiOF₂ 前驱体的形貌是由立方体[图 4-56(a)]到由纳米片[图 4-56(b)～(e)]和离散纳米片[图 4-56(f)]组装而成的中空纳米盒演变而来的。

(a)T1　　　　　(b)T2(100 nm)　　　　(c)T2(500 nm)

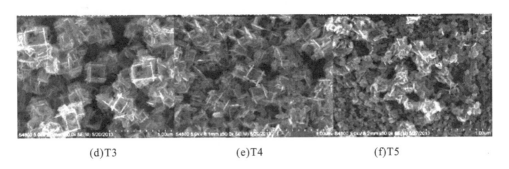

(d)T3　　　　　(e)T4　　　　　(f)T5

图 4-56　T1(a)、T2(b 和 c)、T3(d)、T4(e) 和 T5(f) 样品的 SEM 图像

4.5.3.3　氮吸附-脱附等温线

图 4-57 为光催化剂的氮吸附-脱附等温线及相应的孔径分布曲线。可以看出，T0 样品(前驱体)由于粒径较大，氮气吸附性能较差，其比表面积较小($TiOF_2$ 前驱体仅为 $8.2m^2/g$)(Wang Z Y et al., 2010；Lv K L et al., 2011c；Zhu J et al., 2009)。

在 0.8～1.0 的相对压力范围内，TiO_2-HNBs(以 T4 为例)的吸附等温线为 Ⅳ 型滞后环，表明存在介孔(Wang Z Y et al., 2010；Yu J G et al., 2010b)。通常情况下，T4(TiO_2-HNBs)的滞后环的形状为 H3 型，表明孔隙呈狭缝状，通常可表明片状颗粒的存在，这与片状形貌非常吻合[图 4-56(e)](Wang Z Y et al., 2010)。

表 4-6 总结了光催化剂的物理性质。可以看出，由于样品的形貌是由固体立方体向中空纳米盒和离散纳米片演变而来的，催化剂的比表面积和孔容呈现先增大后减小的趋势。T4 样品具有最大的比表面积($66.4m^2/g$)和孔容($0.28cm^3/g$)，这非常有利于其光催化活性的提升。

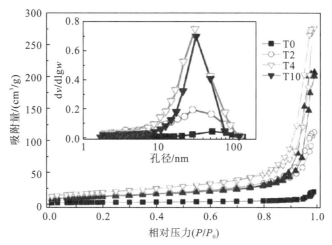

图 4-57 氮吸附-脱附等温线及相应的孔径分布曲线(内插图)

4.5.3.4 光催化活性

研究发现(Cai J H et al., 2013; Wang Z Y et al., 2010),一些弱发光分子,如对苯二甲酸和香豆素与·OH反应时,能产生强发光化合物,这些分子可用于评价光催化剂的相对光催化活性。本节以香豆素为探针评价光催化剂的光催化活性。

图4-58(a)的内插图显示了在T4样品(TiO$_2$-HNBs)悬浮液光照下观察到的典型PL光谱变化。结果表明,7-羟基香豆素在450nm处(332nm处激发)的光致发光强度随光照时间的延长而增加。图4-58(a)还记录了在光催化剂照射下,7-羟基香豆素在450nm处的PL强度的时间历程。从图中可以清楚地观察到,450nm处的PL强度随光照时间增加呈线性增加。由此得出荧光7-羟基香豆素的生成与光照时间呈线性关系的结论,符合动力学准零级反应速率方程。光催化活性的光致发光强度与光照时间(反应速率常数)的斜率随溶剂热反应时间的增加先增大后减小。TiOF$_2$前驱体表现出较差的光催化活性(反应速率常数仅为1.36min^{-1}),这与之前的报道一致(Wang Z Y et al., 2010; Lv K L et al., 2011c)。在所有光催化剂中,T4样品的光催化活性最高(反应速率常数为107.9 min^{-1}),比P25 TiO$_2$(反应速率常数为77.2min^{-1})高近40%。

根据XPS表征结果(图4-59),检测到了光催化剂表面吸附的氟离子(结合能684.0eV)。然而,所有TiO$_2$-HNBs光催化剂(Wang Z Y et al., 2010)在TiO$_2$晶格中均未发现氟离子的信号(结合能为688.5eV)。因此,TiO$_2$-HNBs的氟离子掺杂可以排除。这并不难理解,热液环境可以通过原位溶解-重结晶过程加速TiO$_2$的结晶,导致TiO$_2$纳米晶中的缺陷和杂质数量减少[式(4-30)和式(4-31)]。XPS在TiOF$_2$前驱体(T0)表面的实际氟原子百分数为1.88%,而吸附在TiO$_2$-HNBs表面的氟可以忽略(原子百分数为0.12%)。

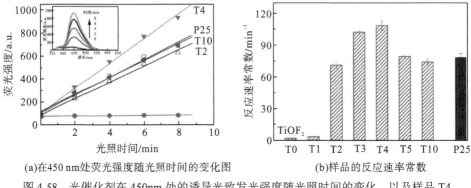

(a) 在450 nm处荧光强度随光照时间的变化图　　(b) 样品的反应速率常数

图 4-58　光催化剂在 450nm 处的诱导光致发光强度随光照时间的变化，以及样品 T4 的反应速率常数的比较。

注：内插图是在 T4 TiO$_2$-HNBs 悬浮液光照下观察到的光致发光光谱变化。

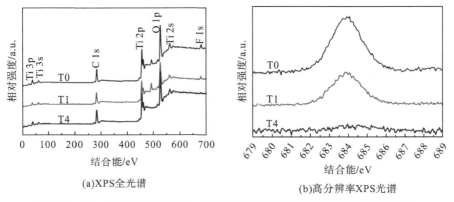

(a) XPS全光谱　　(b) 高分辨率XPS光谱

图 4-59　T0、T1 和 T4 样品 F1s 的 XPS 全光谱和相应的高分辨率 XPS 光谱

根据图 4-60 中的紫外-可见漫反射光谱(DRS)计算，TiO$_2$-HNBs(T4)的带隙为 3.23eV，大于 P25 TiO$_2$ 的带隙(3.14eV)。因此，TiO$_2$-HNBs 的氟离子掺杂也可以排除，它会使 TiO$_2$ 的带隙变小。通过对比 T4 和 T10 样品的 DRS 可以看出，TiO$_2$-HNBs(T4)由于其独特的结构，具有更强的吸光度，可以提高催化活性。

关于暴露的(001)晶面对 TiO$_2$ 纳米晶增强光催化活性的影响，有许多相关的研究报道(Wang Z Y et al., 2010；Yang H G et al., 2008；Zheng Y et al., 2012；Yu J G et al., 2010b)。P25 作为一种商用光催化剂，其高的光催化活性归因于其具有良好的结晶性和锐钛矿-金红石混合相，该混合相是通过高温煅烧(约 600℃)制备得到的。虽然 T4 样品是在较低的温度(仅 180℃)下制备得到的，但由于暴露了(001)晶面和其具有空心结构，其光催化活性高于 P25。较高的比表面积(T4 为 66.4m^2/g)也有利于 TiO$_2$-HNBs 的光催化活性。进一步的实验结果表明，制备的 TiO$_2$-HNBs 由于质量大、布朗运动弱、电子迁移率高等优点，在光催化反应后更容易通过过滤或沉淀法从液相体系中分离出来并重复使用。

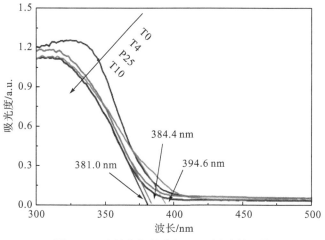

图 4-60　光催化剂的紫外-可见漫反射光谱

4.5.3.5　乙醇的相变与形貌演变

为了进一步证实溶剂对 TiO_2-HNBs 形成的影响，本节还在乙醇中对 $TiOF_2$ 前驱体进行了溶剂热处理(图 4-61 和图 4-62)。结果与 TBA 相似。然而，在乙醇中 $TiOF_2$ 向锐钛矿相 TiO_2 的相变比在 TBA 中要慢得多(图 4-54 和图 4-62)。在 180℃ 反应 5h 后，没有观察到 $TiOF_2$ 向锐钛矿相 TiO_2 的相变。将反应时间延长至 10h，得到纯锐钛矿相 TiO_2。与在 TBA 中的结果相似，在乙醇中也观察到了形貌的演变，从立方体到中空的纳米盒和离散的纳米片(图 4-62)。从图 4-62(d)中还可以清楚地看到，TiO_2-HNBs 开始在前驱体的边缘形成(自模板原位转化)。

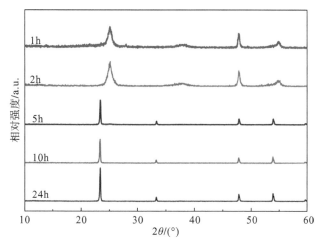

图 4-61　$TiOF_2$ 前驱体(T0)在 180℃乙醇中溶剂热处理 1h、2h、5h、10h 和 24h 后样品的 XRD 谱图

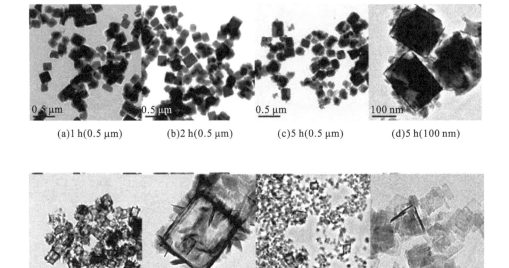

图 4-62　TiOF$_2$前驱体(T0)在180℃乙醇中溶剂热处理 1h、2h、5h、10h、24h 后的 TEM 图像

4.5.3.6　TiO$_2$-HNBs 的形成机理

为了阐明 TiO$_2$-HNBs 的形成机理，本节采用气相色谱-质谱联用技术检测了 TiOF$_2$前驱体经溶剂热处理后在 TBA 或乙醇中产生的有机物。发现这些有机物大部分是烯烃和酯类(图 4-63 和图 4-64)，它们应该来自相应的醇的脱水。研究结果表明，水是 TiOF$_2$立方体成功转化为锐钛矿相 TiO$_2$-HNBs 的必要条件，但水分需要控制在较低的含量。因此，溶剂热处理过程中醇的脱水对立方 TiOF$_2$前驱体的水解具有重要意义，而立方 TiOF$_2$前驱体的水解可导致 TiOF$_2$原位转变为锐钛矿相 TiO$_2$纳米晶[式(4-32)和式(4-33)]。

$$乙醇(脱水) \longrightarrow 烯烃(酯) + 水 \tag{4-32}$$
$$TiOF_2 + H_2O \Longrightarrow TiO_2(锐钛矿相) + 2HF \quad (原位转化) \tag{4-33}$$

随着反应时间的延长，产水量增加。TiOF$_2$立方体在边角处的稳定溶解，以及表面锐钛矿相 TiO$_2$的重结晶(内-外传质)，导致 TiO$_2$-HNBs 的形成[式(4-34)和式(4-35)]。由于 TBA 比乙醇更容易发生脱水反应，因此在其他相同条件下，TiOF$_2$立方体在 TBA 中的溶解速度比在乙醇中快得多，更易形成 TiO$_2$-HNBs。

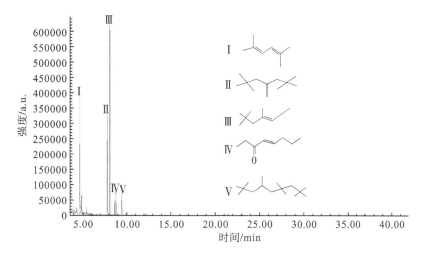

图 4-63　$TiOF_2$ 前驱体经溶剂热处理后，用 GC-MS[①] 鉴定 TBA 溶剂中的有机物

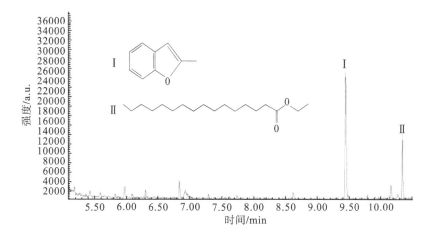

图 4-64　$TiOF_2$ 前驱体经溶剂热处理后，用 GC-MS 鉴定乙醇中的有机物

$$TiOF_2 + 2H^+ + 4F^- \rightleftharpoons TiF_6^{2-} + H_2O \quad （溶解） \quad (4\text{-}34)$$

$$3TiOF_2 + 3H_2O \rightleftharpoons 3TiO_2（锐钛矿相） + 6H^+ + 6F^- \quad （重结晶） \quad (4\text{-}35)$$

据报道，高能(001)晶面可以暴露在氟离子(形状导向试剂)的存在下。因此，在该体系中成功制备了具有高活性(001)晶面的锐钛矿相 TiO_2 纳米片组装的 TiO_2-HNBs。然而，过度生长会导致 TiO_2-HNBs 的坍塌，由于溶液中氟离子的蚀刻，形成了离散的高能 TiO_2 纳米片。可能的形成机理如图 4-65 所示。

---

① 气相色谱仪-质谱联用仪。

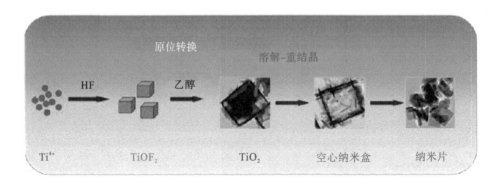

图 4-65 可能的锐钛矿相 TiO$_2$-HNBs 形成机理

4.5.4 小结

微波辅助方法可以成功合成 TiOF$_2$ 前驱体,比传统的加热方法效率更高。以 TiOF$_2$ 立方体为前驱体,采用溶剂热法制备了高活性锐钛矿相 TiO$_2$ 纳米片包裹的 TiO$_2$ 空心纳米盒。乙醇脱水产生水对 TiOF$_2$ 的水解、形成 TiO$_2$-HNBs、原位转化和溶解-重结晶过程具有重要意义。制备的 TiO$_2$-HNBs 由于其特殊的结构,具有较高的光催化活性。所提出的 TiO$_2$-HNBs 合成路线具有制备简单、重复性好、易于放大等优点,有望在光催化、催化、电化学、分离、纯化、药物传递等领域得到广泛应用。

参 考 文 献

Cai J H, Wang Z Y, Lv K L, et al., 2013. Rapid synthesis of a TiO$_2$ hollow microsphere assembly from hollow nanoparticles with enhanced photocatalytic activity. RSC Adv., 3(35): 15273-15281.

Cai J H, Huang Z A, Lv K L, et al., 2014. Ti powder-assisted synthesis of Ti^{3+} self-doped TiO$_2$ nanosheets with enhanced visible-light photoactivity. RSC Adv., 4(38): 19588-19593.

Chen L, Shen L F, Nie P, et al., 2012. Facile hydrothermal synthesis of single crystalline TiOF$_2$ nanocubes and their phase transitions to TiO$_2$ hollow nanocages as anode materials for lithium-ion battery. Electrochimica Acta, 62(15): 408-415.

Chen S F, Wang H Q, Zhu L J, et al., 2014. Solvothermal synthesis of TiO$_2$ hollow nanospheres utilizing the Kirkendall effect and their photocatalytic activities. Appl. Surf. Sci., 321: 86-93.

Chen X B, Shen S H, Guo L J, et al., 2010. Semiconductor-based photocatalytic hydrogen generation. Chem. Rev., 110(11): 6503-6570.

Cheng J S, Hu Z, Lv K L, et al., 2018. Drastic promoting the visible photoreactivity of layered carbon nitride by polymerization of dicyandiamide at high pressure. Appl. Catal. B, 232: 330-339.

Cheng J S, Hu Z, Li Q, et al., 2019. Fabrication of high photoreactive carbon nitride nanosheets by polymerization of amidinourea for hydrogen production. Appl. Catal. B, 245: 197-206.

Cheng X F, Leng W H, Liu D P, et al., 2008. Electrochemical preparation and characterization of surface-fluorinated TiO_2 nanoporous film and its enhanced photoelectrochemical and photocatalytic properties. J. Phys. Chem. C, 112(23): 8725–8734.

Cheng X J, Chen M, Wu L M, et al., 2006. Novel and facile method for the preparation of monodispersed titania hollow spheres. Langmuir, 22(8): 3858-3863.

Dai G T, Zhao L, Li J, et al., 2012. A novel photoanode architecture of dye-sensitized solar cells based on TiO_2 hollow sphere/nanorod array double-layer film. J. Colloid Interf. Sci., 365(1): 46-52.

Dong Z B, Ding D Y, Li T, et al., 2018. Ni-doped TiO_2 nanotubes photoanode for enhanced photoelectrochemical water splitting. Appl. Surf. Sci., 443: 321-328.

Duan Y Y, Liang L, Lv K L, et al., 2018. TiO_2 faceted nanocrystals on the nanofibers: Homojunction TiO_2 based Z-scheme photocatalyst for air purification. Appl. Surf. Sci., 456: 817-826.

Dwivedi C, Dutta V, 2012. Size controlled synthesis and photocatalytic activity of anatase TiO_2 hollow microspheres. Appl. Surf. Sci., 258(24): 9584- 9588.

Formo E, Lee E, Campbell D, et al., 2008. Functionalization of electrospun TiO_2 nanofibers with Pt nanoparticles and nanowires for catalytic applications. Nano Lett., 8(2): 668-672.

Guo N, Liang Y M, Lan S, et al., 2014. Uniform TiO_2–SiO_2 hollow nanospheres: Synthesis, characterization and enhanced adsorption–photodegradation of azo dyes and phenol. Appl. Surf. Sci., 305: 562-574.

Han X G, Kuang Q, Jin M S, et al., 2009. Synthesis of titania nanosheets with a high percentage of exposed (001) facets and related photocatalytic properties. J. Am. Chem. Soc., 131(9): 3152-3153.

Hao L, Kang L, Huang H W, et al., 2019. Surface-halogenation-induced atomic-site activation and local charge separation for superb CO_2 photoreduction. Adv. Mater., 31(25): 1900546.

Hashemizadeh I, Golovko V B, Choi J, et al., 2018. Photocatalytic reduction of CO_2 to hydrocarbons using bio-templated porous TiO_2 architectures under UV and visible light. Chem. Eng. J., 347: 64-73.

He F, Ma F, Li T, et al., 2017. Photo-induced charge generation of TiO_2 nanotube modified with polymer containing C_{60} under irradiation of visible light and its applications. Chinese J. Catal., 34: 2263-2270.

Hu J H, Hu S W, Yang Y P, et al., 2016. Influence of anodization time on photovoltaic performance of DSSCs based on TiO_2 nanotube array. Int. J. Photoenergy, 2016: 4651654.

Hu W Y, Zhou W, Zhang K F, et al., 2016. Facile strategy for controllable synthesis of stable mesoporous black TiO_2 hollow spheres with efficient solar-driven photocatalytic hydrogen evolution. J. Mater. Chem. A, 4(19): 7495-7502.

Huang T T, Li Y H, Wu X F, et al., 2018. In-situ transformation of Bi_2WO_6 to highly photoreactive $Bi_2WO_6@Bi_2S_3$ nanoplate via ion exchange. Chinese J. Catal., 39(4): 718-727.

Huang Z A, Wang Z Y, Lv K L, et al., 2013. Transformation of $TiOF_2$ cube to a hollow nanobox assembly from anatase TiO_2 nanosheets with exposed {001} facets via solvothermal strategy. ACS Appl. Mater. Interfaces, 5(17): 8663-8669.

Jiang G M, Cao J W, Chen M, et al., 2018. Photocatalytic NO oxidation on N-doped $TiO_2/g-C_3N_4$ heterojunction: Enhanced efficiency, mechanism and reaction pathway. Appl. Surf. Sci., 458: 77-85.

Jiao Y C, Zhao B, Chen F, et al., 2011. Insight into the crystal lattice formation of brookite in aqueous ammonia media: the electrolyte effect. CrystEngComm, 13(12): 4167-4173.

Kumari Y, Jangir L K, Kumar A, et al., 2017. Investigation of thermal stability of TiO_2 nanoparticles using 1-thioglycerol as capping agent. Solid State Commun., 263: 1-5.

Lai L L, Wen W, Fu B, et al., 2016. Surface roughening and top opening of single crystalline TiO_2 nanowires for enhanced photocatalytic activity. Mater. Des., 108: 581-589.

Lan J F, Wu X F, Lv K L, et al., 2015. Fabrication of TiO_2 hollow microspheres using $K_3PW_{12}O_{40}$ as template. Chinese J. Catal., 36(12): 2237-2243.

Lei C X, Jiang X L, Huang X, et al., 2015. Improved liquid phase deposition of anatase TiO_2 hollow microspheres with exposed {001} facets and their photocatalytic activity. Appl. Surf. Sci., 359: 860-867.

Li H X, Bian Z F, Zhu J, et al., 2007. Mesoporous titania spheres with tunable chamber stucture and enhanced photocatalytic activity. J. Am. Chem. Soc., 129(27): 8406-8407.

Li Q, Xia Y, Yang C, et al., 2018. Building a direct Z-scheme heterojunction photocatalyst by $ZnIn_2S_4$ nanosheets and TiO_2 hollowspheres for highly-efficient artificial photosynthesis. Chem. Eng. J., 349: 287-296.

Li X, Yu J G, Jaroniec M, 2016. Hierarchical photocatalysts. Chem. Soc. Rev., 45(9): 2603-2636.

Li X, Xie J, Jiang C J, et al., 2018. Review on design and evaluation of environmental photocatalysts. Front. Environ. Sci. Eng., 12(5): 14.

Li X F, Lv K L, Deng K J, et al., 2009. Synthesis and characterization of ZnO and TiO_2 hollow spheres with enhanced photoreactivity. Mat. Sci. Eng. B-Adv., 158(1-3): 40-47.

Li X F, Yang H, Lv K L, et al., 2020. Fabrication of porous TiO_2 nanosheets assembly for improved photoreactivity towards X-3B dye degradation and NO oxidation. Appl. Surf. Sci., 503: 144080.

Li X X, Xiong Y J, Li Z Q, et al., 2006. Large-scale fabrication of TiO_2 hierarchical hollow spheres. Inorg. Chem., 45(9): 3493-3495.

Li Y H, Lv K, Ho W K, et al., 2017. Enhanced visible-light photo-oxidation of nitric oxide using bismuth-coupled graphitic carbon nitride composite heterostructures. Chinese J. Catal., 38(2): 321-329.

Li Y H, Wu X F, Ho W K, et al., 2018. Graphene-induced formation of visible-light-responsive SnO_2-Zn_2SnO_4 Z-scheme photocatalyst with surface vacancy for the enhanced photoreactivity towards NO and acetone oxidation. Chem. Eng. J., 336: 200-210.

Liang L, Li K N, Lv K L, et al., 2017. Highly photoreactive TiO_2 hollow microspheres with super thermal stability for acetone oxidation. Chinese J. Catal., 38(12): 2085-2093.

Liao J Y, He J W, Xu H Y, et al., 2012. Effect of TiO_2 morphology on photovoltaic performance of dye-sensitized solar cells: Nanoparticles, nanofibers, hierarchical spheres and ellipsoid spheres. J. Mater. Chem., 22(16): 7910-7918.

Lin S, Sun S Y, Shen K X, et al., 2018a. Photocatalytic microreactors based on nano TiO_2-containing clay colloidosomes. Appl. Clay Sci., 159: 42-49.

Lin S, Sun S Y, Wang K, et al., 2018b. Bioinspired design of alcohol dehydrogenase@nano TiO_2 microreactors for sustainable cycling of NAD^+/NADH coenzyme. Nanomaterials, 8(2): 127.

Lin Y P, Lin S Y, Lee Y C, et al., 2013. High surface area electrospun prickle-like hierarchical anatase TiO_2 nanofibers for dye-sensitized solar cell photoanodes. J. Mater. Chem. A, 1(34): 9875-9884.

Liu S W, Yu J G, Mann S, 2009a. Synergetic codoping in fluorinated $Ti_{1-x}Zr_xO_2$ hollow microspheres. J. Phys. Chem. C, 113(24): 10712–10717.

Liu S W, Yu J G, Mann S, 2009b. Spontaneous construction of photoactive hollow TiO_2 microspheres and chains. Nanotechnology, 20(32): 325606.

Liu S W, Yu J G, Jaroniec M, 2011. Anatase TiO_2 with dominant high-energy {001} facets: synthesis, properties, and applications. Chem. Mater., 23(18): 4085-4093.

Lou X W, Archer L A, Yang Z C, 2008. Hollow micro-/nanostructures: synthesis and applications. Adv. Mater., 20(21): 3987-4019.

Low J X, Qiu S Q, Xu D F, et al., 2018. Direct evidence and enhancement of surface plasmon resonance effect on Ag-loaded TiO_2 nanotube arrays for photocatalytic CO_2 reduction. Appl. Surf. Sci., 434: 423-432.

Low J X, Dai B Z, Tong T, et al., 2019. In situ irradiated X-ray photoelectron spectroscopy investigation on a direct Z-scheme TiO_2/CdS composite film photocatalyst. Adv. Mater., 31(5): 1-5.

Lv K L, Yu J G, Deng K J, et al., 2010a. Effect of phase structures on the formation rate of hydroxyl radicals on the surface of TiO_2. J. Phys. Chem. Solid, 71(4): 519-522.

Lv K L, Li X F, Deng K J, et al., 2010b. Effect of phase structures on the photocatalytic activity of surface fluorinated TiO_2. Appl. Catal. B, 95(3-4): 383-392.

Lv K L, Yu J G, Deng K J, et al., 2010c. Synergistic effects of hollow structure and surface fluorination on the photocatalytic activity of titania. J. Hazard. Mater., 173(1-3): 539-543.

Lv K L, Xiang Q J, Yu J G, 2011a. Effect of calcination temperature on morphology and photocatalytic activity of anatase TiO_2 nanosheets with exposed {001} facets. Appl. Catal. B, 104(3-4): 275-281.

Lv K L, Yu J G, Fan J J, et al., 2011b. Rugby-like anatase titania hollow nanoparticles with enhanced photocatalytic activity. CrystEngComm, 13(23): 7044-7048.

Lv K L, Yu J G, Cui L Z, et al., 2011. Preparation of thermally stable anatase TiO_2 photocatalyst from $TiOF_2$ precursor and its photocatalytic activity. J. Alloys Compd., 509(13): 4557-4562.

Lv K L, Cheng B, Yu J G, et al., 2012. Fluorine ions-mediated morphology control of anatase TiO_2 with enhanced photocatalytic activity. Phys. Chem. Chem. Phys., 14(16): 5349-5362.

Lv K L, Fang S, Si L L, et al., 2017. Fabrication of TiO_2 nanorod assembly grafted rGO (rGO@TiO_2-NR) hybridized flake-like photocatalyst. Appl. Surf. Sci., 391: 218-227.

Lu Y C, Ou X Y, Wang W G, et al., 2020. Fabrication of TiO_2 nanofiber assembly from nanosheets (TiO_2-NFs-NSs) by electrospinning-hydrothermal method for improved photoreactivity. Chines J. Catal., 41(1): 209-218.

Lv Y Y, Yu L H, Huang H Y, et al., 2009. Preparation of F-doped titania nanoparticles with a highly thermally stable anatase phase by alcoholysis of $TiCl_4$. Appl. Surf. Sci., 255(23): 9548-9552.

Ma X Y, Xiang Q J, Liao Y L, et al., 2018. Visible-light-driven CdSe quantum dots/graphene/TiO₂ nanosheets composite with excellent photocatalytic activity for E. coli disinfection and organic pollutant degradation. Appl. Surf. Sci., 457: 846-855.

Marimuthu T, Anandhan N, Thangamuthu R, et al., 2017. Facile growth of ZnO nanowire arrays and nanoneedle arrays with flower structure on ZnO-TiO₂ seed layer for DSSC applications. J. Alloys Compd., 693: 1011-1019.

Meng A Y, Wu S, Cheng B, et al., 2018. Hierarchical TiO₂/Ni(OH)₂ composite fibers with enhanced photocatalytic CO₂ reduction performance. J. Mater. Chem. A, 6(11): 4729-4736.

Meng A Y, Zhang L Y, Cheng B, et al., 2019. Dual-cocatalysts in TiO₂ photocatalysis. Adv. Mater., 31(30): 1807660.

Minero C, Mariella G, Maurino V, et al., 2000a. Photocatalytic transformation of organic compounds in the presence of inorganic anions. 1. Hydroxyl-mediated and direct electron-transfer reactions of phenol on a titanium dioxide-fluoride system. Langmuir, 16(6): 2632-2641.

Minero C, Mariella G, Maurino V, et al., 2000b. Photocatalytic transformation of organic compounds in the presence of inorganic ions. 2. Competitive reactions of phenol and alcohols on a titanium dioxide-fluoride system. Langmuir, 16(23): 8964-8972.

Mou Z G, Wu Y J, Sun J H, et al., 2014. TiO₂ nanoparticles-functionalized N-doped graphene with superior interfacial contact and enhanced charge separation for photocatalytic hydrogen generation. ACS Appl. Mater. Interfaces, 6(16): 13798-13806.

Ning X, Wei F X, Fu H Y, et al., 2018. Enhanced catalytic reduction of 4-nitrophenol over titania nanotube supported gold nanoparticles by weak ultraviolet light irradiation: Role of gold surface charge. Appl. Surf. Sci., 445: 535-541.

Nosaka A Y, Nishino J, Fujiwara T, et al., 2006. Effects of thermal treatments on the recovery of adsorbed water and photocatalytic activities of TiO₂ photocatalytic systems. J. Phys. Chem. B, 110(16): 8380-8385.

Padmanabhan S C, Pillai S C, Colreavy J, et al., 2007. A simple sol-gel processing for the development of high-temperature stable photoactive anatase titania. Chem. Mater., 19(18): 4474-4481.

Park J S, Choi W, 2004. Enhanced remote photocatalytic oxidation on surface-fluorinated TiO₂. Langmuir, 20(26): 11523-11527.

Periyat P, Pillai S, McCormack D E, et al., 2008. Improved high-temperature stability and sun-light-driven photocatalytic activity of sulfur-doped anatase TiO₂. J. Phys. Chem. C, 112(20): 7644–7652.

Periyat P, McCormack D E, Hinder S J, et al., 2009. One-pot synthesis of anionic (nitrogen) and cationic (sulfur) codoped high-temperature stable, visible light active, anatase photocatalysts. J. Phys. Chem. C, 113(8): 3246–3253.

Rahimi R, Zargari S, Yousefi A, et al., 2015. Visible light photocatalytic disinfection of E. coli with TiO₂-graphene nanocomposite sensitized with tetrakis(4-carboxyphenyl) porphyrin. Appl. Surf. Sci., 355: 1098-1106.

Ren L, Li Y Z, Hou J T, et al., 2014. Preparation and enhanced photocatalytic activity of TiO₂ nanocrystals with internal pores. ACS Appl. Mater. Interfaces, 6(3): 1608-1615.

Sajan C P, Wageh S, Al-Ghamdi A A, et al., 2016. TiO₂ nanosheets with exposed {001} facets for photocatalytic applications. Nano Res., 9(1): 3-27.

Shi T, Duan Y Y, Lv K L, et al., 2018. Photocatalytic oxidation of acetone over high thermally stable TiO₂ nanosheets with exposed (001) facets. Front. Chem., 6: 175.

Shutilov A A, Zenkovets G A, Gavrilov V Yu, et al., 2017. Effect of alumina additives on the nanostructure and thermal stability of TiO$_2$ with anatase structure. Mater. Today: Proceed, 4(11): 11486-11489.

Si L L, Huang Z A, Lv K L, et al., 2014. Facile preparation of Ti^{3+} self-doped TiO$_2$ nanosheets with dominant {001} facets using zinc powder as reductant. J. Alloys Compd., 601: 88-93.

Sun J, Yan X, Lv K L, et al., 2013. Photocatalytic degradation pathway for azo dye in TiO$_2$/UV/O$_3$ system: Hydroxyl radical versus hole. J. Mol. Catal. A-Chem., 367: 31-37.

Tang Q, Meng X F, Wang Z Y, et al., 2018. One-step electrospinning synthesis of TiO$_2$/g-C$_3$N$_4$ nanofibers with enhanced photocatalytic properties. Appl. Surf. Sci., 430: 253-262.

Wang D, Zheng S Y, Yao J, et al., 2019. A novel Ti^{3+} self-doped TiO$_2$ for photocatalytic removal of NO. Chem. Phys. Lett., 716: 215-220.

Wang H T, Wu J C, Shen Y Q, et al., 2010. CrSi$_2$ hexagonal nanowebs. J. Am. Chem. Soc., 132(45): 15875-15877.

Wang K X, Shao C L, Li X H, et al., 2015. Hierarchical heterostructures of p-type BiOCl nanosheets on electrospun n-type TiO$_2$ nanofibers with enhanced photocatalytic activity. Catal. Commun., 67: 6-10.

Wang L, Li H L, Tian J Q, et al., 2010. Monodisperse, micrometer-scale, highly crystalline, nanotextured Ag dendrites: rapid, large-scale, wet-chemical synthesis and their application as SERS substrates. ACS Appl. Mater. Interfaces, 2(11): 2987-2991.

Wang Q, Q Z N, Chen J, et al., 2016. Green synthesis of nickel species in situ modified hollow microsphereTiO$_2$ with enhanced photocatalytic activity. Appl. Surf. Sci., 364: 1-8.

Wang W G, Zhang H Y, Wang R, et al., 2014. Design of a TiO$_2$ nanosheet/nanoparticle gradient film photoanode and its improved performance for dye-sensitized solar cells. Nanoscale, 6(4): 2390-2396.

Wang X F, Yu R, Wang K, et al., 2015. Facile template-induced synthesis of Ag-modified TiO$_2$ hollow octahedra with high photocatalytic activity. Chinese J. Catal., 36(12): 2211-2218.

Wang Y, Zhang H M, Han Y H, et al., 2011. A selective etching phenomenon on {001} faceted anatase titanium dioxide single crystal surfaces by hydrofluoric acid. Chem. Commun., 47(10): 2829-2831.

Wang Y, Yu J G, Xiao W, et al., 2014. Microwave-assisted hydrothermal synthesis of graphene-based Au-TiO$_2$ photocatalysts for efficient visible-light hydrogen production. J. Mater. Chem. A, 2(11): 3847-3855.

Wang Z Y, L K L, Wang G H, et al., 2010. Study on the shape control and photocatalytic activity of high-energy anatase titania. Appl. Catal. B, 100(1-2): 378-385.

Wang Z Y, Huang B B, Dai Y, et al., 2012. Topotactic transformation of single-crystalline TiOF$_2$ nanocubes to ordered arranged 3D hierarchical TiO$_2$ nanoboxes. CrystEngComm, 14(14): 4578-4581.

Wang Z Y, Huang B B, Dai Y, et al., 2013. The roles of growth conditions on the topotactic transformation from TiOF$_2$ nanocubes to 3D hierarchical TiO$_2$ nanoboxes. CrystEngComm, 15(17): 3436-3441.

Wen C Z, Zhou J Z, Jiang H B, et al., 2011. Synthesis of micro-sized titanium dioxide nanosheets wholly exposed with high-energy {001} and {100} facets. Chem. Commun., 47(15): 4400-4402.

Wen J Q, Li X, Liu W, et al., 2015. Photocatalysis fundamentals and surface modification of TiO$_2$ nanomaterials. Chinese

J. Catal., 36(12): 2049-2070.

Wu T T, Kang X D, Kadi M W, et al., 2015. Enhanced photocatalytic hydrogen generation of mesoporous rutile TiO_2 single crystal with wholly exposed {111} facets. Chinese J. Catal., 36(12): 2103-2108.

Wu X F, FangS, Zheng Y, et al., 2016. Thiourea-modified TiO_2 nanorods with enhanced photocatalytic activity. Molecules, 21(2): 181.

Wu X F, Cheng J S, Li X F, et al., 2019. Enhanced visible photocatalytic oxidation of NO by repeated calcination of g-C_3N_4. Appl. Surf. Sci., 465: 1037-1046.

Xia Y, Li Q, Lv K L, et al., 2017. Heterojunction construction between TiO_2 hollowsphere and $ZnIn_2S_4$ flower for photocatalysis application. Appl. Surf. Sci., 398: 81-88.

Xiang Q J, Lv K L, Yu J G, 2010. Pivotal role of fluorine in enhanced photocatalytic activity of anatase TiO_2 nanosheets with dominant (001) facets for the photocatalytic degradation of acetone in air. Appl. Catal. B, 96(3-4): 557-564.

Xie S F, Han X G, Kuang Q, et al., 2011. Solid state precursor strategy for synthesizing hollow TiO_2 boxes with a high percentage of reactive {001} facets exposed. Chem. Commun., 47(23): 6722-6724.

Xu F Y, Meng K, Cheng B, et al., 2019. Enhanced photocatalytic activity and selectivity for CO_2 reduction over a TiO_2 nanofiber mat using Ag and MgO as Bi-cocatalyst. Chem.CatChem, 11(1): 465-472.

Xu Y M, Lv K L, Xiong Z G, et al., 2007. Rate enhancement and rate inhibition of phenol degradation over irradiated anatase and rutile TiO_2 on the addition of NaF: new insight into the mechanism. J. Phys. Chem. C, 111(51): 19024-19032.

Yan M C, Chen F, Zhang J L, et al., 2005. Preparation of controllable crystalline titania and study on the photocatalytic properties. J. Phys. Chem. B, 109(18): 8673-8678.

Yang H G, Zeng H C, 2004. Preparation of hollow anatase TiO_2 nanospheres via ostwald ripening. J. Phys. Chem. B, 108(11): 3492-3495.

Yang H G, Sun C H, Qiao S Z, et al., 2008. Anatase TiO_2 single crystals with a large percentage of reactive facets. Nature, 453(7195): 638-641.

Yang R W, Cai J H, Lv K L, et al., 2017. Fabrication of TiO_2 hollow microspheres assembly from nanosheets (TiO_2-HMSs-NSs) with enhanced photoelectric conversion efficiency in DSSCs and photocatalytic activity. Appl. Catal. B, 210: 184-193.

Yang X J, Zhao L, Lv K L, et al., 2019. Enhanced efficiency for dye-sensitized solar cells with ZrO_2 as a barrier layer on TiO_2 nanofibers. Appl. Surf. Sci., 469: 821-828.

Ye H P, Lu S M, 2013. Effect of substrate on evaluation of the photocatalytic activity of TiO_2 nanocrystals with exposed {001} facets. Appl. Surf. Sci., 270: 741-745.

Yin L L, Zhao M, Hu H L, et al., 2017. Synthesis of graphene/tourmaline/TiO_2 composites with enhanced activity for photocatalytic degradation of 2-propanol Chin J. Catal., 38(8): 1307-1314.

Yong S M, Kim D S, Jung K, et al., 2018. Freeze-casted TiO_2 photoelectrodes with hierarchical porous structures for efficient light harvesting ability in dye-sensitized solar cells. Appl. Surf. Sci., 449: 405-411.

Yu J C, Yu J G, Ho W K, et al., 2002. Effects of F-doping on the photocatalytic activity and microstructures of nanocrystalline TiO$_2$ powders. Chem. Mater., 14(9): 3808-3816.

Yu J C, Ho W K, Yu J G, et al., 2003. Effects of trifluoroacetic acid modification on the surface microstructures and photocatalytic activity of mesoporous TiO$_2$ thin films. Langmuir, 19(9): 3889-3896.

Yu J G, Su Y R, Cheng B, 2007. Template-free fabrication and enhanced photocatalytic activity of hierarchical macro-/mesoporous titania. Adv. Funct. Mater., 17(12): 1984-1990.

Yu J G, Fan J J, Lv K L, 2010a. Anatase TiO$_2$ nanosheets with exposed (001) facets: improved photoelectric conversion efficiency in dye-sensitized solar cells. Nanoscale, 2(10): 2144-2149.

Yu J G, Qi L F, Jaroniec M J, 2010b. Hydrogen production by photocatalytic water splitting over Pt/TiO$_2$ nanosheets with exposed (001) facets. Phys. Chem. C, 114(30): 13118-13125.

Yu J G, Yu H G, Cheng B, et al., 2003. The effect of calcination temperature on the surface microstructure and photocatalytic activity of TiO$_2$ thin films prepared by liquid phase deposition. J. Phys. Chem. B, 107(50): 13871-13879.

Yu J G, Guo H T, Davis S, et al., 2006. Fabrication of hollow inorganic microspheres by chemically induced self-transformation. Adv. Funct. Mater., 16(15): 2035-2041.

Yu Y G, Low J X, Xiao W, et al., 2014. Enhanced photocatalytic CO$_2$-reduction activity of anatase TiO$_2$ by coexposed {001} and {101} facets. J. Am. Chem. Soc., 136(25): 8839-8842.

Zhang C J, Tian L J, Chen L Q, et al., 2018. One-pot topotactic synthesis of Ti^{3+} self-doped 3D TiO$_2$ hollow nanoboxes with enhanced visible light response. Chinese J. Catal., 39(8): 1373-1383.

Zhang L, Yang C, Lv K L, et al., 2019. SPR effect of bismuth enhanced visible photoreactivity of Bi$_2$WO$_6$ for NO abatement. Chinese J. Catal., 40(5): 755-764.

Zhang Z, Bondarchuk O, Kay B D, et al., 2006. Imaging water dissociation on TiO$_2$(110): evidence for inequivalent geminate OH groups. J. Phys. Chem. B, 110(43): 21840-21845.

Zhang Z Y, Dong B, Zhang M Y, et al., 2014. Electrospun Pt/TiO$_2$ hybrid nanofibers for visible-light-driven H$_2$ evolution. Int. J. Hydrogen Energy, 39: 19434-19443.

Zhao X, Du Y T, Zhang C J, et al., 2018. Enhanced visible photocatalytic activity of TiO$_2$ hollow boxes modified by methionine for RhB degradation and NO oxidation. Chinese J. Catal., 39(4): 736-746.

Zheng Y, Lv K L, Wang Z Y, et al., 2012. Microwave-assisted rapid synthesis of anatase TiO$_2$ nanocrystals with exposed {001} facets. Mol. Catal. A-Chem., 356: 137-143.

Zheng Y, Cai J H, Lv K L, et al., 2014. Hydrogen peroxide assisted rapid synthesis of TiO$_2$ hollow microspheres with enhanced photocatalytic activity. Appl. Catal. B: Environmental, 147: 789-795.

Zheng Z K, Huang B B, Qin X Y, et al., 2010. Strategic synthesis of hierarchical TiO$_2$ microspheres with enhanced photocatalytic activity. Chem. Eur. J., 16(37): 11266-11270.

Zhou X J, Shao C L, Li X H, et al., 2018. Three dimensional hierarchical heterostructures of g-C$_3$N$_4$ nanosheets/TiO$_2$ nanofibers: Controllable growth via gas-solid reaction and enhanced photocatalytic activity under visible light. J. Hazard. Mater., 344: 113-122.

Zhu H Y, Lan Y, Gao X P, et al., 2005. Phase transition between nanostructures of titanate and titanium dioxides via simple wet-chemical reactions. J. Am. Chem. Soc., 127(18): 6730-6736.

Zhu J, Zhang D Q, Bian Z F, et al., 2009, Aerosol-spraying synthesis of SiO_2/TiO_2 nanocomposites and conversion to porous TiO_2 and single-crystalline $TiOF_2$. Chem. Commun., 45(36): 5394-5396.

Zhu X B, Tu X, Mei D H, et al., 2016. Investigation of hybrid plasma-catalytic removal of acetone over $CuO/\gamma-Al_2O_3$ catalysts using response surface method. Chemosphere, 155: 9-17.

第 5 章 TiO₂ 表面改性及光催化机制

5.1 含氧空位 TiO₂ 空心微球对 NO 的高效光催化氧化机制

5.1.1 引言

本节介绍了一种简便方法制备得到含氧空位 TiO₂ 空心微球(Ov-TiO₂-HMSs)，并将其应用于 NO 的光催化氧化(Hu Z et al., 2019)。通过将偏钛酸 HMSs (H_2TiO_3-HMSs)和尿素的混合物在马弗炉中于 600℃煅烧 2h，制备得到 TiO₂-HMSs。尿素的氧化在坩埚中产生缺氧环境，有利于锐钛矿相 TiO₂-HMSs 表面氧空位(Ov)的形成。Ov 的引入不仅通过增强吸附和活化提高了 NO 的可见光反应活性，还影响了 NO 的光催化氧化途径。该方法简便、安全，不需要任何专用仪器，易于扩大生产规模。对照实验结果表明，尿素在 600℃下直接聚合 2h，得到了石墨相氮化碳(g-C_3N_4)，这与文献结果(Zhang G G et al., 2017)一致。

5.1.2 催化剂的制备

为了获得具有大比表面积的 Ov-TiO₂-HMSs，首先根据前期研究工作(Yang R W et al., 2017; Zheng Y et al., 2014)，以纳米片(H_2TiO_3-HMSs-NSs)为原料，制备了偏钛酸空心微球。将获得的 H_2TiO_3-HMSs 粉末(2.0g)与不同量的尿素(1.0g、2.0g、4.0g、6.0g)进行混合，当尿素量为 6.0g 时，坩埚已基本装满。因此，本研究中尿素用量不能大于 6.0g。将混合物转移到一个 50mL 的坩埚中，然后在马弗炉中以 5℃/min 的升温速率在 600℃下煅烧 2h。制备的 Ov-TiO₂-HMSs 样品记为 Ux(U1、U2、U4、U6)，其中 x 表示煅烧前混合物中尿素的质量。为便于进行比较，在其他条件相同的情况下，将 2.0g 的 H_2TiO_3-HMSs 粉末直接煅烧以制备不含尿素的 TiO₂-HMSs 样品(U0)。

根据密度泛函理论(DFT)计算：所有自旋转极化 DFT-D2 的计算都在 VASP 5.4.1 软件上进行。交换相关泛函采用广义梯度近似方法(Kresse G and Farthmüller J, 1996)。设定截止能量为 400eV，高斯尾宽为 0.2eV，k 点为 2×2×2。所有的几何形状和能量都收敛到 0.01eV 以下。采用 Heyd-Scuseria-Ernzerhof(HSE06)方法估算能带结构和态密度。采用含108个原子的3×3×1超胞模型,暴露(101)晶面,模拟原始TiO$_2$-HMSs(简称为原始 TiO$_2$)。通过在超胞模型中去除一个氧原子来模拟 Ov-TiO$_2$- HMSs(简称Ov-TiO$_2$)。将吸附能 E_{ads} 定义为 $E_{ads} = E_{tot} - E_T - E_{mol}$,其中 E_{tot}、E_T、E_{mol} 分别表示吸附后化合物、吸附剂(原始 TiO$_2$ 或 Ov-TiO$_2$)和被吸附分子的总能量。

5.1.3　结果与讨论

5.1.3.1　XRD 和 FTIR

S_{PU} 样品对应的 X 射线衍射(XRD)光谱和傅里叶变换红外光谱仪(FTIR)光谱分别如图 5-1(a)和图 5-1(b)所示,其中以 27°为中心的衍射峰对应为(002)峰,由共轭芳香体系堆积而成。1635~1250cm^{-1} 的振动峰归因于 g-C$_3$N$_4$ 杂环的典型伸缩模式。这说明 S_{PU} 样品的组分为氮化碳(g-C$_3$N$_4$)。H$_2$TiO$_3$-HMSs 直接煅烧可生成 TiO$_2$-HMSs,经 XRD 和 FTIR 光谱鉴定为纯锐钛矿相 TiO$_2$。锐钛矿相 TiO$_2$ 在 2θ=25.3°处的尖锐衍射峰对应于(101)平面衍射,在 1088cm^{-1} 和 467cm^{-1} 处的吸收峰分别来自 Ti—O 和 O—Ti—O 的伸缩振动。H$_2$TiO$_3$-HMSs 和尿素的混合物煅烧得到的是锐钛矿相 TiO$_2$,而不是 g-C$_3$N$_4$/TiO$_2$ 混合物,也就是说,在所有的 Ov-TiO$_2$-HMSs 样品的 XRD 光谱和 FTIR 光谱中均未观察到 g-C$_3$N$_4$ 存在的信号。Liu 等(2019)报道了在不引入 N 元素的情况下,WO$_3$ 于 350℃ NH$_3$ 气氛中煅烧 1h,就可以成功地将 Ov 引入 WO$_3$ 中。通过在线质谱法检测到 WO$_3$ 与氨的程序升温反应过程中可生成 N$_2$O、NO、N$_2$、H$_2$ 和 H$_2$O,并提出无 N 掺杂的 Ov-WO$_3$ 的合成归因于氨辅助还原策略。由于 H 和 N 原子在低温下可以夺取 WO$_3$ 中的 O 原子形成 H$_2$O 和 N$_2$O,因此能够得到具有丰富氧空位的 WO$_3$。

$$WO_3 + NH_3 \longrightarrow WO_{3-x} + N_2O + H_2O \tag{5-1}$$

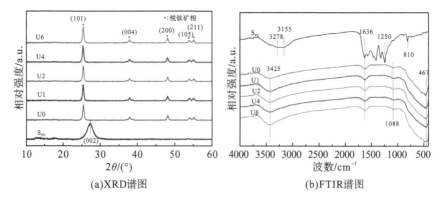

图 5-1　光催化剂的 XRD 谱图和 FTIR 谱图

注:S_{PU} 为 g-C$_3$N$_4$,U0 为原始 TiO$_2$-HMSs,Ux 为使用 xg 尿素制备的 Ov-TiO$_2$-HMSs。

同样，在本节中，TiO_2-HMSs 可以催化尿素分解产生具有 Ov 的 TiO_2-HMSs，阻止其聚合生成 g-C_3N_4。因此不能得到 TiO_2-HMSs/g-C_3N_4 复合材料。

从原始 TiO_2-HMSs[图 5-2(a)]和 Ov-TiO_2-HMSs[图 5-2(b)]的 SEM 图像可以看出，两种样品的形貌相似，说明尿素的存在对 TiO_2-HMSs 的形貌影响不大。Ov-TiO_2-HMSs 的 TEM 图像[图 5-2(c)]进一步证实了 Ov-TiO_2-HMSs 的中空结构。Ov-TiO_2-HMSs 的 HRTEM 图像如图 5-2(d)所示，其中 d=0.35nm 的明显晶格条纹对应于锐钛矿相(101)晶面的 TiO_2 纳米晶。

(a)U0样品SEM图像　　　　　(b)U6样品SEM图像

(c)U6样品TEM图像　　　　　(d)U6样品HRTEM图像

图 5-2　原始 TiO_2-HMSs 和 Ov-TiO_2-HMSs 的 SEM 和 TEM(HRTEM)图像

注：图(a)和(b)中的箭头表示中空结构。

5.1.3.2　电子顺磁共振和固体漫反射光谱

样品的电子顺磁共振(EPR)光谱证实了 TiO_2-HMSs 表面 Ov 的形成，其中以 g=2.003 为中心的强信号来源于 Ov 捕获的电子[图 5-3(a)](An X Q et al., 2017; Ma J Z et al., 2014; Duan Y Y et al., 2018)。随着尿素用量的增加，信号强度稳定增强，这意味着调节尿素用量可以方便地调控 Ov 的浓度，从而便于研究 Ov 在光催化氧化中的潜在作用。巧合的是，Ov-TiO_2-HMSs 的紫外-可见漫反射光谱中可见区域有一个长的拖尾[图 5-3(b)]，随着尿素量的增加，其吸光度值向更高的方向移动。这反映了 Ov 诱导的带隙变窄(Li H et al., 2018),这与密度泛函理论(DFT)计算的紫外-可见吸收光谱一致[图 5-4(a)]。图 5-4(b)比较了原始 TiO_2 和 Ov-TiO_2 的总态密度(density of states, DOS)。由于带隙中存在缺陷能级,Ov-TiO_2 的带隙比原始 TiO_2 窄。这使得 Ov-TiO_2 在二次光吸收时具有更强的可见光吸收能力,从而增强了其光催化活性。

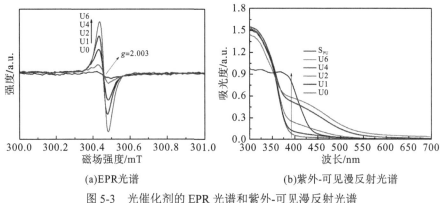

(a)EPR光谱 (b)紫外-可见漫反射光谱

图 5-3　光催化剂的 EPR 光谱和紫外-可见漫反射光谱

注:U0 是原始 TiO_2-HMSs,Ux 是使用 xg 尿素制备的 Ov-TiO_2-HMSs。

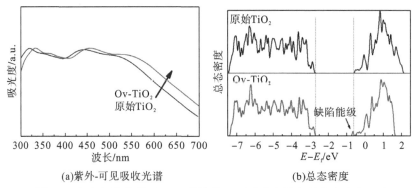

(a)紫外-可见吸收光谱 (b)总态密度

图 5-4　加入氧空位前后 TiO_2 的紫外-可见吸收光谱和总态密度(DOS)

注:费米能级被设为 0eV。

5.1.3.3　XPS 分析和光(电)化学测量

图 5-5 为光催化剂的 XPS 谱图。可以看出,S_{PU} 样品中只含有 C 和 N 以及少量的 O。而 Ti2p[图 5-6(a)]和 O1s[图 5-6(b)]区域的高分辨率 XPS 谱显示,Ov 引入 TiO_2-HMSs 后,可导致 Ti 和 O 的结合能降低。这是因为一旦一个氧原子从 TiO_2 表面移出,就会留下两个额外的电子,导致 Ov 位附近 Ti 和 O 原子周围的电子云密度增加。

图 5-6(c)比较了 U0 和 U6 样品在 C1s 区域的高分辨率 XPS 谱,可以高斯拟合为三个峰,结合能分别位于 284.6eV、286.6eV 和 288.4eV。结合能为 284.6eV

的主峰归因于 XPS 仪器本身的外来烃(Yu J C et al., 2002)，而结合能为 286.6eV 和 288.4eV 的峰归因于 C—O 和 C═O 键(Li Y H et al., 2018)的氧化碳物种。由于在两种样品中均未发现与 Ti—C 键相对应的明显峰值(结合能约为 282.0eV)，因此可以认为 C 元素没有掺杂到 Ov-TiO$_2$-HMSs 晶格中(Lv K L et al., 2012)。N1s 区域的高分辨率 XPS 谱[图 5-6(d)]显示，Ov-TiO$_2$-HMSs 的 N 信号很弱，这也意味着可以排除 Ov-TiO$_2$-HMSs 晶格的 N 掺杂。

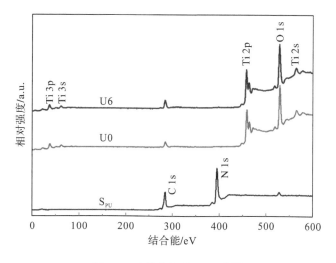

图 5-5 光催化剂的 XPS 谱图

由于原始 TiO$_2$-HMSs 和 Ov-TiO$_2$-HMSs 在 C1s 和 N1s 区域的高分辨率 XPS 谱图相似，Ov-TiO$_2$-HMSs 较强的紫外-可见吸收应该是由表面氧空位引起的，而不是因为 C 和 N 元素的掺杂。

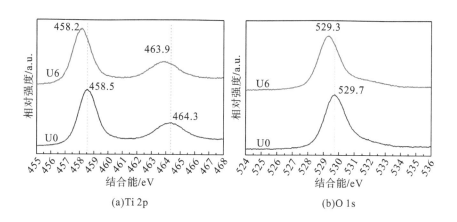

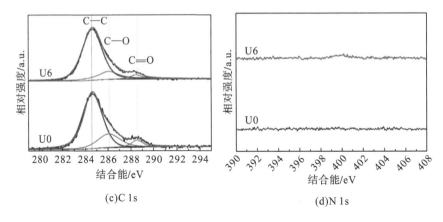

(c)C 1s
(d)N 1s

图 5-6　Ti 2p、O 1s、C 1s 和 N 1s 区域的高分辨率 XPS 谱图

注：S_{PU} 为 g-C_3N_4，U0 为原始 TiO_2-HMSs，U6 为 Ov-TiO_2-HMSs。

图 5-7 显示了 U0 和 U6 样品的元素能量色散 X 射线分析（energy-dispersion X-ray analysis，EDX），从中可以清楚地观察到 Ti 和 O 元素在 TiO_2-HMSs 上的均匀分布。由于两种样品的 N 元素几乎都无法检测到，可以排除 N 在煅烧过程中掺杂到 TiO_2-HMSs 晶格中的可能性，这与 XPS 表征结果一致 [图 5-6(d)]。

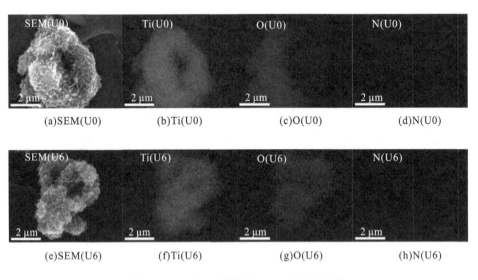

图 5-7　U0 和 U6 样品的 EDX 元素分布图

图 5-8(a) 比较了 g-C_3N_4(S_{PU})、原始 TiO_2-HMSs(U0) 和 Ov-TiO_2-HMSs (U6) 样品的光电流密度。可以看出，g-C_3N_4 的光电流密度仅为 0.85μA/cm²，原始 TiO_2-HMSs 的光电流密度为 2.7μA/cm²，Ov-TiO_2-HMSs 的光电流密度为

$8.5\mu A/cm^2$。仔细观察，g-C_3N_4 和 Ov-TiO_2-HMSs 的光电流形状完全不同。g-C_3N_4 的光电流密度在光照下平稳增长，这表明几乎所有的光生空穴都被注入电解液中。然而，在 Ov-TiO_2-HMSs 电极上没有稳定的法拉第电流，但能观察到明显的阳极光电流峰。这反映了光生空穴没有被注入电解液中，而是在电极/电解液表面累积，这可能是由高度集中的空穴瞬间产生造成的。

Ov-TiO_2-HMSs(U6)的顶峰光电流密度远强于原始 TiO_2-HMSs(U0)的，说明 Ov-TiO_2-HMSs 光照下的光生电子-空穴对分离效率高于原始 TiO_2-HMSs。Ov-TiO_2-HMSs 在电极/电解液界面处积累的正空穴阻止了负电子因静电相互作用向光电阴极的进一步迁移，从而导致光电流密度降低。因此，在光照过程中，Ov-TiO_2-HMSs 的光电流密度先是急剧增加，然后开始缓慢减少。

与光电流的结果一致，图 5-8(b)中增加的表面光电压也表明 Ov-TiO_2-HMSs 光生载流子的分离得到改善，从中可以清楚地看出 U6 样品的表面光电压在所有光催化剂中最高。

在高频范围内的电化学阻抗谱数据中，Ov-TiO_2-HMSs 在奈奎斯特(Nyquist)图上的圆弧半径比原始 TiO_2-HMSs 要小得多[图 5-8(c)]，结果表明，Ov-TiO_2-HMSs(U6)的界面电荷转移速度比原始 TiO_2-HMSs(U0)快。

TiO_2-HMSs 的光致发光(PL)光谱强度随 Ov 浓度的增加而稳定降低，反映了 Ov 延缓了载流子的复合。根据图 5-8(d)所示的瞬态 PL 光谱，引入 Ov 后 TiO_2-HMSs 的平均寿命几乎增加了 2 倍(从 0.62ns 到 1.78ns)。这些结果表明，Ov 诱导的局域态不仅可以扩大光响应范围，而且可以促进光生载流子的捕获，从而提高光催化活性。

完全氧化的表面与 O_2 和 NO 相互作用较弱，不利于 NO 的氧化。表面 Ov 不仅改变了晶格 Ti 的配位数，而且将相邻的钛原子(Ti3 和 Ti4)之间的距离从 2.83nm 延长到 3.36nm。如此大的晶格畸变会引起偶极子距离的变化，从而产生内建电场，促进光生电子-空穴对的有效分离(Ma J Z et al., 2014)。

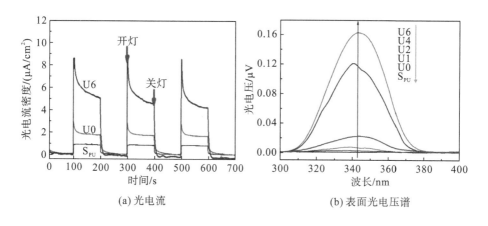

(a) 光电流　　　　　　　　(b) 表面光电压谱

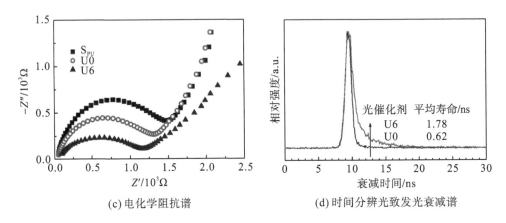

(c) 电化学阻抗谱　　　　　　(d) 时间分辨光致发光衰减谱

图 5-8　光催化剂的光电流、表面光电压谱、电化学阻抗谱和时间分辨光致发光衰减谱

5.1.3.4　NO 的可见光催化氧化

作为一种典型的机动车尾气污染物，NO 是酸雨和城市雾霾的主要成因，其在大气中的存在日益引起人们的关注。长期暴露在 NO 污染的空气中会导致严重的呼吸道疾病(Dong F et al., 2014)。

本节在带截止滤光片($\lambda > 400$nm)的可见光 LED 灯照射下，在连续流反应器中，采用 NO 氧化法测定 TiO_2-HMSs 的光催化活性。从图 5-9 中我们可以清楚地看到，LED 灯打开后，反应器出口 NO 的浓度开始下降，反映出 TiO_2-HMSs 对 NO 氧化具有光催化活性。同时，NO 在 LED 灯的照射下非常稳定，而煅烧前的 TiO_2-HMSs 前驱体由于是钛酸盐(H_2TiO_3)，其 NO 氧化活性很差。煅烧后，锐钛矿相 TiO_2-HMSs 表现出明显的 NO 氧化活性(去除率为 37.5%)，该活性随 Ov 浓度的增加而逐渐增强。使用 U6 的 Ov-TiO_2-HMSs 作为光催化剂，NO 去除率达到 53.2%，提高了约 42 个百分点。

考虑到比表面积对光催化剂的光催化活性有重要影响，因此，测量了光催化剂的氮气吸附-脱附等温线。图 5-10 比较了 g-C_3N_4、原始 TiO_2-HMSs(U0) 和 Ov-TiO_2-HMSs(U6) 的氮气吸附-脱附等温线。在 0.05～0.3 的相对压力范围内，三种样品的吸附等温线几乎重合，反映了其具有相同的比表面积。由于所有 TiO_2-HMSs 样品的比表面积相似(61.8～79.6m^2/g，见表 5-1)，NO 光催化反应活性增强的主要原因是 Ov 的引入，而不是比表面积的变化。值得注意的是，Ov-TiO_2-HMSs 在光催化氧化 NO 时也非常稳定，它的光催化活性在 8 次循环后基本保持不变(图 5-11)，表明它有很好的实际应用前景。

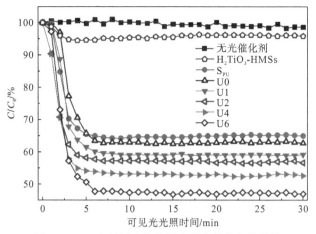

图 5-9 NO 在不同光催化剂上的光催化氧化曲线

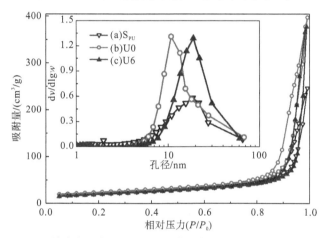

图 5-10 光催化剂的氮气吸附-脱附等温线及孔径分布曲线（内插图）

表 5-1 光催化剂的物理性质

样品	前驱体		产物	相对结晶度[a] /nm	氮气吸附		
	TiO_2/g	尿素/g			S_{BET}[b] /(m²/g)	PV[c] /(cm³/g)	APS[d] /nm
U0	2.0	0	原始 TiO_2	1.00	79.6	0.61	13.8
U1	2.0	1.0	O_V-TiO_2	1.01	77.7	0.57	14.0
U2	2.0	2.0	O_V-TiO_2	0.99	66.4	0.50	13.8
U4	2.0	4.0	O_V-TiO_2	1.06	61.8	0.50	16.1
U6	2.0	6.0	O_V-TiO_2	1.03	67.4	0.58	17.2
S_{PU}	0	6.0	g-C_3N_4	-	71.9	0.37	11.8

注：a. 以锐钛矿(101)平面衍射峰的相对强度作为参考，评价 TiO_2 的相对结晶度；b. 采用多点 BET 法测定相对压力 (P/P_0) 在 0.05～0.3 范围内的比表面积；c. 孔容 (PV) 由 $P/P_0 = 0.994$ 时氮气等温线的吸附分支确定；d. 平均孔径 (APS) 由氮气等温线的吸附分支采用 BJH 方法估算。

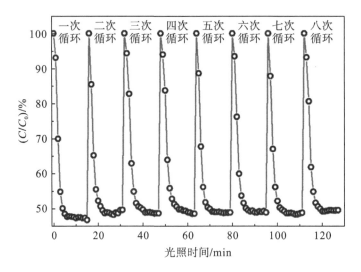

图 5-11　Ov-TiO$_2$-HMSs（U6 样品）的光催化氧化重复实验曲线

5.1.3.5　DFT 计算

为了说明 Ov 的引入提高了 NO 氧化效率，本节采用 DFT 模拟对 NO 的吸附。可以看出，NO 的电子局域函数（electron localization function，ELF）值从 0.82（原始 TiO$_2$-HMSs）下降到 0.78（Ov-TiO$_2$-HMSs），说明由于 Ov-TiO$_2$-HMSs 表面的化学吸附更强，N—O 共价键被削弱[图 5-12(a)]。同时也比较了 NO 吸附在原始 TiO$_2$-HMSs 和 Ov-TiO$_2$-HMSs 表面的结构优化模型[图 5-12(b)]，图中吸附能从 -0.10eV（原始 TiO$_2$-HMSs）增加到-0.29eV（Ov-TiO$_2$-HMSs），N—O 键长从 1.17Å 增加到 1.40Å。这些结果表明，Ov 的引入促进了 NO 在 TiO$_2$-HMSs 表面的吸附和活化，从而减弱了 N—O 键。此外，TiO$_2$ 的巴德（Bader）电荷从 0.03e（原始 TiO$_2$-HMSs）增加到 1.06e（Ov-TiO$_2$-HMSs），表明电子从 Ov 向吸附的 NO 优先转移，增强了其光催化活性。

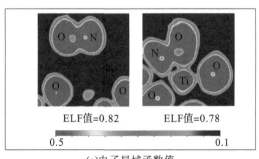

(a)电子局域函数值

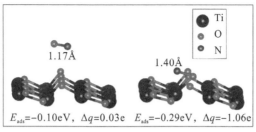

(b)结构优化模型

图 5-12　吸附 NO 后,原始 TiO$_2$-HMSs 和 Ov-TiO$_2$-HMSs 的电子局域函数 (ELF)值和结构优化模型的比较

注:E_{ads} 是吸附能,Δq 是 Bader 电荷。

引入 Ov 的 TiO$_2$-HMSs 表面对 O$_2$ 的吸附和活化也得到了相似的结果。活性氧物种(ROS)浓度的增加进一步证实了 Ov-TiO$_2$-HMSs 表面的 O$_2$ 活化。·OH[图 5-13(a)] 和·O$_2^-$ [图 5-13(b)]被认为是导致 NO 氧化最重要的 ROS(Zhang L et al., 2019; Wu X F et al., 2019)。因此,引入 Ov 可以造成 TiO$_2$-HMSs 光催化氧化 NO 活性增强。

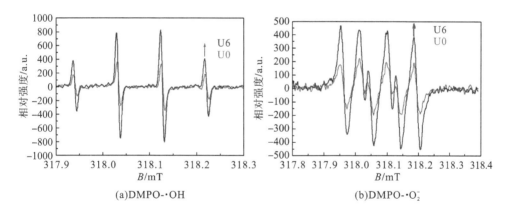

(a)DMPO-·OH

(b)DMPO-·O$_2^-$

图 5-13　光照下 U0 和 U6 的 DMPO-·OH 和 DMPO-·O$_2^-$ 加合物的 ESR 信号

在 Ov-TiO$_2$-HMSs 上光催化氧化 NO 的过程如下[式(5-2)～式(5-7)]。在·O$_2^-$、·OH 等 ROS 的攻击下,NO 被氧化成 NO$_2$,甚至 HNO$_3$(Dong F et al., 2014; 2015)。

$$\text{Ov-TiO}_2 + h\nu \longrightarrow e^- + h^+ \tag{5-2}$$

$$\text{O}_2 + e^- \Longleftrightarrow \cdot\text{O}_2^- \tag{5-3}$$

$$h^+ + \text{H}_2\text{O} \Longleftrightarrow \text{H}^+ + \cdot\text{OH} \tag{5-4}$$

$$\text{NO} + \cdot\text{O}_2^- \longrightarrow \text{NO}_3^- \tag{5-5}$$

$$\text{NO} + 2\cdot\text{OH} \longrightarrow \text{NO}_2 + \text{H}_2\text{O} \tag{5-6}$$

$$\text{NO}_2 + \cdot\text{OH} \longrightarrow \text{NO}_3^- + \text{H}^+ \tag{5-7}$$

5.1.3.6 原位漫反射分析

Ov 的引入不仅提高了 NO 的氧化速率，还改变了其光催化氧化途径。本节在光催化氧化前，测定了 Ov 对吸附 NO 活化的影响。图 5-14(a) 显示了 NO 和 O_2 混合气体在原始 TiO_2-HMSs 上的原位 FTIR 吸附光谱，在 1460cm^{-1} 和 1325cm^{-1} 处增加的吸收峰分别被鉴定为单齿和双齿硝酸盐(Ohno T et al., 1994)。此外，以 1454cm^{-1} 为中心的峰是由吸附的单齿亚硝酸盐产生的(Li L D et al., 2010)。因此，原始 TiO_2 表面吸附的 NO 转化为 NO_2^- 和 NO_3^-。然而，吸附 NO 后，Ov-TiO_2-HMSs 表面的 NO_3^- 种类较少，如图 5-14(b) 所示。相反，可以看到吸附的单齿亚硝酸盐的吸收峰逐渐增加。因此，与原始 TiO_2 相比，Ov-TiO_2-HMSs 上 NO 主要转化为 NO_2^-。

在相同的条件下，将 H_2TiO_3-HMSs 与其他 g-C_3N_4 前驱体如氰胺、二氰胺和三聚氰胺的混合物煅烧制备 Ov-TiO_2-HMSs。EPR 表征结果证实 Ov 被成功引入 TiO_2-HMSs 表面。制备的 Ov-TiO_2-HMSs 对 NO 的光催化活性也有所提高。因此，该研究结论揭示了一种制备表面氧空位型强光催化活性 TiO_2 的通用方法。

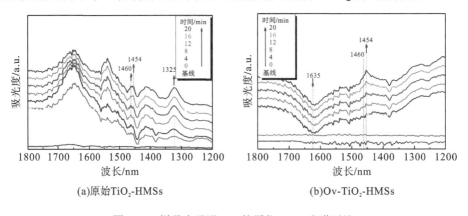

图 5-14 样品上吸附 NO 的原位 FTIR 光谱对比

5.1.4 小结

综上所述，通过简单煅烧 TiO_2-HMSs 前驱体和尿素的混合物，引入 Ov，可以通过调节尿素的用量来调控 Ov 的浓度。该种策略促使可见光响应型 TiO_2-HMSs 的成功制备。随着 Ov 浓度的增加，Ov-TiO_2-HMSs 对 NO 的可见光催化活性逐渐增强。Ov 的引入对 TiO_2-HMSs 的光催化活性有深远的影响，其中包括：①由于更窄的带隙而扩大了光响应范围；②抑制了光生载流子的复合；③增强了 NO 和 O_2 在表面的吸附和活化；④改变了 NO 的氧化途径。该方法具有简单、易于放大的优点。此外，Ov-TiO_2-HMSs 优异的稳定性使其成为具有良好前景的空气净化光催化剂。

5.2 TiO₂纳米棒组装的rGO@TiO₂-NR高效降解X-3B

5.2.1 引言

本节首次概述了 TiO₂ 纳米棒(TiO₂-NR)组装嫁接石墨烯杂化物的合成制备(Liang L et al., 2017)。与 TiO₂ 纳米颗粒负载石墨烯相比,TiO₂ 纳米棒嫁接石墨烯复合材料表现出以下特点:①光生电子-空穴对在纵向空间能够得到有效分离,从而延缓了 TiO₂ 纳米晶体载流子的复合;②纳米棒在石墨烯上的竖立导致 TiO₂ 纳米晶体的松散堆积,有利于石墨烯暴露在氧气中,促进电子从石墨烯向氧气发生有效转移,形成活性氧物种(图 5-15)。

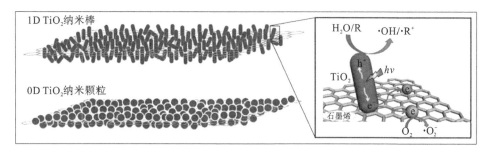

图 5-15　1D TiO₂ 纳米棒和 0D TiO₂ 纳米颗粒在 TiO₂ 负载量相近的石墨烯纳米片上的堆积模式示意图

5.2.2 光催化剂的制备

一定量的氧化石墨烯(GO, 0~0.016g)(南京先丰纳米材料科技有限公司,中国南京)首先被分散在 20mL 的去离子水中。超声处理 2h 后,将氧化石墨烯悬浮液加入含有 140mL 二乙二醇(diethylene glycol, DEG)的烧杯中,然后加入草酸钛钾(potassium titanium oxalate, PTO)粉末(0.708g, 0.002mol)。在 50℃下搅拌 12h 后,形成均匀的金色溶液。将得到的溶液转移到 200mL 的有聚四氟乙烯内胆的高压釜中,密闭并在 180℃下保存 9h。冷却至室温后,过滤得到沉淀物。用去离子水清洗滤饼,直至滤液 pH 约为 7。收集粉末,在 60℃烘箱中干燥 4h,在 650℃氮气中煅烧 2h。

将氧化石墨烯质量分数为 1%、2%、4%、8% 和 10% 的样品分别命名为 S1、S2、S4、S8 和 S10。为了比较,在相同的条件下制备了纯 TiO₂ 样品,但没有氧化石墨烯,这个示例被命名为 S0(表 5-2)。

表 5-2　光催化剂的起始材料及物理性质

样品名称	起始材料		aR_{GO/TiO_2}	b晶粒尺寸/nm	带隙/eV	cn_{X-3B}/(μmol/g)	S_{BET}/(m²/g)
	GO/mg	PTO/g					
S0	0	0.708	0	14.3	3.18	0.64	59.9
S1	0.16	0.708	1.0	14.5	3.02	8.67	54.4
S2	0.32	0.708	2.0	18.2	3.00	22.37	64.3
S4	0.64	0.708	4.0	18.6	2.96	34.33	71.1
S8	1.28	0.708	8.0	15.1	2.94	53.67	88.5
S10	1.60	0.708	10.0	14.5	2.84	58.96	103.9

注：a. 氧化石墨烯与 TiO_2 的指定质量比；b. 根据锐钛矿(101)平面衍射峰的展宽，利用谢乐公式计算的平均晶粒尺寸；c. 建立吸附-解吸平衡后，X-3B 吸附于光催化剂表面的摩尔质量。

5.2.3　结果与讨论

5.2.3.1　相结构和形貌

所制备的光催化剂的 XRD 谱图如图 5-16 所示。在 $2\theta =10.5°$ 时未见有衍射峰，且所有样品均未发现(001)面，说明氧化石墨烯(GO)在水热处理和煅烧过程中发生了剥离(Li W et al., 2013；Chen C et al., 2010；Li J G et al., 2007)。所有样品在 $2\theta=25.3°$ 处均有一个宽峰，对应于锐钛矿相 TiO_2 的(101)平面衍射。这一结果反映了 TiO_2 的锐钛矿相结构。进一步观察发现，随着 GO 掺杂量从 0%增加到 4%，TiO_2 的平均晶粒尺寸从 14.3nm(S0)增加到 18.6nm(S4)。这表明氧化石墨烯的存在促进了 TiO_2 纳米晶的成核和生长。然而，随着 GO 掺杂量的继续增多，TiO_2 纳米晶体的晶粒尺寸开始减小，这可能是因为成核中心形成过多(如表 5-2 所示)。仔细观察如 S4 所示的 XRD 衍射峰，在 $2\theta=30°$ 处形成的弱峰，表明存在少量的板钛矿相 TiO_2(Li X X et al., 2006)。

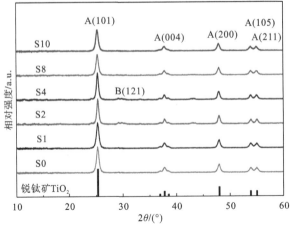

图 5-16　TiO_2 样品 XRD 谱图

利用扫描电镜(SEM)和透射电镜(TEM)对样品的形貌进行表征。SEM 图像显示，S0 样品在没有氧化石墨烯的情况下制备得到了直径为 1～2μm 的羊毛球状 TiO_2 微球[图 5-17(a)]。TEM 图像反映了由直径为 20nm 的 TiO_2 纳米棒组装而成的微球[图 5-17(b)]。Li X X 等(2006)在以 PTO 为钛源时报道了棒状结构的 TiO_2 纳米晶。

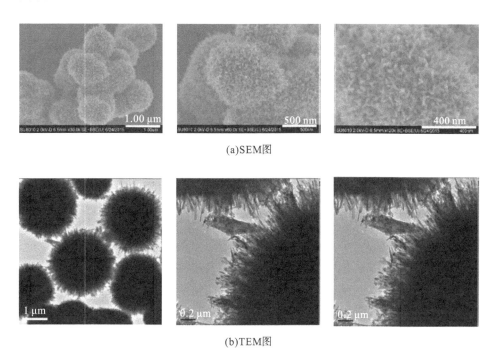

图 5-17　没有负载氧化石墨烯的 S0 样品的 SEM 和 TEM 图像

在水热反应过程中，加入一定量的 GO，可以形成片状的分级 TiO_2-GO 复合材料，所有 TiO_2-GO 复合表面沉积了 TiO_2 纳米棒[图 5-18(a)～(j)]。

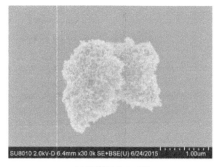

(a)S1样品SEM图

(b)S1样品局部放大图

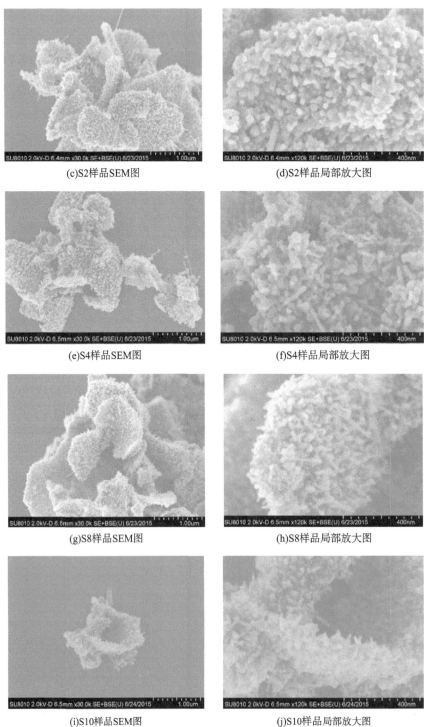

图 5-18 GO@TiO$_2$ 复合材料 S1、S2、S4、S8 和 S10 样品的 SEM 图像

TEM 图像显示，TiO_2 纳米晶分散在样品表面[图 5-19(a)]，反映出这些 TiO_2 纳米棒在水热反应中原位生长在石墨烯表面。图中的箭头分别表示 TiO_2 纳米晶和还原氧化 GO(rGO)的存在[图 5-19(b)]。

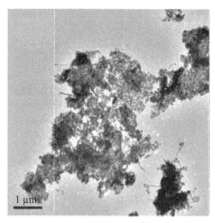
(a)S4样品的TEM图像

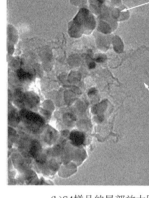
(b)S4样品的局部放大图像

图 5-19　S4 样品的 TEM 图像

直接水热处理 PTO 溶液时，由于 TiO_2 纳米颗粒的聚集降低了表面能垒，容易形成微球结构的 TiO_2。由于 TiO_2 与氧化石墨烯之间的相互作用较强，这些 TiO_2 纳米颗粒更倾向于沉积在 GO 表面。为了阐明片状 GO@TiO_2-NR 样品的形成机理，对 S4 样品的生长过程进行研究，考察不同反应时间间隔下的产物(图 5-20)。反应 1h 后，只有少量 TiO_2 纳米颗粒沉积在 GO 表面[图 5-20(a)中箭头所示]。从反应 2h[图 5-20(b)]到反应 4h[图 5-20(c)]，TiO_2 纳米颗粒在 GO 表面的吸附数量随反应时间的增加而逐步增加。当反应时间增加到 6h 时，GO 表面被 TiO_2-NR 完全覆盖[图 5-20(d)]。因此，可以得出结论，TiO_2 与 GO 之间的强相互作用改变了 TiO_2 纳米颗粒的堆积状态。

(a)1h水热处理

(b)2h水热处理

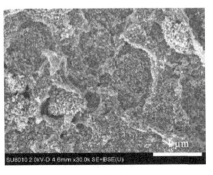
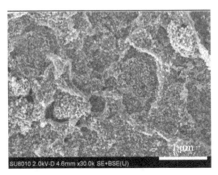

(c)4h水热处理　　　　　　　　　　(d)6h水热处理

图 5-20　S4 前驱体分别经过 1h、2h、4h 和 6h 的水热处理后的 TEM 图像

5.2.3.2　紫外-可见漫反射吸收光谱

半导体的光吸收能力对其光催化活性至关重要(Huang Z A et al., 2015; Si L L et al., 2014)。在评价光氧化活性之前,测量了这些光催化剂的漫反射吸收光谱(DRS)(图 5-21)。吸收光谱的急剧下降是由带隙跃迁引起的(Lv K L et al., 2009)。随着 GO 含量的增加,可见光区光催化剂的吸收光谱逐渐增加,这可能与 GO 的黑体效应有关。根据漫反射光谱,可初步断定,光学带隙与 GO 的含量呈负相关。随着 GO 的质量分数从 0%增加到 10%,TiO_2-GO 复合物的带隙从 3.18eV(S0)逐渐减小到 2.84eV(S10)(表 5-2)。GO 的修饰减少了能带,提高了可见光区的吸收,这有利于 TiO_2-GO 复合物的光催化活性。

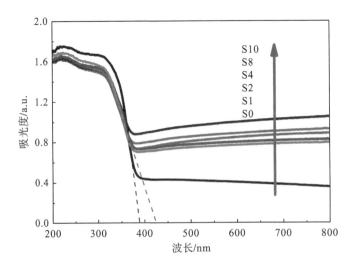

图 5-21　TiO_2 样品的紫外-可见漫反射吸收光谱

5.2.3.3 拉曼光谱和 FTIR 光谱分析

拉曼光谱是表征纳米材料结构的有效测量技术。图 5-22 中 A 为 TiO_2 的特征拉曼光谱。锐钛矿相 TiO_2（Qin Y et al., 2015）在 $144cm^{-1}$、$395cm^{-1}$、$513cm^{-1}$ 和 $635cm^{-1}$ 处的峰值为 Eg(1)、B1g(1)、A1g(1)/B1g(2) 和 Eg(2) 的拉曼模式。对于分级 TiO_2-GO 复合材料，随着 GO 含量的增加，TiO_2 对应的这些峰强度急剧下降，进一步证实了纳米棒在石墨烯表面原位生长。值得注意的是，在 S4 样品的拉曼光谱[图 5-22(b)]（Li X X et al., 2006）中也检测到了板钛矿相 TiO_2 的弱峰，这与 XRD 表征一致。

图 5-22(b)为石墨烯材料的特征拉曼光谱。位于 $1342cm^{-1}$ 和 $1581cm^{-1}$ 处的强峰分别属于氧化石墨烯的 D 波段和 G 波段（Low J X et al., 2015；Li W et al., 2013；Chen C et al., 2010；Li J G et al., 2007；Yang S L et al., 2015）。D/G 比值略有提高，GO 的 D/G = 0.96，S4 和 S8 的 D/G 分别为 1.16 和 1.11。D/G 比值的增加表明水热反应（Liu Y et al., 2015）中 GO 的含量降低。

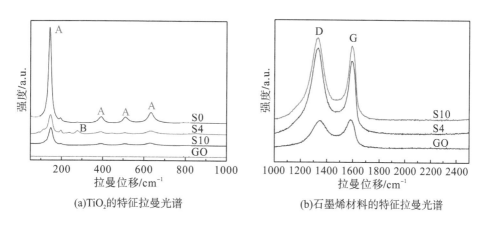

(a) TiO_2 的特征拉曼光谱　　(b) 石墨烯材料的特征拉曼光谱

图 5-22　TiO_2(a) 和石墨烯(b) 模式下样品的特征拉曼光谱

从傅里叶变换红外光谱中可以观察到 TiO_2-GO 纳米复合材料中 GO 的还原（图 5-23）。与 GO 相比，GO 和 TiO_2-GO 纳米复合材料(S4)的羰基 C=O 带（$1723cm^{-1}$）显著降低，甚至消失，这表明 DEG 足以将 GO 还原为 rGO（Low J X et al., 2019；Li W et al., 2013）。GO 的红外吸收带（$1631cm^{-1}$）可能与石墨烯薄片的骨架振动和羟基的变形振动有关。TiO_2-GO 纳米复合材料在 $451cm^{-1}$ 处的宽吸收峰与 Ti—O 拉伸振动（Qin Y et al., 2015）有关。

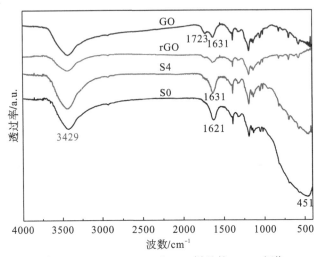

图 5-23　S0、S4、rGO 和 GO 样品的 FTIR 光谱

5.2.3.4　XPS 分析

为了研究 TiO_2-GO 的表面组成和相互作用，对不同的光催化剂进行了 XPS 测量。图 5-24 比较了纯 TiO_2、GO 和 TiO_2-GO 复合材料的 XPS。GO 只含有 C 元素和 O 元素，而 TiO_2 样品(S0 和 S4)不仅含有 Ti 元素、C 元素和 O 元素，还含有一定量的 K 元素。TiO_2 样品中残留的 K 元素应来自 PTO($K_2TiO(C_2O_4)_2$)的起始反应物。

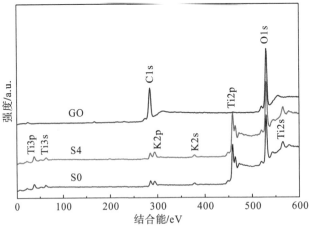

图 5-24　S0、S4 和 GO 的 XPS 测量光谱

图 5-25 显示了光催化剂在 C1s、Ti2p 和 O1s 区域的高分辨率 XPS。GO 的主要 C1s 峰对应于 286.6eV 处的峰[图 5-25(a)]，存在丰富的 C—O 和 O—C=O 化学结合态(Ishigaki T et al., 2007; Yang S L et al., 2015)。经溶剂热反应后，TiO_2-GO 复合材料的 C—O 和 O—C=O 峰明显降低，证实了 GO 的还原。

纯 TiO$_2$ 样品(S0)在 457.9eV 和 463.7eV 处的两处峰分别归属于 Ti^{4+}化学状态下 Ti2p$_{3/2}$ 和 Ti2p$_{1/2}$ 的光电子自旋轨道分裂(Li J G et al., 2007；Liu Y et al., 2010)[图 5-25(b)]。与纯 TiO$_2$(S0)相比，TiO$_2$-GO 样品(S4)的 Ti2p$_{3/2}$ 结合能由 457.9eV 变为 458.3eV。XPS 测量中大约 0.4eV 的位移可以归结于钛和石墨烯界面上强相互作用的存在。这种强烈的相互作用可能导致电子转移通道的形成，有利于提高光催化过程中的光致电荷分离效率(Zheng Y et al., 2012)。

三种样品在 O1s 区域 XPS 呈现不同的峰形[图 5-25(c)]。对于 GO，530.5eV 处的 O1s 峰与 GO 表面显著的羟基密切相关。纯 TiO$_2$ 中 529.5eV 处的 O 1s 峰主要与晶格中的氧有关，此结果与之前(Li J G et al., 2007)报道的结果一致。而 S4 样品的 TiO$_2$-GO 复合材料中均存在晶格氧和羟基氧。

这些结果进一步证实了 TiO$_2$ 与 GO 的成功结合以及 Ti 与 C 之间强烈的相互作用。

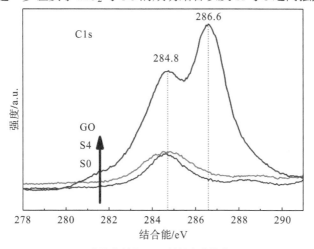

(a)光催化剂的C1s区域的高分辨率XPS

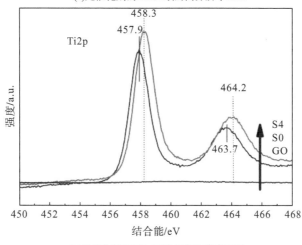

(b)光催化剂的Ti2p区域的高分辨率XPS

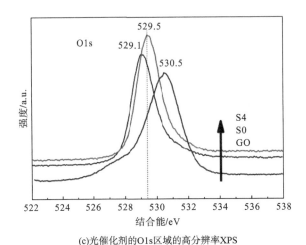

(c) 光催化剂的O1s区域的高分辨率XPS

图 5-25　光催化剂在 C1s、Ti2p 和 O1s 区域的高分辨率 XPS

5.2.3.5　氮吸附-脱附等温线

S0、S4 和 S10 样品的氮吸附-脱附等温线及对应的孔径分布曲线对比如图 5-26 所示。可以看出，这些粉末具有 H2 型滞后环的 IV 型等温线，反映出了典型的"墨水瓶"孔，且这些孔洞颈部较窄，孔径分布较宽（Li X F et al., 2009）。仔细观察，S4 和 S10 样品在相对压力为 0.45 时开始形成滞后环，而 S0 样品在相对压力较高 (0.75) 时开始形成滞后环，说明 GO 的存在导致样品中形成了较小的中孔。此外，在较低的相对压力下，S10 样品的滞后环面积要比 S4 样品大得多。这说明这些较小的介孔来自还原 GO，从对应的孔径分布曲线可以清楚地观察到[图 5-26(b)]。

从表 5-2 可以看出，随着 GO 的质量分数从 0% 增加到 10%，光催化剂的比表面积从 $59.9m^2/g$（S0）增加到 $103.9m^2/g$（S10）。更大的比表面积意味着能够暴露更多的活性位点用于降解目标污染物分子，从而提高 TiO_2 的光催化反应活性（Lv K L et al., 2010a；Tu W G et al., 2013；Li X F et al., 2009）。

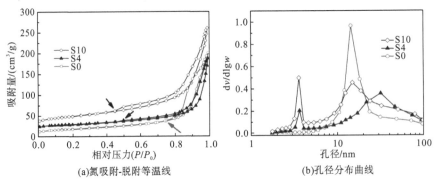

(a) 氮吸附-脱附等温线　　(b) 孔径分布曲线

图 5-26　光催化剂的氮吸附-脱附等温线和相应的孔径分布曲线

注：(a) 中的箭头表示滞后环的开始。

5.2.3.6 光催化活性

为研究氧化石墨烯对 TiO_2-NR 组装改性 GO 复合材料光催化活性的影响,采用 rGO@TiO_2-NR 片状光催化剂对 X-3B 进行光催化降解[图 5-27(a)]。在没有光催化剂(空白对照)的情况下,X-3B 的降解率较小,反映了 X-3B 染料在紫外线照射下的高稳定性(Sun Z C et al., 2014)。在光催化剂的作用下,X-3B 的降解效果明显。在 S0 和 S4 样品存在的情况下,X-3B 染料在 30min 内分别降解了近 30%和 65%。X-3B 的降解速率常数比较如图 5-27(b)所示。可以看出,rGO 修改后 TiO_2 的光催化活性大大增强,S4 样品展现出反应速率常数为 $0.039min^{-1}$ 的最高光催化活性,这是纯 TiO_2 的 3.25 倍(反应速率常数只有 $0.012min^{-1}$)。

然而,过量的 rGO 负载导致 TiO_2-rGO 复合物的光催化活性降低。这可能是由复合材料中石墨烯的滤光效应所致。

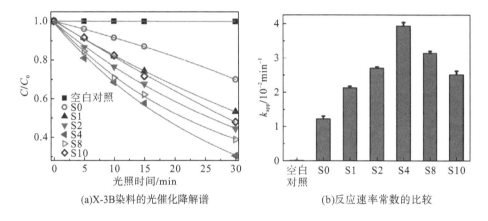

(a)X-3B 染料的光催化降解谱 (b)反应速率常数的比较

图 5-27 不同光催化剂存在下 X-3B 染料的光催化降解谱及反应速率常数的比较

5.2.3.7 光催化活性增强的原因

虽然 TiO_2 纳米棒的光吸收能力得到了明显提升,但光生电子-空穴对的有效分离对 TiO_2-NR 接枝还原氧化石墨烯复合物的光催化活性至关重要。PL 光谱是考察 TiO_2(Lv K L et al., 2012)光生电子-空穴复合率的常用表征技术。因此,对 rGO@TiO_2-NR 复合材料进行了 PL 光谱测量。由于带隙跃迁的发射,S0 样品的最强峰在约 385nm 处(图 5-28)。其他在 440~500nm 范围内的小峰归因于表面氧空位缺陷(Lv K L et al., 2010a)。TiO_2-GO 复合材料的 PL 信号强度低于纯 TiO_2(S0)。这一结果是由于辐射复合过程的减少,即较低的复合导致较弱的 PL 信号。因此,TiO_2-GO 复合材料的光催化活性优于纯 TiO_2(S0)。

光电流密度的大小可以间接反映半导体在光照(Xu Y M and Langford, 2001)条件下产生和迁移光生载流子的能力。对于纯 TiO_2(S0)和 TiO_2-GO 复合材料(S4

和 S10），在几个开关灯循环中的光电流响应进行了测试(图 5-29)。当 ITO/TiO_2 电极被光照时，观察到光电流的迅速产生，并具有良好的重复性。当灯灭时，所有 ITO/TiO_2 样品的光电流值瞬间接近于零。光电流密度依次增大：S0<S10<S4，这与样品的光催化活性相一致。TiO_2 的光催化活性与分离光产生载流子的数量密切相关。因此，TiO_2-GO 复合材料的光催化活性高于纯 TiO_2。

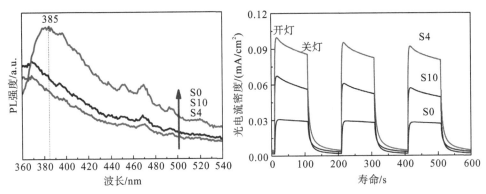

图 5-28　S0、S4 和 S10 样品的 PL 光谱　　图 5-29　S0、S4 和 S10 样品的光电流响应比较

有报道称(Xiang Q J et al., 2012；Tu W G et al., 2013)，目标污染物分子在光催化材料上的吸附在光催化反应过程中有着至关重要的作用。因此，在开灯降解前测量了 X-3B 在光催化剂表面的吸附。由表 5-2 可以看出，X-3B 在 TiO_2 上的吸附量与 GO 含量呈正相关，从 S0 样品的 0.64μmol/g 急剧增加到 S10 样品的 58.96μmol/g，提高了 91 倍。与原始 TiO_2 微球(S0)相比，rGO@TiO_2-NR 复合物对 X-3B 的吸附能力更强，这也是其光催化活性更高的原因之一。

根据热重分析，样品上 GO 的实际负载量与理论设计的基本保持一致(图 5-30 和图 5-31)。

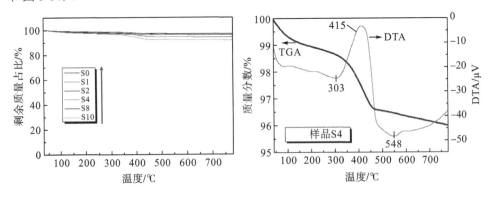

图 5-30　光催化剂的热重(thermogravimetry，TG)　　图 5-31　S4 样品的差热分析(DTA)和
　　　　　曲线对比　　　　　　　　　　　　　　　　　　　热重分析(TGA)数据

差热-热重分析(differential thermal analysis-thermogravimetric analysis，DTA-TGA)升温速率为10℃/min。

宽谱吸热峰可延伸到300℃左右，这是由吸附水和结晶水的解吸引起的。415℃的急剧放热峰来自还原氧化石墨烯的分解。548℃后，放热峰的形成是由进一步结晶或锐钛矿相的形成所致。

5.2.4 小结

将PTO和GO混合溶液在二乙二醇存在下进行水热处理，成功制备了嫁接的还原氧化石墨烯(rGO)的TiO_2纳米棒复合材料，TiO_2纳米棒在rGO表面紧密生长。与rGO复合材料修饰的TiO_2纳米颗粒相比，嫁接的rGO的TiO_2纳米棒组装可以降低TiO_2纳米颗粒在石墨烯上的沉积，从而促进界面电荷转移。制备的TiO_2-rGO复合物对X-3B染料的降解性能优于纯TiO_2样品。rGO@TiO_2-NR薄片的光催化活性增强是由于TiO_2纳米棒与rGO之间的强相互作用，促进了TiO_2向石墨烯注入电子，从而使TiO_2光生电子-空穴对有效分离，增加了晶化面积和比表面积，提高了复合物的光吸收能力，增强了目标污染物分子的吸附能力，也有利于rGO@TiO_2-NR片状光催化剂的高光催化活性。

5.3 g-C_3N_4修饰的TiO_2纳米空心盒高效降解X-3B

5.3.1 引言

具有与石墨烯相似的层状结构的石墨相碳氮化物(g-C_3N_4)由于其独特的结构和电子性质，被认为是光催化和电催化领域很有前途的"明星"材料(Niu P et al., 2012; Wang X C et al., 2009)。π共轭体系的二维平面结构有利于光生载流子的输运，2.7eV的窄禁带能使聚合物半导体具有高达460nm的可见光吸收能力。根据Su F Z等(2010)的研究，g-C_3N_4与标准氢电极(normal hydrogen electrode，NHE)相比，在pH为7时的导带和价带分别为-1.3 V和+1.4 V。因此，g-C_3N_4的导带中的光激发电子具有很大的还原O_2的热力学驱动力[$E^0_{(O_2/\cdot O_2^-)}$=-0.16V]。然而，g-C_3N_4的价带中的光生空穴的电势不足以将—OH氧化为羟基自由基[$E^0_{(-OH/\cdot OH)}$=2.4V](Su F Z et al., 2010)。虽然已有报道，g-C_3N_4在可见光照射下对水裂解制氢和有机污染物(Gu L A et al., 2014)光降解具有光反应活性，但由于光生空穴的氧化能力较弱和载流子复合速率快，g-C_3N_4的光催化性能仍然受到限制。

为了提高半导体光催化剂的光催化活性，将g-C_3N_4与TiO_2(Gu L A et al.,

2014；Yu J G et al., 2013；Zhou X S et al., 2012)进行复合形成异质结成为研究热点。例如，Yu J G 等(2013)报道了一种以廉价的 P25 TiO_2 和尿素为原料，通过简单的煅烧直接制备得到 g-C_3N_4/TiO_2 Z 型光催化剂的方法，并提出了光生空穴倾向于保留在 TiO_2 的价带上，而光生电子先从 TiO_2 的导带转移到 g-C_3N_4 的价带上，然后再激发跃迁到 g-C_3N_4 的导带上。考虑到光生电子和空穴倾向于分别迁移到高能 TiO_2 纳米晶的(101)和(001)晶面，以及 g-C_3N_4 与 TiO_2 的(101)晶面而不是与(001)晶面接触，因为这样有利于 TiO_2 光生电子的去除，从而提高光催化活性。遗憾的是，这种面相关接触的 g-C_3N_4/TiO_2 复合光催化剂尚未见报道。其中最关键的原因是二维平面结构的 g-C_3N_4 很难控制高能 TiO_2 纳米晶(001)和(101)的接触面。

文献(Huang Z A et al., 2013)报道了由(101)面和(001)面同时暴露的锐钛矿相 TiO_2 纳米薄片(TiO_2-NS)组装的 TiO_2 空心纳米盒(TiO_2-HNB)。TiO_2-HNB 独特的结构使得 g-C_3N_4 与高能 TiO_2 的(101)面接触成为可能(图 5-32)。本节以 $TiOF_2$ 立方体和 g-C_3N_4 为原料，采用简单的一锅溶剂热法，用 g-C_3N_4 修饰 TiO_2-HNB，系统地研究了 g-C_3N_4/TiO_2 杂化材料的面相关接触对光反应活性的影响(Huang Z A et al., 2015)。

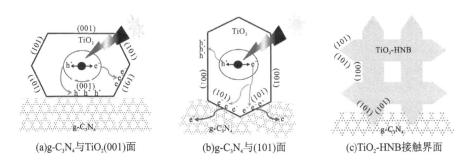

(a) g-C_3N_4 与 TiO_2(001)面 (b) g-C_3N_4 与(101)面 (c) TiO_2-HNB 接触界面

图 5-32　g-C_3N_4/TiO_2 复合材料接触界面光生载流子分布机理图

5.3.2　光催化剂的制备

g-C_3N_4 的制备：本节根据文献(Niu P et al., 2012)合成了粉体 g-C_3N_4。具体地说，将 30.0g 双氰胺放入有盖的氧化铝坩埚中，然后在马弗炉中 550℃加热 3h，冷却到室温后，收集黄色产品并研磨成粉末供进一步使用。

制备 g-C_3N_4/TiO_2 复合材料：根据之前的报告(Huang Z A et al., 2013)，前驱体 $TiOF_2$ 是通过微波辅助合成策略制备的。以 TBA 为溶剂，采用溶剂热法制备了 g-C_3N_4/TiO_2-HNB 复合材料。通常，在磁力搅拌下将 2.0g 的 $TiOF_2$ 和一定量的 g-C_3N_4(0~1.0g)加入装有 40mL TBA 的烧杯中，超声处理 10min 后，将得到的悬浮液转移到有聚四氟乙烯内胆的高压釜中。然后将高压灭菌器在 180℃的烤箱中加热 5h。冷却至室温后，用膜过滤器(孔径 0.45μm)过滤。为消除表面吸附的氟离子，先用 0.1mol/L 的 NaOH 溶液洗涤沉淀物，然后用蒸馏水洗涤，直到滤液的 pH 达到 7 左右(Xiang Q J et al., 2010)。在 80℃的真空炉中干燥 6h 后得到的样品被标记为"TBx"，其中"TB"表示 TiO_2 的盒状形貌，"x"表示 g-C_3N_4 的使用量(表 5-3)。例如，TB0.2 是指由 2.0g $TiOF_2$ 和 0.2g g-C_3N_4 制备的样品。在没有 g-C_3N_4 粉末的情况下制备的纯 TiO_2-HNB 样品简称为 TB0。

表 5-3 光催化剂的物理性能

样品	起始原料		表征结果		
	$TiOF_2$/g	g-C_3N_4/g	S_{BET}/(m^2/g)	PV/(cm^3/g)	APS/nm
TB0	2.0	0	47.7	0.11	9.3
TB0.05	2.0	0.05	53.9	0.14	10.0
TB0.2	2.0	0.2	61.6	0.17	11.3
TB0.5	2.0	0.5	68.1	0.22	12.9
TB1.0	2.0	1.0	73.7	0.23	12.6
g-C_3N_4	—	—	32.6	0.24	29.8

5.3.3 结果与讨论

5.3.3.1 相结构和形貌

图 5-33 显示了所制备的光催化剂的 XRD 图谱。TiO_2 前驱体在 $2\theta=23.4°$ 处有一个典型的特征峰，对应于 $TiOF_2$(JCPDS No.08-0060)的(100)面衍射，没有观察到锐钛矿相 TiO_2 的峰出现，这表明成功地合成了纯相 TiO_2(Chen L et al., 2012; Wen C Z et al., 2011)。对于纯 g-C_3N_4，在 $2\theta=27.4°$ 和 13.1°处观察到两个峰，分别对应于 g-C_3N_4 的(002)和(100)衍射面(Yu J G et al., 2013)。在 180℃溶剂热处理 5h 后，前驱体 $TiOF_2$ 成功地转变为纯锐钛矿相 TiO_2。对于 g-C_3N_4/TiO_2-HNB 复合材料，观察到锐钛矿相 TiO_2 的特征衍射峰与 TB0 相似，表明 g-C_3N_4 的存在对 $TiOF_2$ 向锐钛矿相 TiO_2 的相变没有显著影响。然而，从 TB0.5 样品也观察到 g-C_3N_4 的特征衍射弱峰，并且 TB1.0 样品中 g-C_3N_4 的峰变得更加明显，证实了锐钛矿相 TiO_2 和 g-C_3N_4 在复合材料中的共存。

利用 TEM(图 5-34)和 SEM(图 5-35)进一步研究了样品的形貌和微观结构。g-C_3N_4 展现出褶皱的层状结构，其可能包含几个堆积层，表明其具有类石墨状结构。与纯 g-C_3N_4 的形貌相比，发现内部为空心的盒状材料(见黑色箭头)分散在褶皱的 g-C_3N_4 薄膜上(见白色箭头)。盒状材料应该是由 $TiOF_2$ 立方体转化而来的 TiO_2-HNB(Huang Z A et al., 2013; Xie S F et al., 2011)。TiO_2-HNB 的边长为 200～300nm，与前驱体($TiOF_2$ 立方体)的边长一致。研究表明，$TiOF_2$ 立方体向 TiO_2-HNB 的相变是通过原位溶解-重结晶过程进行的，TiO_2-HNB 是由暴露了(101)和(001)

晶面的高能 TiO$_2$-NS 组装而成的(Huang Z A et al., 2013)。TEM 图像显示 TiO$_2$-NS 更倾向于沉积于 g-C$_3$N$_4$ 的表面,并与 g-C$_3$N$_4$ 以(001)面接触(图 5-36)。然而,TiO$_2$-HNB 的独特结构使 TiO$_2$-NS 与层状 g-C$_3$N$_4$ 以(101)面接触(图 5-36)。从图 5-34(b)~(f)可以看出,TiO$_2$-HNB 的数量密度随 g-C$_3$N$_4$ 含量的减少而增加。

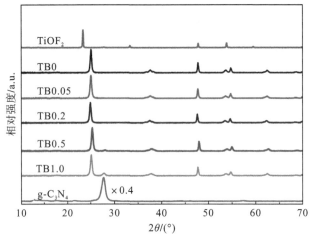

图 5-33　所制备的光催化剂的 XRD 图谱

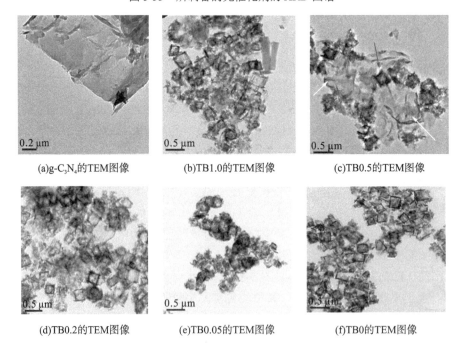

(a)g-C$_3$N$_4$的TEM图像　　(b)TB1.0的TEM图像　　(c)TB0.5的TEM图像

(d)TB0.2的TEM图像　　(e)TB0.05的TEM图像　　(f)TB0的TEM图像

图 5-34　g-C$_3$N$_4$、TB1.0、TB0.5、TB0.2、TB0.05 和 TB0 的 TEM 图像

注:(c)中的黑色和白色箭头分别表示存在中空结构的 TiO$_2$ 纳米盒和薄膜状的 g-C$_3$N$_4$。

(a) 低分辨率SEM图像　　　　　　　　(b) 高分辨率SEM图像

图 5-35　TB0.2 样品的低分辨率和高分辨率 SEM 图像

注：黑色和白色箭头分别表示 TiO_2 空心纳米盒和薄膜状 $g-C_3N_4$ 的存在。

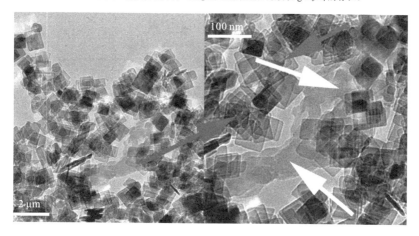

图 5-36　在低倍率和高倍率下，$g-C_3N_4$ 改性 TiO_2-NS(TS0.2)的 TEM 图像表明，TiO_2-NS 主要通过(001)面接触 $g-C_3N_4$ 薄膜。黑色和白色箭头分别表示 TiO_2-NS 和 $g-C_3N_4$ 薄膜的存在

一些 TiO_2-HNB 被 $g-C_3N_4$ 薄膜紧密地包裹，反映了 TiO_2-HNB 的(101)晶面与 $g-C_3N_4$ 之间存在强烈的反应。与(001)晶面相比，TiO_2-HNB 中的(101)晶面应该有更多的机会接触到薄膜状的 $g-C_3N_4$。由于光生电子倾向于向 TiO_2-NS 的(101)晶面迁移，因此 TiO_2 的(101)晶面与 $g-C_3N_4$ 之间的强烈反应有利于有效地去除聚集在(101)晶面上的光生电子，从而在(001)晶面上留下空穴。在 $g-C_3N_4/TiO_2$-HNB 复合体系中，这种对光生电子-空穴对的有效空间分离将有利于光催化活性的提升。

5.3.3.2　氮吸附-脱附等温线

本节用氮吸附-脱附等温线考察光催化剂的比表面积和孔结构。图 5-37 显示了纯 TiO_2-HNB(TB0)和 $g-C_3N_4/TiO_2$-HNB 复合材料(TB0.2 和 TB1.0)的氮吸附-

脱附等温线和相应的孔径分布曲线（内插图）。可以看出，所有的光催化剂都具有 BDDT 分类的 IV 型等温线，表明存在中孔（2~50nm）。在 0.8~1.0 的高相对压力范围内，滞后环的形状为 H3 型，表明存在狭缝状孔隙，这与 TiO$_2$-NS（Huang Z A et al., 2013）中 TiO$_2$-HNB 组装的形貌一致。

光催化剂的孔径分布非常宽（如图 5-37 所示），随着 g-C$_3$N$_4$ 用量的增加，样品的比表面积从 47.7m^2/g（TB0）增加到 73.7m^2/g（TB1.0），g-C$_3$N$_4$ 的比表面积为 32.6m^2/g（表 5-3 和图 5-38），小于 TiO$_2$-HNB（47.7m^2/g）。g-C$_3$N$_4$/TiO$_2$-HNB 杂化材料的比表面积为什么会随着 g-C$_3$N$_4$ 含量的增大而增大？初步研究表明，g-C$_3$N$_4$ 在 HF 溶液中可以被剥离，导致比表面积增大（图 5-37）。然而，这一点还需要进一步研究确定。g-C$_3$N$_4$ 剥离导致的比表面积增大有利于提高复合材料的光催化活性。

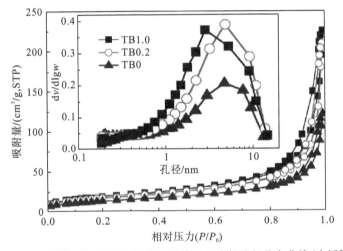

图 5-37 光催化剂的氮吸附-脱附等温线和相应的孔径分布曲线（内插图）

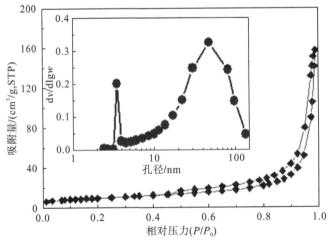

图 5-38 氮吸附-脱附等温线和相应的 g-C$_3$N$_4$ 的孔径分布曲线（内插图）

5.3.3.3 傅里叶变换红外光谱分析

图 5-39 显示了 g-C_3N_4、TiO_2-HNB 和 g-C_3N_4/TiO_2-HNB 复合物的 FTIR 光谱。对于纯 TiO_2-HNB，可以清楚地观察到三个主要的吸收区域(图 5-39)。3300~3500cm^{-1} 处的宽带峰归因于物理吸附水在 TiO_2 表面的 O—H 伸展，1637cm^{-1} 处较尖锐的峰对应于水分子的 O—H 弯曲模式。在 850cm^{-1} 以下观察到的强吸收可归因于 Ti—O—Ti 的吸收(Lv K L et al., 2009)。从原始 g-C_3N_4 的光谱图上还观察到三个主要吸收区域，其中 3000~3300cm^{-1} 的宽峰归因于 N—H 的伸缩振动，而 1200~1600cm^{-1} 的强吸收峰(特征峰位于 1241cm^{-1}、1319cm^{-1}、1403cm^{-1}、1465cm^{-1} 和 1573cm^{-1}) 归因于 C—N 杂环的典型伸缩振动，810cm^{-1} 的峰对应于 C—N 杂环的呼吸振动模式(Kumar S et al., 2013)。

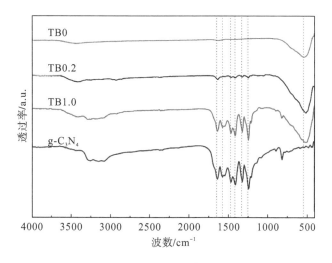

图 5-39 所制备的光催化剂的 FTIR 光谱

正如预期的那样，g-C_3N_4 和 TiO_2 的主要吸收峰都出现在 g-C_3N_4/TiO_2-HNB 复合材料的光谱中，但强度较低。与纯 TiO_2-HNB 的 Ti—O—Ti 伸缩振动吸收带(峰值在 527cm^{-1})相比，TB0.2 复合样品的 Ti—O—Ti 振动模式略有移动(峰值位于 516cm^{-1})，表明 g-C_3N_4 层与 TiO_2-HNB 之间存在界面相互作用。g-C_3N_4 层与 TiO_2-HNB 之间强烈的界面相互作用将促进电子转移，从而提高光催化效率(Yu J G et al., 2013)。

5.3.3.4 紫外-可见漫反射光谱

本节用紫外-可见漫反射光谱测量了光催化剂的光吸收特性(图 5-40)。纯 TiO_2-HNB 的吸收波长小于 400nm，与锐钛矿相 TiO_2 的本征带隙(约 3.2eV)一致，而纯 g-C_3N_4 的吸收强度在约 380nm 处迅速增强,与 g-C_3N_4 的带隙(2.7eV)一致。与纯 TiO_2-HNB(TB0)相比,g-C_3N_4/TiO_2-HNB 复合材料由于 g-C_3N_4 的存在,在 400~430nm 处展现出额外的吸收峰。在其他区域,TB0 和 TB1.0 样品表现出相似的吸收特性,表明碳或氮元素没有进入 TiO_2-HNB 的晶格。因此,复合物中的 g-C_3N_4 只沉积在 TiO_2-HNB 的表面,而没有渗入晶格中。

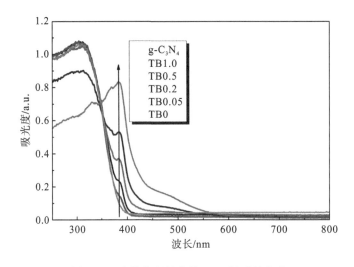

图 5-40 光催化剂的紫外-可见漫反射光谱

5.3.3.5 XPS 分析

利用 XPS 分析进一步表征了 g-C_3N_4/TiO_2-HNB 复合材料的元素组成和成键信息。XPS 测量光谱显示 TiO_2-HNB(TB0)样品只含有 Ti、O 和 C 元素,在结合能分别为 458.2eV(Ti2p)、529.5eV(O1s)和 284.6eV(C1s)处出现明显的特征峰。碳峰来源于样品中残留的碳和 XPS 仪器本身的外来烃。然而,g-C_3N_4/TiO_2-HNB 复合物的 N1s 峰在相应的高分辨光谱上观察到(图 5-41)。观察到的 g-C_3N_4/TiO_2-HNB 复合物的 N1s XPS 谱的非对称性和宽泛特征,表明存在可区分的 N1s 峰型。在 398.7eV 和 399.2eV 处去卷积拟合为两个明显的峰,分别归因于 sp^2 杂化的吡啶氮(C=N—C)和叔吡啶氮(N—C_3)(Niu P et al., 2012)。没有观察到明显的 Ti—N 和 Ti—C 特征峰(未显示),表明 N 和 C 元素没有进入 TiO_2 的晶格。g-C_3N_4 的 N1s 峰可在 398.3eV、399.2eV 和 400.7eV 处进行去卷积拟合,分别归属于吡啶 N、吡咯 N 和石墨 N。g-C_3N_4/TiO_2-HNB 样品中吡啶 N 的结合能(398.7 eV)比原始 g-C_3N_4 样品(398.3eV)提高了 0.4eV,也反映了 g-C_3N_4 与 TiO_2-HNB 之间的界面相互作用。

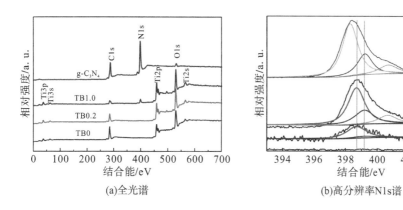

图 5-41 光催化剂的 XPS 测量光谱

5.3.3.6 光催化性能

据报道(Lv K L et al., 2010b)，在气相和液相中，TiO_2 表面会产生各种活性氧化物种，如 $\cdot O_2^-$、$^1O_2(a^1\Delta_g)$、$\cdot OH$ 和 H_2O_2。其中，$\cdot OH$ 是一种极其重要的物种，被认为是多相光催化引发化合物氧化的多种途径之一。$\cdot OH$ 的产生取决于空穴对表面吸附水的氧化和电子-空穴复合之间的竞争。因此，对 $\cdot OH$ 的测定有助于理解光催化的机理。在本节中，以香豆素为探针评价了这些光催化剂的光催化活性，这些光催化剂很容易与 $\cdot OH$ 反应生成高荧光产物 2-羟基对苯二甲酸(Si L L et al., 2014)。

图 5-42(a)显示了在光催化剂存在的情况下，450nm 处的荧光强度与光照射时间的关系。可见荧光 7-羟基香豆素的生成与光照时间呈线性关系，动力学符合假零级反应速率方程。图 5-42(b)表明光催化剂光催化活性的速率常数随 $g-C_3N_4$ 添加量的增加呈现先增大后减小的趋势。纯 $g-C_3N_4$ 的紫外光催化活性很低(速率常数仅为 $2.17min^{-1}$)，这是由 $g-C_3N_4$(Su F Z et al., 2010)的光生空穴将—OH 氧化为 $\cdot OH[E^0_{(-OH/\cdot OH)}=2.4V]$ 所致。因此，在光照的 $g-C_3N_4$ 悬浮液中检测到少量的 $\cdot OH$ 并不奇怪。

尽管 TB0 表现出优异的光催化活性，其反应速率常数为 $82.82\ min^{-1}$，但与 $g-C_3N_4$ 复合后，TiO_2-HNB 复合催化剂的光催化活性有所提高。在 $g-C_3N_4/TiO_2$-HNB 复合材料中，TB0.2(速率常数为 $107.76\ min^{-1}$)的光催化活性最高，分别是 TB0 和 P25 TiO_2(速率常数为 $80.33\ min^{-1}$)的 1.30 倍和 1.34 倍。考虑到 TiO_2-HNB 是由分散的高能 TiO_2-NS 组装而成，因此研究了 $g-C_3N_4$ 对 TiO_2-NS(TS0)光催化活性的影响。结果表明，当 $g-C_3N_4$ 与 TB0.2 的质量比相同时，TiO_2 纳米片(TS0.2)的光催化活性仅提高了 17%(TS0 和 TS0.2 的反应速率常数分别为 $71.92min^{-1}$ 和 $84.40min^{-1}$)。

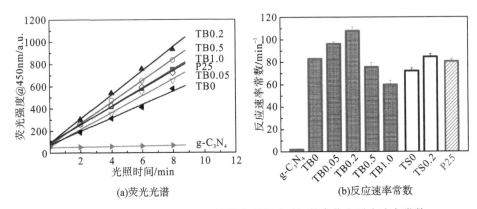

图 5-42　光催化剂在 450nm 处的荧光强度随时间的变化和反应速率常数

为什么 TB0.2 表现出比 TS0.2 更高的光催化活性？这是因为 TiO$_2$-HNB 通过(101)面接触 g-C$_3$N$_4$，而离散的 TiO$_2$-NS 通过(001)面接触 g-C$_3$N$_4$。如上所述，光生电子倾向于迁移到高能 TiO$_2$ 的(101)面。通过 g-C$_3$N$_4$ 与(101)晶面的接触，TiO$_2$-HNB 对聚集在 TiO$_2$ 表面的光生电子有较高的去除效率。因此，不难理解 TB0.2 杂化材料的高光催化活性。实验结果表明接触界面在杂化催化剂设计中的重要性。

图 5-43 显示了分别使用 TB0 和 TB0.2 作为光催化剂时 X-3B 染料的降解曲线。X-3B 的降解动力学数据可用表观一级速率方程很好地拟合，g-C$_3$N$_4$ 与 TiO$_2$-HNB 复合后，X-3B 的降解速率常数从 0.031min^{-1}(TB0)增加到 0.051min^{-1}(TB0.2)。这与·OH 形成速率的趋势是一致的。

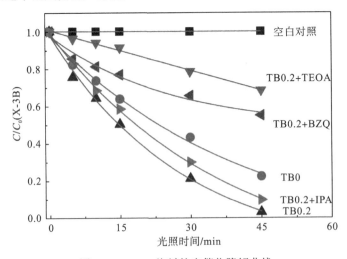

图 5-43　X-3B 染料的光催化降解曲线

注：TEOA 为三乙醇胺(triethanolamine)；BZQ 为苯醌(benzoquinone)；IPA 为异丙醇(isopropanol)

5.3.3.7 光电流和粉末光致发光

为了说明 g-C_3N_4 对 g-C_3N_4/TiO_2-HNB 复合材料光催化活性的提高有促进作用，本节进一步进行光电流测试。通常，光电流值能间接反映半导体在光照条件下产生和转移光生载流子的能力(Lv K L et al., 2010c)。图 5-44 对比分析了涂覆在 ITO 电极上的光催化剂在几个开关灯循环中的光电流响应。在 ITO/TiO_2 电极照射下，光电流迅速产生，重复性好。当灯熄灭时，所有 ITO/TiO_2 样品的光电流值瞬间接近于零。可以清楚地观察到，光电流密度按 TB0.2>TB1.0>TB0 的顺序递减，TB0.2 电极的光电流密度高达 0.28mA/cm^2，是纯 TiO_2-HNB(TB0) 的 1.27 倍。与光催化活性一致的是，过多的 g-C_3N_4 修饰 TiO_2-HNB 导致光电流降低(TB1.0 的光电流密度仅为 0.05mA/cm^2)，这可能是由滤光效应所致。Niu 等(2012)的研究认为，g-C_3N_4 薄膜可以改善电子传输能力，延长光生载流子的寿命。因此，g-C_3N_4 对 TiO_2-HNB 光电流响应的促进作用是合理的。

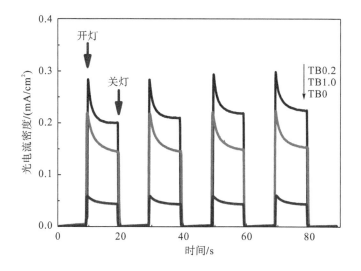

图 5-44 TB0、TB0.2 和 TB1.0 光催化剂的瞬态光电流响应比较

光致发光分析也可以用来分析光生载流子的复合速率(Lv K L et al., 2012)，为此，本节还进行了荧光测量，研究了 g-C_3N_4 对 TiO_2-HNB 光生电子-空穴对复合的影响。可以看出 g-C_3N_4 表现出最强的光致发光强度，发射峰位于约 447nm(图 5-45)，这与 UV-Vis-DRS 分析是一致的。这一强峰归因于带间 PL 荧光现象，其光能近似等于 g-C_3N_4(2.7 eV)(Kumar S et al., 2013)的带隙能。与 g-C_3N_4 相比，TB0 和 TB0.2 的荧光强度要弱得多，反映出它们光生电子-空穴对的复合速率很慢。虽然 TB0.2 的荧光强度略高于 TB0，这比计算的 TB0.2 弱得多，但计算的 TB0.2 的荧光强度是通过将纯 g-C_3N_4 和 TiO_2-HNB(TB0)的荧光光谱根据它们的质量比相加

得到的。TB0.2 的实际荧光强度比计算值弱，表明 g-C_3N_4 的存在可以大大降低载流子的复合速率，这是因为 g-C_3N_4 有效地去除了积累在 TiO_2-HNB(101)面上的光生电子。

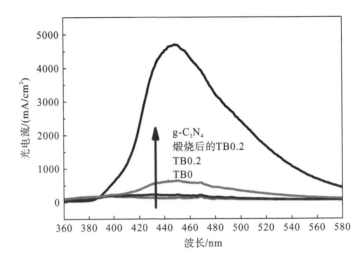

图 5-45　制备的 g-C_3N_4、TB0、TB0.2 样品的光致发光(PL)谱，以及根据 g-C_3N_4 和 TB0 在其质量比下的光谱之和计算出的 TB0.2 的光谱

5.3.3.8　光催化机理

异质结型光催化体系可以用来解释 g-C_3N_4 修饰 TiO_2 的光催化活性的提高(Gu L A et al., 2014)。据此提出了光生空穴从 TiO_2 的价带转移到 g-C_3N_4 的导带，以及 g-C_3N_4 的导带向 TiO_2 的导带注入电子的传输路径。如果是这样的话，g-C_3N_4/TiO_2-HNB 复合材料的光催化活性应由 g-C_3N_4 的价带决定。然而，根据 Su F Z 等(2010)的研究，g-C_3N_4(1.4V)的价带中的空穴不足以将—OH 氧化为·OH，因为它的电势很低。基于 g-C_3N_4 修饰 TiO_2-HNB 后·OH 生成速率加快的事实，这一异质结型模型似乎不适用于该工作。

这里可以认为 g-C_3N_4 作为一个电子容纳点，捕获 TiO_2-HNB 光激发产生的电子，阻止光生电子-空穴对复合。因此，g-C_3N_4/TiO_2 可以作为一种直接的 Z 型光催化剂，如图 5-46 所示。

根据前人的研究(Ohno T et al., 2002; Murakami N et al., 2009; Yu J G et al., 2014)，锐钛矿相 TiO_2 的(101)面和(001)面表现出不同的能带结构和带边位置。因此，共暴露的锐钛矿(101)和(001)晶面可以在单个 TiO_2 颗粒内形成表面异质结，有利于光生电子和空穴分别向(101)和(001)晶面转移。在紫外光照射下，聚集在 TiO_2-HNB(101)面上的电子转移到 g-C_3N_4 的价带上，进而激发到 g-C_3N_4 的导带上，从而实现了光生载流子的有效空间分离。然后，储存在 g-C_3N_4 的导带中的电子被 O_2 捕获，生成高反应活性的超氧自由基($\cdot O_2^-$)，而 TiO_2-HNB 的(001)面上留下的空穴与 TiO_2 表面附近的吸附水分子(或表面羟基)反应生成·OH。最后，由于活性氧物种($\cdot OH$ 和 $\cdot O_2^-$)的攻击，X-3B 染料被氧化。猝灭实验结果表明，空穴和 $\cdot O_2^-$ 是导致 X-3B 降解的主要活性氧物种，其中三乙醇胺(TEOA，0.01mol/L)、对苯醌(BZQ，0.001mol/L)和异丙醇(IPA，0.02mol/L)分别作为光生空穴(h^+)、$\cdot O_2^-$ 和·OH 的清除剂。

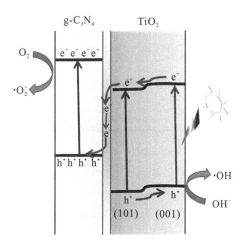

图 5-46 紫外光照射下 g-C_3N_4/TiO_2-HNB 复合材料的光致载流子转移机理示意图

5.3.4 小结

复合光催化剂的光催化活性不仅受能带结构的影响，还受半导体间接触界面的影响。TiO_2-HNB 的独特结构使其成为研究 g-C_3N_4/TiO_2 复合材料接触界面对光催化活性影响的理想模型。TiO_2-HNB 通过(101)晶面与 g-C_3N_4 接触，有效地去除了聚集在 TiO_2(101)晶面上的光生电子，大大提高了 TiO_2-HNB 的光催化活性。制备的 g-C_3N_4/TiO_2-HNB 复合催化剂具有直接的 Z 型光催化机理。该研究为高光反应性多组分半导体光催化剂的设计提供了新的指标。

参 考 文 献

An X Q, Hu C Z, Liu H J, et al., 2017. Oxygen vacancy mediated construction of anatase/brookite heterophase junctions for high-efficiency photocatalytic hydrogen evolution. J. Mater. Chem. A, 5(47): 24989-24994.

Chen C, Cai W M, Long M C, et al., 2010. Synthesis of visible-light responsive graphene oxide/ TiO_2 composites with p/n heterojunction. ACS Nano, 4(11): 6425-6432.

Chen L, Shen L F, Nie P, et al., 2012. Facile hydrothermal synthesis of single crystalline $TiOF_2$ nanocubes and their phase transitions to TiO_2 hollow nanocages as anode materials for lithium-ion battery. Electrochim. Acta, 62(15): 408-415.

Dong F, Wang Z Y, Li Y H, et al., 2014. Immobilization of polymeric g-C_3N_4 on structured ceramic foam for efficient visible light photocatalytic air purification with real indoor illumination. Environ. Sci. Technol., 48(17): 10345-10353.

Dong F, Zhao Z W, Sun Y J, et al., 2015. An advanced semimetal-organic Bi spheres-g-C_3N_4 nanohybrid with SPR-enhanced visible-light photocatalytic performance for NO purification. Environ. Sci. Technol., 49(20): 12432-12440.

Duan Y Y, Liang L, Lv K L, et al., 2018. TiO_2 faceted nanocrystals on the nanofibers: Homojunction TiO_2 based Z-scheme photocatalyst for air purification. Appl. Surf. Sci., 456: 817-826.

Gu L A, Wang J Y, Zou Z J, et al., 2014. Graphitic-C_3N_4-hybridized TiO_2 nanosheets with reactive {001} facets to enhance the UV and visible-light photocatalytic activity. J. Hazard. Mater., 268: 216-223.

Hu Z, Li K N, Wu X F, et al., 2019. Dramatic promotion of visible-light photoreactivity of TiO_2 hollow microspheres towards NO oxidation by introduction of oxygen vacancy. Appl. Catal. B, 256: 117860.

Huang Z A, Wang Z Y, Lv K L, et al., 2013. Transformation of $TiOF_2$ cube to a hollow nanobox assembly from anatase TiO_2 nanosheets with exposed {001} facets via solvothermal strategy. ACS Appl. Mater. Interfaces, 5(17): 8663-8669.

Huang Z A, Sun Q, Lv K L, et al., 2015. Effect of contact interface between TiO_2 and g-C_3N_4 on the photoreactivity of g-C_3N_4/TiO_2 photocatalyst: (001) vs (101) facets of TiO_2. Appl. Catal. B, 164: 420-427.

Kresse G, Furthmiiller J, 1996. Efficiency of ab-initio total energy calculations for metals and semiconductors using a plane-wave basis set. Comput. Mater. Sci., 6(1): 15-50.

Kumar S, Surendar T, Baruah A, et al., 2013. Synthesis of a novel and stable g-C_3N_4-Ag_3PO_4 hybrid nanocomposite photocatalyst and study of the photocatalytic activity under visible light irradiation. J. Mater. Chem. A, 1(17): 5333-5340.

Li H, Li J, Ai Z H, et al., 2018. Oxygen vacancy-mediated photocatalysis of BiOCl: Reactivity, selectivity, and perspectives. Angew. Chem. Int. Ed., 57(1): 122-138.

Li J G, Ishigaki T, Sun X D, et al., 2007. Anatase, brookite, and rutile nanocrystals via redox reactions under mild hydrothermal conditions: Phase-selective synthesis and physicochemical properties. J. Phys. Chem. C, 111(13): 4969-4976.

Li L D, Shen Q, Cheng J, et al., 2010. Catalytic oxidation of NO over TiO_2 supported platinum clusters. II: Mechanism study by in situ FTIR spectra. Catal. Today, 158(3-4): 361-369.

Li W, Wang F, Feng S S, et al., 2013. Sol-gel design strategy for ultradispersed TiO_2 nanoparticles on graphene for high-performance lithium ion batteries. J. Am. Chem. Soc., 135(49): 18300-18303.

Li X F, Lv K L, Deng K J, et al., 2009. Synthesis and characterization of ZnO and TiO_2 hollow spheres with enhanced photoreactivity. Mat. Sci. Eng. B-Adv., 158(1-3): 40-47.

Li X X, Xiong Y J, Li Z Q, et al., 2006. Large-scale fabrication of TiO_2 hierarchical hollow spheres. Inorg. Chem., 45(9):

3493-3495.

Li Y H, Wu X F, Ho W K, et al., 2018. Graphene-induced formation of visible-light-responsive SnO_2-Zn_2SnO_4 Z-scheme photocatalyst with surface vacancy for the enhanced photoreactivity towards NO and acetone oxidation. Chem. Eng. J., 336: 200-210.

Liang L, Li K N, Lv K L, et al., 2017. Highly photoreactive TiO_2 hollow microspheres with super thermal stability for acetone oxidation. Chinese J. Catal., 38(12): 2085-2093.

Liu D L, Wang C H, Yu Y F, et al., 2019. Understanding the nature of ammonia treatment to synthesize oxygen vacancy-enriched transition metal oxides. Chem, 5(2): 376-389.

Liu Y, C L F, Hu J C, et al., 2010. TiO_2 nanoflakes modified with gold nanoparticles as photocatalysts with high activity and durability under near UV irradiation. J. Phys. Chem. C, 114(3): 1641–1645.

Liu Y, Liu L, Shan J, et al., 2015. Electrodeposition of palladium and reduced graphene oxide nanocomposites on foam-nickel electrode for electrocatalytic hydrodechlorination of 4-chlorophenol. J. Hazard Mater, 290: 1-8.

Low J X, Yu J G, Ho W K, 2015. Graphene-based photocatalysts for CO_2 reduction to solar fuel. J. Phys. Chem. Lett., 6(21): 4244-4251.

Low J X, Dai B Z, Tong T, et al., 2019. In situ irradiated X-ray photoelectron spectroscopy investigation on a direct Z-scheme TiO_2/CdS composite film photocatalyst. Adv. Mater., 31(5): 1-5.

Ma J Z, Wu H M, Liu Y C, et al., 2014. Photocatalytic removal of NO_x over visible light responsive oxygen-deficient TiO_2. J. Phys. Chem. C, 118(14): 7434-7441.

Lv K L, Zuo H S, Sun J, et al., 2009. (Bi, C and N) co-doped TiO_2 nanoparticles. J. Hazard. Mater., 161(1): 396-401.

Lv K L, Yu J G, Deng K J, et al., 2010a. Synergistic effects of hollow structure and surface fluorination on the photocatalytic activity of titania. J. Hazard. Mater., 173(1-3): 539-543.

Lv K L, Yu J G, Deng K J, et al., 2010b. Effect of phase structures on the formation rate of hydroxyl radicals on the surface of TiO_2. J. Phys. Chem. Solid, 71(4): 519-522.

Lv K L, Li X F, Deng K J, et al., 2010c. Effect of phase structures on the photocatalytic activity of surface fluorinated TiO_2. Appl. Catal. B, 95(3-4): 383-392.

Lv K L, Hu J C, Li X H, et al., 2012. Cysteine modified anatase TiO_2 hollow microspheres with enhanced visible-light-driven photocatalytic activity. J. Mol. Catal. A, 356: 78-84.

Murakami N, Kurihara Y, Tsubota T, et al., 2009. Shape-controlled anatase titanium (IV) oxide particles prepared by hydrothermal treatment of peroxo titanic acid in the presence of polyvinyl alcohol. J. Phys. Chem. C, 113(8): 3062-3069.

Niu P, Zhang L L, Liu G, et al., 2012. Graphene-like carbon nitride nanosheets for improved photocatalytic activities. Adv. Funct. Mater., 22(22): 4763-4770.

Ohno T, Hatayama F, Toda Y, et al., 1994. Fourier transform infrared studies of reduction of nitric oxide by ethylene over V_2O_5 layered on ZrO_2. Appl. Catal. B, 5(1-2): 89-101.

Ohno T, Sarukawa K, Matsumura M, et al., 2002. Crystal faces of rutile and anatase TiO_2 particles and their roles in photocatalytic reactions. Chem, 26(9): 1167.

Qin Y, Yuan J, Li J, et al., 2015. Crosslinking graphene oxide into robust 3D porous n-doped graphene, Adv. Mater., 27(35): 5171-5175.

Si L L, Huang Z A, Lv K L, et al., 2014. Facile preparation of Ti^{3+} self-doped TiO_2 nanosheets with dominant {001} facets using zinc powder as reductant. J. Alloys Compd., 601: 88-93.

Su F Z, Mathew S C, Lipner G, et al., 2010. Mpg-C_3N_4-catalyzed selective oxidation of alcohols using O_2 and visible light. J. Am. Chem. Soc., 132(46): 16299-16301.

Sun Z C, Yang C, Liu M, et al., 2014. Limited graphene oxidation on the synthesis of ZnO-graphene hybridnanostructures by the Zn predeposition. Appl. Surf. Sci., 315: 368-371.

Tu W G, Zhou Y, Liu Q, et al., 2013. An in situ simultaneous reduction-hydrolysis technique for fabrication of TiO_2-graphene 2D sandwich-like hybrid nanosheets: Graphene-promoted selectivity of photocatalytic-driven hydrogenation and coupling of CO_2 into methane and ethane. Adv. Funct. Mater., 23(14): 1743-1749.

Wang X C, Maeda K, Thomas A, et al., 2009. Effects of trace erbium on corrosion resistance of Al-Zn-Mg alloy. Nat. Mater., 29(1): 76-78.

Wen C Z, Hu Q H, Guo Y N, et al., 2011. From titanium oxydifluoride ($TiOF_2$) to titania (TiO_2): Phase transition and non-metal doping with enhanced photocatalytic hydrogen (H_2) evolution properties. Chem. Commun., 47(21): 6138-6140.

Wu X F, Cheng J S, Li X F, et al., 2019. Enhanced visible photocatalytic oxidation of NO by repeated calcination of g-C_3N_4. Appl. Surf. Sci., 465: 1037-1046.

Xiang Q J, Lv K L, Yu J G, 2010. Pivotal role of fluorine in enhanced photocatalytic activity of anatase TiO_2 nanosheets with dominant (001) facets for the photocatalytic degradation of acetone in air. Appl. Catal. B, 96(3-4): 557-564.

Xiang Q J, Yu J G, Jaroniec M, et al., 2012. Graphene-based semiconductor photocatalysts. Chem. Soc. Rev., 41(2): 782-796.

Xie S F, Han X G, Kuang Q, et al., 2011. Solid state precursor strategy for synthesizing hollow TiO_2 boxes with a high percentage of reactive {001} facets exposed. Chem. Commun., 47(23): 6722-6724.

Xu Y M, Langford C H, 2001. UV- or Visible-light-induced degradation of X-3B on TiO_2 nanoparticles: The influence of adsorption. Langmuir, 17(3): 897-902.

Yang H G, Sun C H, Qiao S Z, et al., 2008. Anatase TiO_2 single crystals with a large percentage of reactive facets. Nature, 453: 638-641.

Yang R W, Cai J H, Lv K L, et al., 2017. Fabrication of TiO_2 hollow microspheres assembly from nanosheets (TiO_2-HMSs-NSs) with enhanced photoelectric conversion efficiency in DSSCs and photocatalytic activity. Appl. Catal. B, 210: 184-193.

Yang S L, Cao C Y, Huang P P, et al., 2015. Sandwich-like porous TiO_2/reduced graphene oxide (rGO) for high-performance lithium-ion batteries. J. Mater. Chem. A, 3(16): 8701-8705.

Yu J C, Yu J G, Ho W K, et al., 2002. Effects of F-doping on the photocatalytic activity and microstructures of nanocrystalline TiO_2 powders. Chem. Mater., 14(9): 3808-3816.

Yu J G, Wang S H, Low J X, et al., 2013. Enhanced photocatalytic performance of direct Z-scheme g-C_3N_4-TiO_2 photocatalysts for the decomposition of formaldehyde in air. Phys. Chem. Chem. Phys., 15(39): 16883-16890.

Yu J G, Low J X, Xiao W, et al., 2014. Enhanced photocatalytic CO_2-reduction activity of anatase TiO_2 by coexposed {001} and {101} facets. J. Am. Chem. Soc., 136(25): 8839-8842.

Zhang G G, Li G S, Lan Z A, et al., 2017. Optimizing optical absorption, exciton dissociation, and charge transfer of a polymeric carbon nitride with ultrahigh solar hydrogen production activity. Angew. Chem. Int. Ed., 56(43): 13445-13449.

Zhang L, Yang C, Lv K L, et al., 2019. SPR effect of bismuth enhanced visible photoreactivity of Bi_2WO_6 for NO abatement. Chinese J. Catal., 40(5): 755-764.

Zheng Y, Lv K L, Wang Z Y, et al., 2012. Microwave-assisted rapid synthesis of anatase TiO_2 nanocrystals with exposed {001} facets. Mol. Catal. A-Chem: Environmental, 356: 137-143.

Zheng Y, Cai J H, Lv K L, et al., 2014. Hydrogen peroxide assisted rapid synthesis of TiO_2 hollow microspheres with enhanced photocatalytic activity. Appl. Catal. B, 147: 789-795.

Zhou X S, Jin B, Li L D, et al., 2012. A carbon nitride/TiO_2 nanotube array heterojunction visible-light photocatalyst: Synthesis, characterization, and photoelectrochemical properties. J. Mater. Chem., 22(34): 17900-17905.

编 后 记

"博士后文库"是汇集自然科学领域博士后研究人员优秀学术成果的系列丛书。"博士后文库"致力于打造专属于博士后学术创新的旗舰品牌，营造博士后百花齐放的学术氛围，提升博士后优秀成果的学术影响力和社会影响力。

"博士后文库"出版资助工作开展以来，得到了全国博士后管委会办公室、中国博士后科学基金会、中国科学院、科学出版社等有关单位领导的大力支持，众多热心博士后事业的专家学者给予积极的建议，工作人员做了大量艰苦细致的工作。在此，我们一并表示感谢！

"博士后文库"编委会